DER LUFTSCHIFFBAU SCHÜTTE-LANZ 1909-1925

HERAUSGEGEBEN VON

Dr.-Ing. E. h. JOHANN SCHÜTTE
GEH. REG.-RAT UND ORDENTL. PROFESSOR

DRUCK UND VERLAG VON R. OLDENBOURG
MÜNCHEN UND BERLIN 1926

DEM
DEUTSCHEN MUSEUM
1925

Denn nur wer der Vergangenheiten
Geheimnisvollen Zauber spürt,
Kann recht in sich die Kraft bereiten,
Die zu der Zukunft Taten führt. -*

* JULIUS KOCH, BREMEN. Aus dem hundertsten Jubiläums-Jahrgang des Oldenburgischen Hauskalenders 1926

Vorbemerkung des Herausgebers zu diesem Nachdruck.

Der gesamte hier in Oldenburg lagernde Technische Nachlaß von Geheimrat Prof.Dr.e.h. Johann Schütte wurde vom Herausgeber innerhalb von 9 Jahren (nebenamtlich) registriert. Schon bei einem ersten Einblick in die vorhandenen schriftlichen Unterlagen konnte festgestellt werden, welche entscheidende Bedeutung J. Sch. auf die Entwicklung des Starr-Luftschiffbaues ausgeübt hat. Er selbst betonte zwar, es hätte keinen Luftschiffbau Schütte-Lanz gegeben, wenn Graf Zeppelin auf seine Vorschläge eingegangen wäre.

Schütte ist immer Schiffbauer geblieben und seine Erfahrung als solcher hat er auf den Luftschiffbau übertragen. Diesen hat er, wie man aus den Unterlagen entnehmen muß, eigentlich immer nur nebenher betrieben. Es ging ihm offenbar nur darum, die Richtigkeit seiner Ideen zu beweisen. So baute er das Luftschiff SLI mit Hilfe des Industriellen Heinrich Lanz, Mannheim. Er verließ sich dabei ganz auf seine getreuen Mitarbeiter und wirkte selbst weiterhin treu an der TH Danzig als Dozent für den Schiffbau. An der Luftschiffkonstruktion läßt sich wieder ersehen, daß er gar nicht so sehr den Ehrgeiz besaß, ein völlig eigenes Luftschiff zu bauen. Als Gerippe verwandte er eine Holzkonstruktion die sein Freund Huber entworfen hatte. Als sich das Gerippe als zu „weich" erwies, verstärkte er es nach schiffbautechnischen Erwägungen und schreibt darüber als von einem „Triumph des Schiffbaues". Es war ein viel zu wenig beachteter einzigartiger Erfolg, daß dieses Versuchsluftschiff, wie er es nannte, ohne jeden Unfall 65 Fahrten ausführte. Es wurde vom Heer übernommen und verunglückte schließlich am 15.7.1913 bei Schneidemühl durch ein Unwetter. Das nun ganz nach Schütteschen Grundsätzen gebaute Luftschiff SLII überraschte durch seine Leistungen. Es war damals das schnellste Luftschiff der Welt und wurde für Dezennien das Standard-Luftschiff für alle weiteren Konstruktionen. Die Schütteleute sagten, ab 1916, nach den Erfolgen dieses Luftschiffes hätte es überhaupt keine Zeppeline mehr gegeben. Johann Schütte sieht seine Vorschläge und Ideen alle ohne Einschränkungen als völlig richtig bestätigt. Aber immer bleibt er Schiffbauer und doziert weiter an der TH Danzig. Zu erwähnen ist noch, daß er von Anfang seiner Tätigkeit in Danzig nie unterlassen hat, für das Flugwesen fördernd zu wirken. Erst im WWI, als in Zeesen der Schütte-Lanz-Luftschiffbau eingerichtet worden war, mußte er dort seinen Wohnsitz nehmen und die Fabrikation übernehmen.

Jetzt sind nach Gründung des Werkes Schütte-Lanz 75 Jahre vergangen. Es ist an der Zeit, auch seine Landsleute wissen zu lassen, was er geleistet hat. Im Ausland ist das z.T. besser bekannt. Es spricht für ihn, wenn er bescheiden erklärt:
„Wir haben immer im Schatten des Titanen gestanden, . . ". An anderer Stelle sagt er, daß er mit Rücksicht auf die Verehrung, die das deutsche Volk seinem Volksheros Zeppelin gegenüber hege, nicht gewagt habe mit seinen Beiträgen hervorzutreten.

Um so nötiger ist es nun, Johann Schütte selbst und seine Mitarbeiter in Schüttes Werk
„Der Luftschiffbau Schütte-Lanz von 1909 bis 1925"
sprechen zu lassen.

Mit freundlicher Genehmigung des Verlages R. Oldenbourg, München, wurde diese Reproduktion gewagt.

Oldenburg im Mai 1984

Joh. Friedrich Jahn

Dieser Nachdruck ist zu beziehen über den Herausgeber Joh. Friedrich Jahn, Zeughaustraße 36, D2900 Oldenburg

gedruckt bei Diecks in Oldenburg

INHALT

ANHANG

Joh. Schütte.

Geh. Regierungsrat Professor Dr.-Ing.E.h. JOH. SCHÜTTE
geb. am 26.2.1873 zu Oldenburg i.O. – † 29.3.1946

Foto aus den 30er Jahren
Besitz Landesmuseum Oldenburg
(Schütte-Lanz-Depositum)

VORWORT.

Von Geh. Regierungsrat Professor Dr.-Ing. E. h. JOHANN SCHÜTTE.

Am 24. Januar 1874 hielt Dr. Stephan, der spätere General-Postmeister und Begründer des Weltpostvereins, im Wissenschaftlichen Verein zu Berlin einen Vortrag über »Weltpost und Luftschiffahrt«, den er unter dem 31. Januar 1874 beim Verlag Julius Springer, Berlin, allseitigem Wunsche folgend, in einem Büchlein von 75 Druckseiten veröffentlichte.

In seinem Vorwort sagt Stephan: »Ich erhielt nach Bekanntwerden meines Themas »Weltpost und Luftschiffahrt« von Gelehrten und Technikern verschiedene mich hocherfreuende Zusendungen von Druckschriften, Zeichnungen und Entwürfen, die auf die Lenkbarmachung der Luftschiffe Bezug haben. Sie bewiesen, wie vielfach sich die Forschung mit diesem eines allseitigen Interesses würdigen Gegenstandes beschäftigt.«

Sein Vortrag dürfte wohl einer der interessantesten, tiefgründigsten und bemerkenswertesten der damaligen Zeit über Luftverkehr gewesen sein, und es ist staunenswert, in welch' hervorragender Weise der Reichspostamtssekretär auch auf diesem Gebiet die späteren Ereignisse vorausgesagt bzw. geahnt hat. Hierfür nur einige Beweise.

Nachdem er in anschaulicher Weise den Weltpostverkehr entwickelt und im Zusammenhang damit von einem durch den Menschen gezogenen, gegabelten Baumast, den er das Protoplasma der Fuhrwerke nennt, zur Lokomotive und zum Dampfschiff kommt, führt er weiter aus: »Aber wir haben nicht überall schiffbares Wasser, hingegen hat die Vorsehung den ganzen Erdball überall mit schiffbarer Luft umgeben, und wen hätte die Idee, sich frei von den Fesseln der Erde in den sonnigen Äther erheben zu können, nicht schon gereizt! Seit den ältesten Zeiten finden sich Spuren davon, daß der menschliche Geist sich mit der Fortbewegung des Körpers in der Luft beschäftigt. Die Gesamtsumme der in Europa und Amerika bis jetzt (1874) ausgeführten Luftfahrten beläuft sich auf 3700. Auf diese Zahl kommen 16 Tote, gewiß kein ungünstiges Resultat. Im ganzen liefern diese Tatsachen den Beweis, daß man imstande ist, mit dem Ballon längere Reisen zu unternehmen. Die Schnelligkeit und Richtung hängen zurzeit noch freilich ganz vom Winde ab, und hier tritt der Kern der Frage hervor.«

Stephan legt dann die Untersuchungen und Berechnungen von Helmholtz seinen weiteren Ausführungen zugrunde und kommt zu dem Ergebnis, daß ein leichter, zuverlässiger Motor imstande sein würde, die Frage der Lenkbarkeit zufriedenstellend zu lösen. — Außerdem aber ist ein sehr großer mit Wasserstoffgas gefüllter Ballon erforderlich. Dieser soll das 1½fache der bisherigen Geschwindigkeit der Kriegsdampfer erreichen können und etwa 3½mal größer sein als diese in ihren untergetauchten Teilen, d. h. als ihre Wasserverdrängung.

Da nun die Geschwindigkeit der damaligen Kriegsschiffe (vgl. die folgende Liste) im Mittel etwa 14,5 Knoten betrug und die Wasserverdrängung etwa 8250 m³, so forderte Stephan eine Luftschiffgeschwindigkeit von etwas über 11 m/s und ein Volumen von nahezu 29000 m³. Ein derartiges Luftschiff konnte damals selbstverständlich nur als Starrluftschiff gedacht werden. — »Die Hauptsache bleibt aber die Erfindung einer hinlänglich starken Kraftmaschine von möglichst geringem Gewicht und Feuerungsgefährlichkeit. Dampfmaschinen genügen nicht.«

Liste einiger Kriegsdampfschiffe:

Baujahr	Name	Größe in tons engl.	Geschwindigkeit in Knoten/Stunde	in Metern/Sekunde
1868	König Wilhelm	9 620	14,7	7,562
1868	Océan	7 750	14,0	7,202
1868	Monarch	8 450	14,9	7,665
1869	Captain	7 000	14,2	7,304
1871	Dévastation	10 090	15,0	7,716
1873	Preußen	6 820	14,0	7,202
im Mittel		in tons 8 290 in m³ 8 257	14,5	7,442
Geschw. 1,5 fach . . .		—	21,75	11,163
Inhalt 3,5 fach		m³ 28 900	—	—

Ja selbst die Erforschung des Nordpols und der arktischen Welt durch das Luftschiff wird von Stephan behandelt. Der Gedanke geographische Forschungen in der Arktis aus der Luft vorzunehmen, rührt also nicht, wie es in der Denkschrift der Internationalen Studiengesellschaft zur Erforschung der Arktis durch Luftschiffe, herausgegeben am 17. Oktober 1924, heißt, von André her, sondern ist bereits viele, viele Jahre früher erwogen worden.

Dr. von Stephan sagt hierzu:

»Seit den Zeiten Elisabeths von England (1558—1603) beschäftigt das Problem der Nordpol-Expedition den menschlichen Geist; mit den bisherigen Mitteln und Anstalten der Ausführung hat es schon viele Menschenleben gekostet und scheint auf den gewöhnlichen Wegen dennoch unlösbar zu sein. Wie leicht würde das Luftschiff über die undurchdringlichen Eisfelder hinwegfliegen! Die sonst schreckenverbreitenden Gletscherriesen würden von der Gondel des Luftschiffes aus ein entzückendes Panorama bilden und alle Geheimnisse und Wunder der arktischen Welt sich den erstaunten Blicken auftun! Man denke sich die Pracht eines Nordlichts über diesen Eispalästen bei dem weiten Horizont, den eine Ballonhöhe von 2500 Fuß gewährt! Wirklichkeit würde werden, was bisher Zauber der Phantasie war. — Außer für die polaren Expeditionen ist auch für die Erforschung der unersteiglichen Vulkane und sonstiger Berggipfel die Verwendung des Luftschiffes in Anregung gekommen.«

Und gegen den Schluß des Vortrages heißt es:

»Soviel dürfte feststehen, daß wenigstens von den bisher bekannten neueren Erfindungen keine so sehr wie die Luftschiffahrt zu einer Vervollkommnung der Kommunikationen der Erdbewohner sich als geeignet erweisen wird.«

In einem Vortrage, den Graf Ferdinand von Zeppelin am 28. Mai 1914, also 40 Jahre später, vor der Sommerversammlung der Schiffbautechnischen Gesellschaft, Berlin, in Friedrichshafen a. B. hielt, (veröffentlicht im Jahrbuch der Schiffbautechnischen Gesellschaft 1915, S. 178f.) nimmt er auf die vorstehenden Ausführungen Stephans Bezug. Er sagt:

»Jede Entwicklung beginnt mit der Erzeugung. Den hohen Wert, welchen weithin mit nutzbringender Last sicher fahrende Luftschiffe gewinnen müßten, ließ mich namentlich der im Jahre 1874 veröffentlichte Vortrag des Reichspostamtssekretärs Stephan »Weltpost und Luftschiffahrt« erkennen. Das rief den Wunsch der Verwirklichung solcher Schiffe in mir wach.«

Welch' gewaltige Pionierarbeit bis zur Erfüllung dieses Wunsches von Zeppelin und seinen Getreuen in jahrelanger Arbeit geleistet werden mußte, dürfte allseits bekannt sein. Mit Staunen und Bewunderung verfolgen wir den Weg dieses Mannes, den Kampf, den er gekämpft, um alle Widerwärtigkeiten zu überwinden, Gegner und Zweifler von der Richtigkeit seiner Gedanken und Konstruktionen zu überzeugen. Der unauslöschliche Dank des deutschen Volkes ist ihm für alle Zeiten gewiß.

Die Begeisterung und Einmütigkeit, die nach der Zerstörung des L. Z. IV am 5. August 1908 bei Echterdingen das deutsche Volk erfaßte und in der National-Flugspende von über 6 Millionen ausklang, wird allen denen unvergeßlich bleiben, die sie miterleben und die ihr Scherflein zur materiellen Grundlage für die Weiterentwicklung und den Aufbau des Luftschiffbaues Zeppelin beitragen durften.

Der 5. August 1908 hatte aber noch weitere Folgen. Er ist der eigentliche Geburtstag des am 22. April 1909 in Mannheim gegründeten Luftschiffbaus Schütte-Lanz geworden. Die mannigfachen Bilder, die über die denkwürdige Fahrt des L. Z. IV nach seiner Zerstörung und anläßlich der darauf erfolgten Sammlung überall erschienen, steigerten mein Interesse für den Bau starrer Luftschiffe derart, daß ich begann, mich mit der praktischen Lösung dieser Aufgaben zu befassen.

Die ersten, spontan entstandenen Gedanken, die ich noch im August 1908 zu Papier brachte, haben natürlich bei eingehenderem Studium der ganzen Frage allerhand Abänderungen und Erweiterungen erfahren müssen. Ich glaube aber nicht zuviel zu behaupten, wenn ich sage, daß sie die Veranlassung zu meinen im Winter 1908/09 auf der Technischen Hochschule in Danzig ausgearbeiteten ersten Starrluftschiffplänen gegeben haben, Plänen, deren Vorläufer auf einer mehrwöchentlichen Hochgebirgstour in der Schweiz im September 1908 entstanden waren und die in der Folgezeit ausreiften.

In der zweiten Hälfte des Jahres 1908 befand sich der Starrluftschiffbau trotz achtzehnjähriger Bearbeitung, — der österreichische Ingenieur Schwarz hatte seine 1890 ausgearbeiteten Pläne eines Luftschiffes starren Systems 1891 dem österreichischen Kriegsministerium angeboten, derselbe Ingenieur Schwarz, dessen Aluminium-Luftschiff am 3. November 1897 den ersten Aufstieg auf dem Tempelhofer Feld machte, — noch im Anfangsstadium seiner Entwicklung.

Erheblich weiter fortgeschritten war der Pralluftschiffbau in seinen verschiedenen Systemen. Er war dem Starrluftschiffbau sowohl an Nutzlast, wie auch an Geschwindigkeit überlegen und konnte für sich das Verdienst in Anspruch nehmen, als erster einwandfrei bewiesen zu haben, daß sich ein mit einem Gas leichter als Luft prall gefüllter Körper unter bestimmten Bedingungen in beliebiger Richtung durch die Luft steuern ließ[1]).

Die Fragen, die der Lösung im Starrluftschiffbau im Herbst 1908 noch harrten, konnten folgendermaßen zusammengefaßt werden:

1. Gab es bereits derartig exakte Festigkeitsrechnungen oder Rechnungsmethoden, die allen Anforderungen dieses Problems gerecht wurden?
2. Gab es Leichtmaterialien, die sich auf Grund eingehender Festigkeitsuntersuchungen für die Konstruktion und den Bau eines Gerüstes (Gerippe) besonders eigneten?
3. Konnte man auf Grund bisheriger Widerstandsuntersuchungen von in Wasser bewegten Körpern auf eine günstige Form von in der Luft bewegten Körpern schließen?

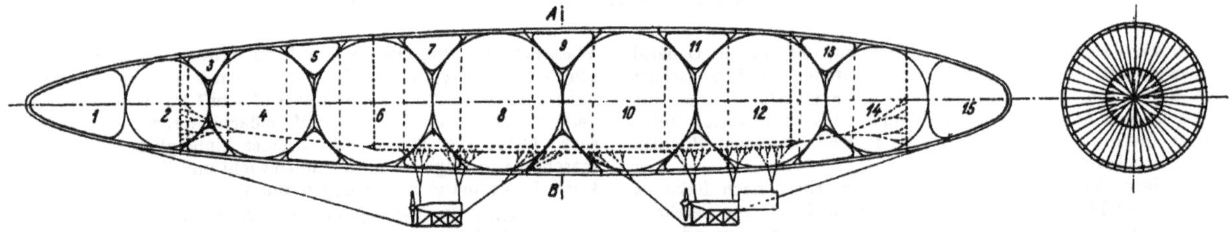

Abb. 1. 15 Zellen, Gasinhalt = 20000 cbm, Länge ü. a. = 130,2 m, Durchm. außen = 18,55 m. Oberflächen der Zellen = 10702 qm, Oberfläche der Außenhülle = 5975 qm. Schnitt *A—B*.

4. Wie mußten bei einer solchen günstigen Schiffsform Stabilisierungs- und Rudereinrichtungen beschaffen sein?
5. War es nötig, die Resultierende aller Schub- oder Antriebskräfte möglichst mit der Richtung der Resultierenden aller Widerstandskräfte zusammenfallen zu lassen?
6. Gab es Antriebsmotoren, die bei hinreichend leichter Konstruktion viele Stunden hindurch absolut zuverlässig arbeiteten und eine Zündungsgefahr des leicht brennbaren Gases ausschlossen?
7. War die Entzündungsgefahr von Wasserstoff und evt. auftretenden Benzindämpfen überhaupt so weit ausgeschlossen, daß sie praktisch nicht mehr in Frage kam?

Trotz der außerordentlichen Erfolge des Grafen Zeppelin konnte keine dieser Fragen mit einem glatten »ja« bzw. erschöpfend beantwortet werden. Die beiden letzten können es heute noch nicht, denn wir warten immer noch auf den leichten, schnell laufenden Rohölmotor,

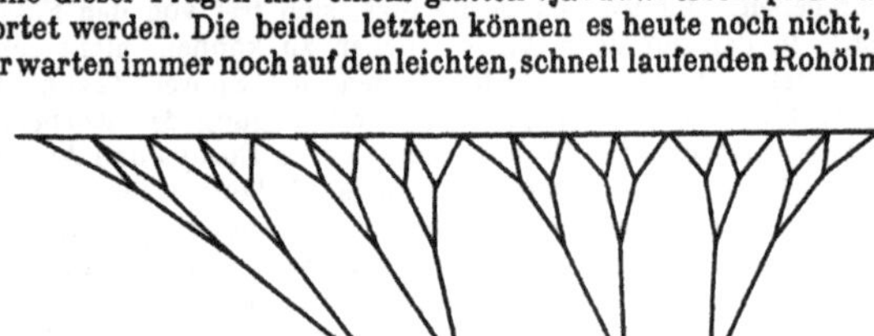

Abb. 2. *Kraftrichtung.*

Neben der Beschaffung eines brauchbaren, sicher arbeitenden, leichten Antriebsmotors glaubte ich den Bau des Gerippes als die schwierigste Angelegenheit ansehen zu müssen. Es sollte wenig wiegen, dabei doch stark genug sein, statischen und dynamischen Kräften zu widerstehen und der Fortbewegung durch die Luft möglichst wenig Widerstand entgegensetzen.

Da die Fahrerfahrungen mit den Luftschiffen damals noch gering waren, so barg auch das Landen allerhand Gefahrmomente in sich. Das Schiff bzw. sein Gerippe gerade beim Landungsmanöver vor harten Erdberührungen zu bewahren, mußte ebenfalls versucht werden.

Die von mir angestellten Festigkeitsrechnungen stützten sich zunächst auf die Ermittlung der Schub- und Normalkräfte unter Anwendung der im Wasserschiffbau allgemein üblichen Verfahren. Die genauere Forschung zeigte jedoch bald, daß diese Berechnungs-

---

[1]) von Helmholtz, »Theoretische Betrachtungen über lenkbare Luftballons«, 1872.

Graf v. Zeppelin, »Entwürfe für lenkbare Luftfahrzeuge«. Vortrag, gehalten vor dem Württembergischen Bezirksverein am 6. Februar 1896, veröffentlicht in der Zeitschr. des V. D. I., Jahrg. 1896, S. 408f.

F. H. Buchholtz, »Die Möglichkeit, Luftschiffe lenkbar zumachen«. Eine historisch-technische Studie, veröffentlicht in der Zeitschr. des V. D. I., Jahrg. 1896, S. 631f.

Oberstleutnant Hermann W. L. Moedebeck, »Fortschritte in der Luftschiffahrt, insbesondere im Luftschiffbau«. Vorgetragen im Pfalz-Saarbrücker Bezirksverein, veröffentlicht in der Zeitschrift des V. D. I., Jahrg. 1908, S. 901f.

Graf v. Zeppelin, »Erfahrungen beim Bau von Luftschiffen«. Vorgetragen in der 49. Hauptversammlung des V. D. I. zu Dresden. Veröffentlicht in der Zeitschr. des V. D. I., Jahrg. 1908, S. 1181f.

Hauptm. a. D. Hildebrandt, »Flugmaschinen und Lenkballons«. Veröffentlicht in der Zeitschr. des V. D. I., Jahrg. 1908, S. 1483f.

»Die Stellungnahme deutscher Ingenieure zu dem Projekt des Grafen von Zeppelin, betreffend den Bau lenkbarer Luftschiffe, im letzten Jahrzehnt des vorigen Jahrhunderts.« Veröffentlicht in der Zeitschr. des V. D. I., Jahrg. 1908, S. 1549f.

Geh. Reg.-Rat Professor Dr.-Ing. e. h. Müller-Breslau, »Zur Geschichte des Zeppelin-Luftschiffes«. Veröffentlicht in den Verhandlungen des Vereins zur Förderung des Gewerbefleißes, Januar 1914.

Engberding, »Luftschiffe in Heer und Marine«, Sonderabdruck aus »Die deutschen Luftstreitkräfte«, Verlag von E. S. Mittler & Sohn, Berlin SW 68.

Abb. 3. Luftschiff »Schütte-Lanz 1« im Bau.

methoden nicht genügten, da die Biegemomente und Scherkräfte bei einem fachwerkartigen Körper, wie dem eines Luftschiffes, sich anders auswirken als etwa bei dem Rumpf eines Seeschiffes.

Dies war dem Luftschiffbau Schütte-Lanz von Anfang an klar und er hat sich daher bemüht, eigene Wege zu finden, die möglichst nahe an das erstrebenswerte Ziel führten (vgl. das Gutachten Müller, Breslau, S. 149, und den Abschnitt »Festigkeitsrechungen der Schütte-Lanz-Luftschiffe« S. 48 f.).

Bei meinen ersten Erwägungen und Prüfungen der unter 1—7 aufgeführten Fragen, — soweit ich damals dazu imstande war, — bin ich zu dem in Abb. 1 näher gekennzeichneten Entwurf gelangt, bei dem anfänglich die beiden Motoren nicht hintereinander, sondern nebeneinander auf einer gemeinsamen Plattform angeordnet waren.

Um das dadurch entstehende außerordentlich große Biegemoment ganz erheblich zu verringern, und um überhaupt eine wesentlich bessere Lastenverteilung über die Länge des Schiffes herbeizuführen, erfolgte die Hintereinanderanordnung der Motorgondeln.

Schon beim ersten Schiff ist mit größter Sorgfalt die Verteilung aller Lasten über einen möglichst großen Teil des Gerippes bzw. auf den über dasselbe gespannten Ballonhüllenstoff-Sattel von großer Festigkeit durch laufend geschorene Hahnepoten (vgl. Abb. 2) erfolgt.

Wenn es außerdem gelang, eine Reihe von Kugelballonen, bekanntlich Körper größten Gasinhaltes mit kleinster Oberfläche, so hintereinander anzuordnen, daß jeder Ballon entsprechend seiner Größe und Tragkraft einen Teil des Gesamtgewichtes des fertigen, fahrfähigen Luftschiffes in der Weise aufnahm, daß über-

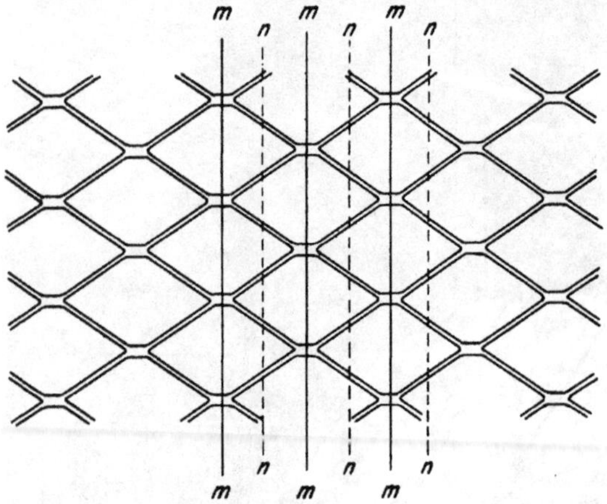

Abb. 4.

schießende Gewichte nicht, oder kaum mehr vorhanden waren, so trat eine erhebliche Entlastung statisch wirkender Kräfte für das Gerippe ein.

Das Gerippe sollte demnach in gewissem Sinne nur eine Art starres Netzwerk um diese Ballone bilden, um ihre Verschiebung gegeneinander durch dynamische Einwirkungen zu verhindern und den Luftwiderstand zu verringern.

Die zwischen den Kugelballonen verbleibenden Räume sollten durch sog. Ringballone besonderer Konstruktion ausgefüllt werden. Sie paßten in Dreiecksverspannungen (Abb. 1, Schnitt *A—B*), die in um die Längsachse des Schiffes konzentrisch angeordneten Stahlringen zusammenliefen. Diese Ringballone sollten ebenfalls außer ihrem Eigengewicht das auf sie entfallende Gerippegewicht tragen

auf ein Mindestmaß zurückgeführt wurden. Zur Zeit des Baues des S. L. 1 waren jedoch diese Methoden noch unbekannt.

Der Bau des Gerippes des ersten Schütte-Lanz-Luftschiffes wurde dem Zivilingenieur Carl Huber, Berlin, bekannt durch seine Preßverfahren unter sehr hohen Drücken, übertragen. Als Konstruktionsmaterial kamen Aluminium, Holz, Elektron, — eine von

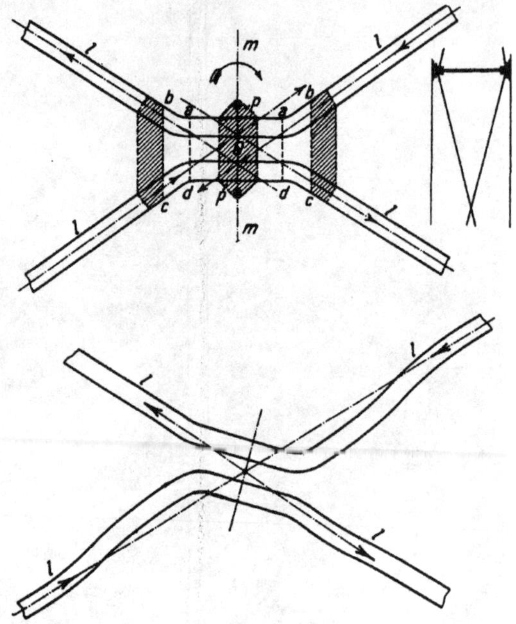

Abb. 5 u. 6.

der chemischen Fabrik Griesheim-Elektron hergestellte silberweiße, gut zu bearbeitende Magnesiumlegierung, die noch leichter als Aluminium ist, — Stahl und das bereits 1909 von den Dürener Metallwerken A.-G. herausgebrachte Duralumin in Frage.

Ich entschied mich für Holz, und zwar für das der Espe, Aspe oder Zitterpappel, weil es sehr langfaserig, leicht (spez. Gewicht lufttrocken etwa 0,48—0,54), zäh und gut zu bearbeiten war. Die

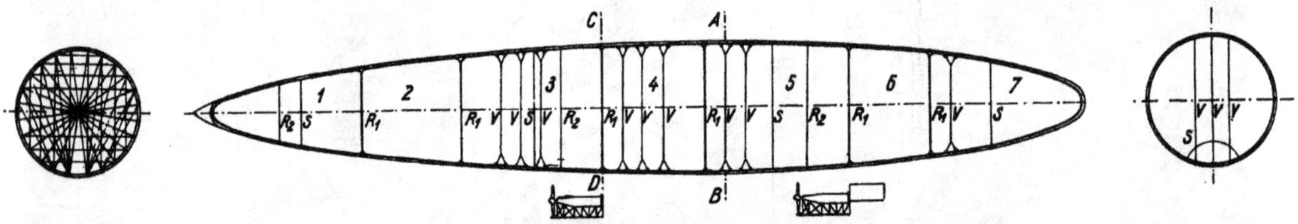

Schnitt *C—D*, Verspannung der Ringe R_1 und R_2

Abb. 7. Zellenunterteilung und Innenverspannung des »Schütte-Lanz 1«. Gasinhalt = 20 800 cbm, Länge ü. a. = 131,6 m, Durchm. auß. = 18,4 m, *S* = Schottwand innerhalb der Zelle, R_2 = durch den Zellenmantel durchgeführte Ringverspannung, diese ist in gleicher Weise ausgeführt, wie die Ringverspannung R_1 zwischen je zwei Zellenböden, vgl. Schnitt *C—D*, *V* = vertikale, durch die Zellenmäntel geführte Gerippeverspannung, vgl. Schnitt *A—B*. Zellenoberfläche = 7 873 qm, 4 Schottwände = 636 qm, Außenhülle = 5 870 qm.

Schnitt *A—B*, *V* = vertikale Gerippeverspannung. *S* = unten offene Schottwand.

und beim Steigen des Schiffes das aus den prall gefüllten Kugelballonen ausströmende Wasserstoffgas so weit wie möglich aufnehmen. Nach der Landung sollte dann dieses Gas durch eine alle Ballone miteinander verbindende Saug- und Druckleitung zurückgepumpt werden.

Die Haupttraggaskörper, die Kugelballone, vermindern die nachteilige Wirkung des Gasdruckes auf das Gerippe. Der Druck des Gases auf die Zellenwände nimmt von unten nach oben zu. Infolge dieser ungleichen Verteilung können sich zylindrische Zellen mit flachen Böden nie selbständig in ihrer Form halten, sondern müssen durch irgendwelche Vorrichtungen gestützt werden. Bei einem mit derartigen Zellen versehenen Starrluftschiff erfolgt diese Stützung durch das Gerippe und seine Querverspannungen. Ersteres wird dadurch unerwünschten zusätzlichen Beanspruchungen ausgesetzt. Erst im Laufe der späteren Entwicklung konnten infolge neuer Berechnungsmethoden Einrichtungen getroffen werden, mit Hilfe derer man die die Zellen umspannenden Netze innerhalb des Gerippes so ausführte, daß diese unerwünschten Beanspruchungen

aus diesem Holz gewonnenen Furniere eigneten sich besonders gut für die Herstellung aller möglichen Profile unter Anwendung des Kaltleimverfahrens (vgl. Abschnitt »Leichtkonstruktionen des Luftschiffbaus Schütte-Lanz« S, 88 f.).

Ich möchte gleich hier der Behauptung entgegentreten, daß die Verwendung des Holzes für den Bau des Gerüstes bzw. Gerippes der Schütte-Lanz-Luftschiffe letzten Endes deren einziges Spezifikum gewesen, und daß beim Übergange vom Holz in offenen Profilen zum Duralumin in geschlossenen Profilen (Rohren) auch dieses Spezifikum gefallen sei, so daß damit der Luftschiffbau Schütte-Lanz gezwungenermaßen in allen wesentlichen Konstruktionsgrundsätzen in die Bahnen des Luftschiffbaus Zeppelin einlenkte (vgl. »Die Eroberung der Luft«, ein Handbuch der Luftschifffahrt und Flugtechnik, S. 265 oben). Dieses Buch enthält verschiedene Mitteilungen über Schütte-Lanz-Luftschiffe, die geeignet sind, deren Wert herabzusetzen.

Die Wahl des Baumaterials für das Gerüst ist zweifellos von erheblicher Bedeutung in bezug auf Gewicht und Festigkeit. Das

Material selbst kann aber niemals als ein ausschlaggebender Faktor des Systems, oder seiner Konstruktion angesehen werden. Man wird stets bemüht bleiben müssen, das zurzeit zweckmäßigste Material zu finden. Im übrigen schließe ich mich der Ansicht des Generaldirektors der Zeppelinwerke an, daß man schon ein Überlaie in Luftschiffdingen sein müsse, wenn man die Verwendung des Aluminiums als etwas Wesentliches in der Erfindung des starren Luftschiffes betrachtet. Und was vom Aluminium gilt, gilt von jedem anderen in Frage kommenden Baumaterial, so auch vom Holz, das als Gerüstmaterial bis zu einer gewissen Schiffsgröße jeden Vergleich mit anderen Materialien aushält. Hinzu kam noch, daß 1909 und in der Folgezeit die Profile des Duralumins bezüglich ihrer Festigkeit zunächst noch so wenig vertrauenerweckend waren, daß die Verwendung dieses Materials ausschied; denn keine Konstruktion ist stärker als ihr schwächster Teil.

Die Art des ersten Gerüstes geht aus der Abb. 3 hervor. Die Idee hierzu ist vollkommen selbständig und ohne das geringste Nachempfinden anderer Holzkonstruktionen, die zur damaligen Zeit auftauchten, in dem schöpferischen Geiste Hubers entstanden. Wenn es in seiner ursprünglichen Ausführung nicht genügte, so lag das weniger an dem grundlegenden Konstruktionsgedanken als an dem Versagen der Statik. Leider ließ es die Eigenart Hubers nicht zu, in gemeinsamer Arbeit das Gerippe brauchbar zu gestalten, und so wurde der Luftschiffbau Schütte-Lanz gezwungen, dieses

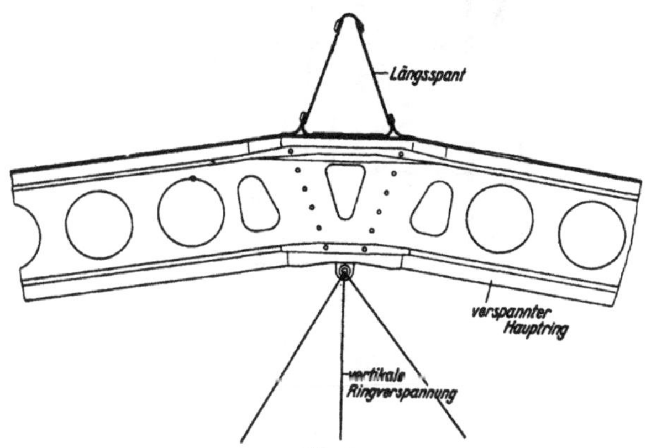

Abb. 8.

ursprünglich labile Bauwerk nach eigenen Methoden zu einem stabilen zu entwickeln. Huber ist leider vor der ersten Fahrt des S. L. 1 gestorben.

Zweierlei war damals übersehen worden:

erstens, daß die mit Ramieseilen miteinander verspannten Knotenpunkte und die Knicklängenhalbierungen (*n—n*, Abb. 4) der die Rhomben bildenden Lamellen (Träger *l—l*, Abb. 5 u. 6) nicht ausreichten, die Querringe oder Spanten zu ersetzen, und

zweitens, daß die Anordnung dieser Lamellen (vgl. Abb. 5) so erfolgen mußte, daß die in ihnen auftretenden und von ihnen zu übertragenden Kräfte einander in einem Punkte *O* des Knotenpunktes schnitten. Da sie es nicht taten, so traten Drehmomente auf, die die Rhomben deformierten (vgl. Abb. 6 und Punkt *C*, Abb. 3).

Um die Form des Rotationskörpers zu erhalten, wurden nachträglich die Laschen *abcd* (Abb. 5) durch die schraffierten Teile in der Figur wesentlich vergrößert. Die Knotenpunkte erhielten außerdem Duraluminplatten *p* (Abb. 5), die durch Hohlnieten mit den Holzträgern verbunden waren. An ihnen wurden hochwertige Stahldrähte *m—m* (Abb. 4) von etwa 200 kg Festigkeit verspannt. Ferner wurden an besonders wichtigen und stark beanspruchten Stellen zwischen diese Knotenpunkte Trägerstücke eingebaut, die sich in ihrer Gesamtheit zu einem Ringe zusammenschlossen, der nach dem Schnitt *C—D* (Abb. 7) durch Stahldrähte versteift war. Kreuzweise verspannte Zug- und Gegenzugdiagonalen, ebenfalls aus Stahldraht, innerhalb der Rhomben taten dann das übrige, um eine völlig ausreichende Festigkeit zu erzielen. Natürlich verursachten derartige Verstärkungen erhebliche Gewichtsvermehrungen, so daß sich der Luftschiffbau Schütte-Lanz trotz der allseits anerkannten großen Festigkeit dieses ersten Holzgerippes entschloß, zum reinen Längsspanten-System (vgl. Abb. 9 S. 6 und Abb. 3 und 4 S. 12 und 13) beim Bau des zweiten Schiffes überzugehen.

Auch bewirkten diese ständigen Gewichtsvermehrungen eine Reduzierung der anfänglich vorgesehenen 15 Traggaskörper (vgl. Abb. 1) auf 7 Zellen mit vertikalen Endböden (vgl. Abb. 7). Um in den so entstandenen großen Zellen das Hin- und Herfluten des Gases bei den verschiedenen Trimmlagen des Schiffes zu dämpfen, wurden unten offene Schottwände (vgl. Abb. 7, Schnitt *A—B*) eingebaut. Die Gerüstverspannung innerhalb dieser Zellen erfolgte durch die Zellenwände hindurch. Die Abdichtung der Stahlseile geschah mittels gasdichter Stoffmanschetten, die eine Beweglichkeit des Zellenstoffes so weit zuließen, daß ein Zerreißen beim Fallen des Schiffes nach erreichter Prallhöhe bzw. Schrumpfen der Zellen nicht eintreten konnte.

Das reine Längsspanten-System (Abb. 8, 1911/12) hatte neben großer Festigkeit und vereinfachter Bauweise den Vorteil, daß die Außenhülle zwischen diesen Längsträgern vollkommen glatt verlaufen konnte. Sie verursachte infolgedessen weniger Reibungswiderstand und Wirbelbildung.

Es war klar, daß ein Starrluftschiff von der Form eines langgestreckten geraden Zylinders mit halbkugel- oder ellipsoidförmigen, verhältnismäßig stumpfen Enden bezüglich des Luftwiderstandes keine befriedigende Lösung darstellte, ganz abgesehen davon, daß die Steuerorgane bei einem derartig geformten Körper in Wirbelzonen geraten mußten, die ihre Wirkung erheblich abschwächten.

Auch täuschte man sich in der Ansicht, daß ein solches Schiff bei gegebenen Pferdestärken um so schneller sein müsse, je größer das Streckungsverhältnis seiner Länge zum Durchmesser sei. Ebenfalls beruhte die Ansicht auf einem Irrtum, daß der Verjüngung des Rumpfes vom Hauptspant nach hinten nicht die ähnlich große Bedeutung für die Fahrgeschwindigkeit zukomme, wie bei den Wasserfahrzeugen. Ich entschloß mich deshalb gleich im ersten Entwurf, den Durchmesser, der bei bisher gebauten Starrluftschiffen und noch bis zum Jahre 1910 13 m und bis zum Jahre 1912 14 m betrug, um über 5 m größer zu wählen. Mein erstes Projekt hatte einen solchen von 18,55 m. Er vergrößerte das Volumen des Schiffes bei einer Länge von 130,2 m, — die bisherigen Längen schwankten zwischen 128 und 136 m, — um 5000 m³ gegenüber den bisher gebauten. Das Streckungsverhältnis war demnach 7:1, statt, wie bisher, 11 bzw. 10,5:1.

Ich habe im Winter 1908/09 versucht, der Form kleinsten Luftwiderstandes rechnerisch beizukommen, doch haben die exakten mathematischen Methoden zu keinem Ergebnis geführt.

Den größten Querschnitt legte ich an einen Punkt der Schiffslänge, der diese nach dem goldenen Schnitt teilte. Die Länge des Vorschiffs betrug demnach 0,382 L. Später ist hinter diesem größten Querschnitt wiederholt ein zylindrisches Zwischenstück angeordnet worden, bevor die Zuschärfung des Schiffsrumpfes nach dem hinteren Ende erfolgt (vgl. Artikel Weiß: »Beiträge zum Starrluftschiffbau«, S. 63f.).

Um eine möglichst große Wirkung der Höhen- und Seitensteuer und ihrer zugehörigen Stabilisierungs- bzw. Dämpfungsflächen durch Vermeidung von Wirbelbildungen zu erreichen, und um mit einfachen derartigen Flächen auszukommen, ließ ich die Hüllkurve des Hinterschiffes vom Hauptspant in stetiger Verjüngung bis zum Ende verlaufen (vgl. Abb. 1 und Abb. 14 S. 146 Tafel I).

Ich stützte mich hierbei auf meine Erfahrungen, die ich im Wasserschiffbau, besonders während meiner Zeit als Leiter der von mir erbauten Schleppversuchsstation des Norddeutschen Lloyd 1899/1904 gewonnen hatte.

Diese vereinfachte Steuer- und Dämpfungseinrichtung hat sich durch Versuche am fahrenden Schiff gegenüber der Anordnung von Kastenflächnern als überlegen erwiesen. Seit 1912 trug der S. L. 1 (Probefahrt 17. Oktober 1911) diese Schütte-Lanz-Steuereinrichtung in endgültiger Form. Sie kam bei allen späteren Schütte-Lanz-Schiffen zur Ausführung. Neben dieser Vereinfachung lief der Vorteil einer größeren Betriebssicherheit, geringeren Gewichts und geringeren Luftwiderstandes.

Im Gegensatz zu den bisherigen Starrschiffen verband ich beim S. L. 1 die Gondeln unstarr mit dem Schiffsgerippe, indem sie an Stahldrahtseilen derart aufgehängt wurden, daß sie in der Längs- und Querrichtung unverschiebbar waren. Ich verließ damit das Prinzip, die Resultierende aller Schub- oder Antriebskräfte möglichst mit der Richtung der Resultierenden aller Widerstandskräfte zusammenfallen zu lassen, da ich die Befolgung dieses Prinzips von Anfang an für unerheblich ansah. Da sich weiter die Maschinengondeln mit ihren Propellern an deren Hinterende in erheblichem Abstande von den Traggaskörpern befanden, so verminderte ich damit die Brandgefahr. Weiter benutzte ich die Motorgondeln zu einer starken Entlastung des Schiffskörpers bei einer Landung mit hartem Aufstoßen, da die Landungsstöße infolge der Seilaufhängung nicht mehr unmittelbar auf das Gerippe wirken konnten.

Durch den späteren Einbau der sog. Knickstützen zwecks besserer Handhabung der Gondeln und somit des ganzen Schiffes beim Ein- und Aushallen wurde an diesem Grundsatze nichts geändert.

Motoren und Propeller wurden durch Stirnradübersetzungs- und Wendegetriebe für Vor- und Rückwärtsgang miteinander verbunden. Die Achsen der Motorkurbelwelle und der Schraubenwelle waren danach parallel gelagert.

Alle während des Baues und der zahlreichen Versuchsfahrten des S. L. 1 gewonnenen Erfahrungen wurden 1911/12 in neuen Projekten für Heer und Marine verarbeitet. Sie fanden ihren Niederschlag in dem Heeres-Luftschiff S. L. 2 (Abb. 9, Baujahr 1913), über das an anderen Stellen dieses Buches eingehend berichtet wird, und das seine im Bauvertrag mit dem Kriegsministerium niedergelegten Bedingungen bezüglich Nutzlast, Geschwindigkeit usw. ganz wesentlich übertraf.

Die charakteristischen Merkmale dieses Schiffes haben sich bei keinem zeitlich nach ihm gebauten Schütte-Lanz-Schiff mehr geändert.

Es ist mir eine angenehme Pflicht, am Schluß meiner kurzen Ausführungen den Diplomingenieuren Bleistein, Christians, Kruckenberg, Zapf, dem Ingenieur Roos, Dr. Helfferich, den Meistern Siegfried und Saß, die in treuester Pflichterfüllung und Hingabe zum Gelingen der beiden ersten Schiffe beigetragen haben und die, bis auf Zapf, auch noch während des Krieges und späterhin die Fundamente der Schütte-Lanz-Unternehmungen blieben, meinen aufrichtigen Dank auszusprechen. Aber auch allen denen, die nach Fertigstellung des S. L. 2 und während des Krieges zum Luftschiffbau Schütte-Lanz kamen und die Schiffe verbessern halfen, sei für ihre Mitarbeit gedankt.

Zu gleich großem Dank fühle ich mich den Gesellschaftern, Frau Geheimrat Julia Lanz, Herrn Geheimen Kommerzienrat August Röchling und dem leider zu früh verstorbenen Herrn Dr. Karl Lanz, sowie Herrn Generaldirektor Paul Zabel[1]), die mir stets als treue Freunde und Berater zur Seite standen, verpflichtet.

Der am 18. August 1921 verstorbene Dr. Karl Lanz stiftete wenige Stunden nach der Vernichtung des L. Z. IV am 5. August 1908 namens der Familie Lanz/Röchling zum Bau eines neuen Zeppelinschiffes 50000 Mark. Er war der Präsident des deutschen Luftflottenvereins, der damals noch seinen Sitz in Mannheim hatte. Dem Grafen Zeppelin wurde von der Stiftung durch ein Telegramm folgende, die Einzelleistungen der Familienmitglieder in verschleierter Form weidergebende Mitteilung gemacht:

»Exzellenz Graf von Zeppelin, Echterdingen!

So groß die Begeisterung der Mannheimer Bevölkerung über die glänzende Siegesfahrt war, so tief erschüttert stehen wir vor dem tragischen Abschluß. Der Deutsche Luftflottenverein, Zentrale Mannheim, macht es sich zur Ehrenpflicht, die nötigen Mittel zur Vollendung des großen Werkes Ew. Exzellenz zur Verfügung stellen zu dürfen. Eine sofort eingeleitete Sammlung hat in wenigen Stunden bereits 50000 Mark ergeben. Im Auftrage des Deutschen Luftflottenvereins: Ew. Exzellenz ergebener Karl Lanz.«

Ferner stiftete Dr. Karl Lanz den Lanz-Preis der Lüfte in Höhe von 40000 M. für Flugmaschinen. Gewinner war der Ingenieur Hans Grade, Magdeburg, am 1. Oktober 1909. Weitere 10000 M. wurden als Unterstützungsfonds für deutsche Ingenieure und Erfinder von Luftfahrzeugen schwerer als Luft gegeben. Ein zweiter Lanz-Preis von 7000 M. wurde von dem Aviatiker Adolf Behrend am 30. April 1910 gewonnen. Einen dritten Lanz-Preis von 3000 M. erhielt Herr Ingenieur Dorner am 11. Juli 1910. Ein Lanz-Zusatz-Preis von 1000 M. fiel am 13. Dezember 1910 dem Flieger Raymund E. Eyring zu, der leider im Jahre 1911 in Stuttgart einen jähen Fliegertod fand.

Wir ersehen hieraus, daß die Familie Lanz/Röchling sich nicht nur die Förderung und den Bau von Luftfahrzeugen leichter als Luft angelegen sein ließ, sondern auch den Flugzeugen großes Interesse entgegenbrachte.

Einen warmen Freund besaß der Luftschiffbau Schütte-Lanz vom ersten Tage an in dem am 27. Juli 1919 verstorbenen Wirklichen Geheimen Marine-Oberbaurat Paul Hoßfeld, Berlin, früherem

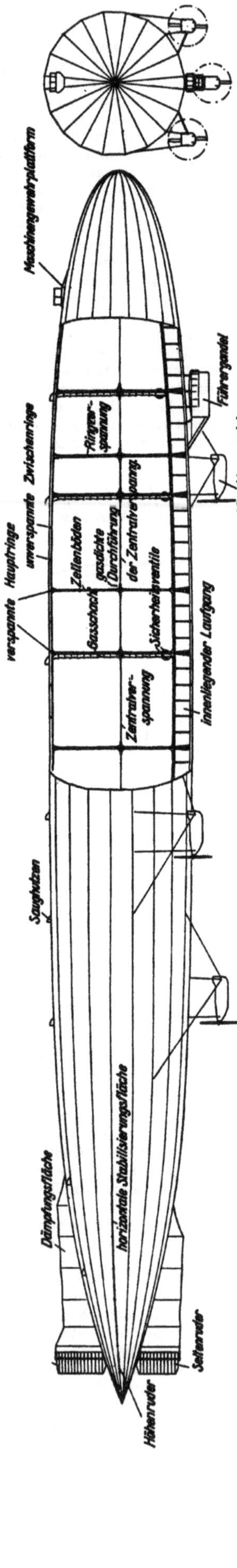

Abb. 9. Schütte-Lanz 2.

$L = 144$ m, $S = 18{,}2$ m; $V_1 = 24500$ m³, Größte Höhe 22,7 m, $PS = 720$, $v = 24{,}5$ m/s, Baujahr 1913. Probefahrt 28. Februar 1914.

[1]) Während der Drucklegung dieses Buches am 6. Mai 1926 ebenfalls verstorben.

vortragenden Rat im Reichsmarineamt. Er hat manchen Gegensatz zwischen den Behörden und Schütte-Lanz ausgeglichen und auch des öfteren innerhalb des Unternehmens beruhigend gewirkt. Auch ihm sei Dank.

Dank auch den leitenden Militärs und ihren nachgeordneten Dienststellen in der Armee und Marine, in den Ämtern und an der Front, die den Luftschiffbau Schütte-Lanz im Interesse der Landesverteidigung zunächst mit gründen und dann mit fördern halfen, insbesondere dem tüchtigen Führer des für den Luftschiffbau Schütte-Lanz bahnbrechend gewordenen S. L. 2, Hauptmann von Wobeser, von dem es in dem englischen Bericht des Captain Joseph Morris über seinen Angriff auf London am 7. September 1915 heißt:

»Der Flug des Schütte-Lanz-Luftschiffes war geradezu vorbildlich. Er (von Wobeser) überflog die Küste bei der Crouch-Mündung in niedriger Höhe und folgte der Great-Eastern-Bahn bis London, wo er 18 Spreng- und Brandbomben abgeworfen hat.«

Leider ist dieser tapfere Mann und seine von ihm ausgebildete hervorragende Besatzung Ende Juli 1916 mit dem S. L. 10 im Schwarzen Meer spurlos verschwunden.

Nicht zuletzt sei den Mitarbeitern an diesem Werke, die in selbstloser, mühevoller Arbeit auf Grund ihrer Erfahrungen, oder nach dem Studium eines sehr umfangreichen Aktenmaterials ihre Niederschriften machten, sowie denjenigen, die sich der Mühe des Korrekturlesens unterzogen, an dieser Stelle dankbarst gedacht.

Die nachfolgenden Aufsätze, von denen einige schon in der Z.F.M. veröffentlicht wurden, sollten bereits im Sommer 1925 erscheinen. Die allgemeinen Wirtschaftsnöte- und Kämpfe, von denen auch der Luftschiffbau Schütte-Lanz stark berührt wurde, haben es jedoch verhindert.

Berlin-Lichterfelde-Ost, im Februar 1926.

Joh. Schütte.

Einige Briefe zur Entwicklung des Luftschiffbaus Schütte-Lanz.

Achilleion (Korfu), den 30. April 1909.

Euer Hochwohlgeboren danke ich verbindlichst für die gefälligen Mittheilungen vom 24. ds. Mts.

Seine Majestät der Kaiser und König sind sehr erfreut über die Aussichten, die sich der Verwirklichung Ihres Luftschiffprojektes eröffnet haben und wünschen Ihnen den besten Erfolg.

gez. v. Müller,
Vizeadmiral, Generaladjutant
und Chef des Marinekabinetts.

An
Herrn Professor Schütte, Hochwohlgeboren,
Mannheim.

Berlin, den 22. April 1909.

Sehr geehrter Herr Professor!

Anbei übersende ich Euer Hochwohlgeboren das mir seinerzeit mit der Bitte um Rückgabe eingereichte Projekt.

Gleichzeitig teile ich Euer Hochwohlgeboren ergebenst mit, daß ich zu meinem aufrichtigen Bedauern erst heute mein von der Inspektion der Verkehrstruppen gefordertes Gutachten habe ausstellen können, da ich bis zum 19. ds. Mts. beurlaubt war. Hoffentlich werden Euer Hochwohlgeboren nun aber baldigst in den Besitz dieses durchaus günstig lautenden Gutachtens kommen.

Mit vorzüglicher Hochachtung
Euer Hochwohlgeboren ergebenster

gez. Groß,
Major und Kommandeur des
Luftschifferbataillons.

Inspektion der
Verkehrstruppen.
Sekt. IIc. Nr. 2314. 09.

Berlin SW 48, den 4. Mai 1909.
Wilhelmstr. 101/I.

Euer Hochwohlgeboren die ergebene Mitteilung, daß die Prüfung Ihres Projektes ein durchaus günstiges Ergebnis gehabt hat.

Ich habe Ihr Projekt unter Beifügung der übereinstimmend guten Urteile der Versuchsabteilung der Verkehrstruppen und des Luftschiffer-Bataillons dem Kriegsministerium zur Kenntnis übergeben mit der Bitte, Euer Hochwohlgeboren weiteren Bescheid zugehen zu lassen.

gez. Frhr. von Lyncker.

An
Herrn Professor Schütte,
Hochwohlgeboren,
Danzig-Langfuhr.

Dr.-Ing. H. Müller-Breslau,
Geh. Regierungsrat, Professor
a. d. Kgl. Techn. Hochschule,
Mitglied der Akademie der
Wissenschaften.

Berlin-Grunewald, den 20. 12. 15.
Kurmärkerstr. 8.

Herrn Geheimen Regierungsrat
Professor Schütte,
Mannheim.

Sehr geehrter Herr Kollege!

Gelegentlich unserer Zusammenkunft in Mannheim versprach ich Ihnen Zusendung meiner Abhandlung »Zur Geschichte des Zeppelin-Luftschiffes«.

Ich habe erst nach längerem Suchen in meiner Bücherei die wenigen noch vorhandenen Stücke gefunden und kann daher mein Versprechen erst heute erfüllen.

Auf Seite 45 finden Sie eine Skizze der von mir dem Grafen Zeppelin im Jahre 1894 vorgeschlagenen Versteifung. Mit einigen, Worten, ohne Zeichnung, hatte ich sie bereits 1908 im »Tag« (Juli) in dem Aufsatz »Das Zeppelin-Luftschiff einst und jetzt« beschrieben. Es war mir nun interessant, von Ihnen in Mannheim zu erfahren, daß Sie ebenfalls auf diese Versteifung gekommen sind, und zwar beim S. L. 2. In welchem Jahre geschah dies?

Unsere Unterhaltung in Mannheim hat bei einigen Herren den Eindruck hervorgerufen, ich hätte die Berechnung der S. L.-Schiffe übernommen, und in diesem Sinne ist dem Kriegsministerium berichtet worden. Auch Graf Zeppelin, den ich im August d. J. in einer Sitzung im Kriegsministerium die Prüfung der statischen Berechnung eines Schiffes versprochen hatte, behauptete gelegentlich einer zwischen ihm und mir notwendig gewordenen Auseinandersetzung: ich sei an die Berechnung eines S. L.-Schiffes herangetreten. Ich habe diese Auffassung als einen Irrtum bezeichnet und erklärt, daß Sie meine Hilfe gar nicht in Anspruch genommen haben. Das werden Sie gewiß bestätigen.

Ich wirke seit Ausbruch des Krieges im Ehrenamt als Sachverständiger des Kriegsministeriums und habe als solcher bereits im Februar v. J. gelegentlich der Prüfung eines Luftschiffentwurfs einen Ratschlag zur Verbesserung der statischen Berechnung erteilt.

Hochachtungsvoll mit freundlichem Gruß

gez. Müller-Breslau.

29. Dezember 1915.

Hochwohlgeboren
Herrn Geh. Reg.-Rat Professor Dr.-Ing. H. Müller-Breslau,
Berlin-Grunewald,
Kurmärkerstr. 8.

Sehr geehrter Herr Geheimrat!

Für die liebenswürdige Übersendung Ihrer sehr interessanten Abhandlung »Zur Geschichte des Zeppelin-Luftschiffes«, aus der ich ersehe, wie sehr der Luftschiffbau Zeppelin Ihnen für die guten und grundlegenden Ratschläge bei der Konstruktion des Gerippes der Z.-Schiffe verbunden sein muß, danke ich Ihnen bestens. Durch diese Abhandlung bin ich eigentlich zum erstenmal richtig in die anfängliche Entwicklung der Z.-Schiffe eingeführt worden ....

Die Abb. 6 auf Seite 45 der Verhandlungen erinnerte mich in Mannheim an das Huber-Gerippe des S. L. 1. Ich füge eine Skizze in Blei an. Ihre Diagonalverspannungen, Zug- und Gegenzugdiagonalen, waren bei Huber durch Holzträger, die Längsträger und Querringe durch Ramieschnüre ersetzt. Da das Huber-Gerippe versagte, so habe ich sämtliche Knotenpunkte, die durch die rautenförmigen Felder entstanden, und einen großen Teil der Obergurte der Holzträger unterhalb der neutralen Faser verstärkt.

Die gesamte Ramieverspannung ließ ich durch hochwertigen Stahldraht ersetzen, baute eine Anzahl sehr stark verspannter kräftiger Holzringe von dreieckigem Querschnitt ein, um die runde Form wieder herzustellen und zu wahren, und umspannte zwischen diesen Holzringen das Gerippe mit Stahldraht, — ähnlich den Reifen eines Fasses, — um dieses vor dem Platzen durch den inneren Gasdruck zu schützen. Von diesem Huber-Schütte-Gerippe, welches Kühnheit und Not geboren haben, ist später viel geredet worden, weil es auf mancherlei Fahrt des braven S. L. 1 mancherlei Fährnis und überaus starken Beanspruchungen ausgesetzt wurde, ohne daß das Schiff verloren ging. Es ist wohl auch hie und da die Frage aufgeworfen worden, warum ich bei den folgenden Schiffen nicht auch dieses sehr elastische und feste Gerippe verwendet habe. Der Grund liegt in der Nutzlast. Würde ich heute nochmals ein so schweres Gerippe wie beim S. L. 1 bauen, so würde mich höchstwahrscheinlich Herr Oberst Oschmann bei allem Wohlwollen für unsere gute Sache »standrechtlich erschießen lassen«.

Beim S. L. 1 (Mai 1909) hatte ich bereits einen Durchmesser gewählt, der um mehr als 5 m größer war als der der Z.-Schiffe (fing ich doch gleich mit einem Schiff von 20000 m^3 an, während die damaligen Z.-Schiffe erst 15000 m^3 faßten), weil ich wußte, daß, entgegen der allgemein vertretenen Ansicht, der Schiffsquerschnitt für die Geschwindigkeit nur eine untergeordnete Rolle spielte. Da nun aber die Geschwindigkeit des S. L. 1 trotz seiner günstigen Form und trotz seiner mehr als 500 Pferde nur 19,8 m/s betrug[1]), so mußten das rautenförmige Gerippe und die durch es bedingte Rauhheit der Schiffsoberfläche die Ursache hierfür sein. Ich bin auch heute noch der Ansicht, daß 80—85 vH des Gesamtluftwiderstandes Reibung und Reibungswirbel sind, sofern die Schiffsform richtig gewählt ist.

Die Folge dieser Erkenntnis war, daß ich beim S. L. 2 zum reinen Längsspantensystem überging, d. h. über die Außenkante der von mir schon beim S. L. 1 gewählten Querringe, Längsträger von teils dreieckigem, teils doppelt T-förmigem Querschnitt legte. Die Quer- und Längsdrähte des ersten Gerippes ersetzte ich somit durch Holzträger und die Huber-Träger durch eine Diagonalverspannung aus Stahl. Auf diese Weise vermied ich außerdem jene Kräftepaare in den Knotenpunkten (vgl. die Skizze), die diese zweifellos auf Verdrehung beanspruchten.

[1]) Die Geschwindigkeit des L. Z. 5, erste Fahrt 26. Mai 1909, betrug nur 12,5 m/s, also 7,3 m/s weniger, die des L. Z. 6, erste Fahrt 25. August 1909, nur 13 m/s, also 6,8 m/s weniger.

Die ersten Skizzen zu dem Gerippe des S. L. 2, oder besser zu einem zweiten Starrluftschiff meines Typs werden im Winter 1910/11 entstanden sein. Bei der Konstruktion meiner Längsträger habe ich den größten Wert auf Knicksicherheit gelegt, da ich den horizontalen Schubkräften auf diese Weise am besten begegnete. Die Knicksicherheit hat der Luftschiffbau Schütte-Lanz mit Erfolg stets zu verbessern versucht.

Ich bestätige Ihnen gern, daß ich Ihre Hilfe bei der Berechnung der Gerippe meiner Luftschiffe bisher nicht in Anspruch genommen habe, daß auch unsere Unterredung am 17. November 1915 in Mannheim hierzu nicht geführt hat. Diese Unterredung war ein Gedankenaustausch, bei dem ich zu meiner großen Freude eine völlige Übereinstimmung der Ansichten feststellen konnte. Ich muß allerdings gestehen, daß ich Ihren Ausführungen über den jüngst gehaltenen Vortrag vor der Akademie der Wissenschaften so ohne weiteres nicht ganz zu folgen vermochte. Soweit ich mich entsinne, sollte die Berechnung eines Luftschiffes durch mehrere hundert Gleichungen, deren Zahl aber durch Annahme gewisser Voraussetzungen reduziert werden konnte, neuerdings versucht werden.

Indem ich Ihnen zum Schluß nochmals danke, möchte ich nicht verfehlen, Ihnen für das kommende Jahr alles Beste zu wünschen.

Mit dem Ausdrucke besonderer Wertschätzung erwidere ich Ihre freundlichen Grüße als Ihr sehr ergebener

gez. Schütte.

Kriegsministerium. Berlin, den 16. Mai 1919.
Truppen-Departement.
Nr. 6684/19 A7L. III. A.
Zu den Schreiben vom 3. und 7. V. 19.
betr. Auslandspatente Schütte.

Ihre im Schreiben vom 3. V. 1919 vertretene Auffassung über die Aufhebung des Vertrages sowie die Rückübertragung der seinerzeit vom Reiche erworbenen noch bestehenden Auslandspatente des Geh. Reg.-Rats Prof. Schütte wird bestätigt — ebenso die Auffassung, daß die in der Klage gegen den Reichsfiskus erhobenen Ansprüche dadurch nicht berührt werden.

Bezüglich des Verfalles von Patenten und einer Haftung des Reichs-Militär-Fiskus dafür wird auf § 7 des Vertrages Bezug genommen, wonach für verfallene Patente keine Schadloshaltung gewährt wird.

Dem Patentinhaber werden von der Heeresverwaltung keinerlei Beschränkungen dem Auslande gegenüber bezüglich dieser Patente auferlegt. Ebenso ist gegen eine Verwertung der elektrischen Bombenabwurfvorrichtung — soweit die Heeresverwaltung beteiligt ist — nichts einzuwenden.

gez. Unterschrift.

An
Herrn Justizrat Dr. Willy Hahn,
Berlin W 62,
Lützowplatz 2.

DR. KARL LANZ,
geb. am 18. 5. 1873,
gest. am 18. 8. 1921 zu Mannheim.

Die engsten Mitarbeiter von Joh. Schütte

Von links nach rechts:	
Untere Reihe:	Luftschiffführer Honold; Funker, später Oberingenieur Roos; Dipl.-Ing. Frz. Zapf.
Obere Reihe:	Dipl.-Ing., später Direktor Walter Bleistein; Luftschiffführer Major von Müller; Metereologe Dr. Helfferich; Dipl.-Ing., später Direktor Georg Christians.
In der Mitte sitzend:	Geheimrat Schütte.

Von 1911

Starrluftschiff Bauart Schütte-Lanz.

Von Dr.-Ing. DIETRICH RÜHL.

Mit Tafel I—IV.

Der Luftfahrzeugbau Schütte-Lanz ist im Entwurf und in der Konstruktion seiner Luftschiffe dank der Initiative von Geh. Reg.-Rat Professor Dr.-Ing.E.h. Joh. Schütte, Dr. Karl Lanz, Geh.-Rat August Röchling seit 1908/09 eigene Wege gegangen, und seine Ausführungen einer ganzen Reihe wichtiger Einrichtungen und Luftschiffteile haben sich im weiteren Verlauf der Entwicklung des deutschen Starrluftschiffes als besonders zweckmäßig erwiesen.

Das vom Luftfahrzeugbau Schütte-Lanz für die Marine gebaute Luftschiff SL 22 (Abb. 17—20, Tafel I), ein Starrluftschiff von 56000 m³ Inhalt, 37,5 t Nutzlast und 100 km/h Geschwindigkeit nach dem Original-Schütte-Lanz-Typ SL 2, Baujahr 1913 (Abb. 1) soll im nachstehenden eingehender beschrieben werden. Es Außer der Radialverspannung besitzt der Ring noch eine Verspannung aus wagrechten und lotrechten Drähten und ferner sog. Verteilungsdrähte, welche die schwer belasteten Knotenpunkte, im besonderen die untersten, mit einer entsprechenden Zahl oberer Knotenpunkte in Verbindung setzen und dadurch die Knotenlasten über das Gerippe verteilen. Diese Hauptringe sind gewissermaßen die Seele des ganzen Gerippes, an ihnen hängen die schweren Gondeln, auf sie werden alle weiteren Lasten, die im Laufgang untergebracht sind, übertragen. Am Hauptring findet der Ausgleich des von den Zellen geleisteten Auftriebs und der Schiffslasten statt. Die Ecken der einzelnen Hauptringe sind über die ganze Schiffslänge weg durch die Längsträger verbunden, wodurch die Gestalt

Abb. 1. Original-Schütte-Lanz-Typ SL 2, Baujahr 1913.

ist dadurch gekennzeichnet, daß der Schiffskörper ein steifes, fachwerkartiges Gerippe hat, das von einer Hülle umspannt wird und das im Innern eine Anzahl voneinander völlig unabhängiger Gaszellen enthält. Durch dieses Gerippe wird die Form des Schiffes auch bei ungleichmäßiger Last- und Auftriebsverteilung gewahrt. An das Gerippe sind die Maschinengondeln und die Führergondel mit Hilfe von Drahtseilen und steifen Stäben angeschlossen.

Die Form des Schiffskörpers ist durch 19 verspannte Hauptringe (0, 1, 2, 3 ....., Abb. 18, Tafel I), die im allgemeinen 10 m Abstand haben, festgelegt. Diese Hauptringe sind im wesentlichen regelmäßige Vielecke (s. Abb. 21, Tafel I und Abb. 4, S. 13). Die unterste Seite des Vielecks ist kürzer wie die übrigen. Der Ringkranz wird aus knick- und biegungsfesten Trägern gebildet, die an den Eckpunkten durch Knotenpunkte steif miteinander verbunden sind. Die Hauptringe sind durch eine Anzahl von Drähten aus hochwertigem Stahl von etwa 200 kg/mm² Festigkeit verspannt. des Schiffes nach der Längsausdehnung, der Strak des Schiffes, festgelegt wird (s. Abb. 3, S. 12). Diese Längsträger sind nach Kurven gekrümmt, deren Ebenen sich in der Längsachse des Schiffes schneiden. Die Form dieser Kurven, die bereits bei dem ersten Schütte-Lanz-Luftschiff (gebaut 1909—1911) vorhanden war, ist so gewählt, daß ein Schiffskörper von möglichst geringem Luftwiderstand entsteht und kennzeichnet sich dadurch, daß der größte Durchmesser des Schiffskörpers etwa im vorderen Drittel seiner Länge liegt (beim SL 1 war die Länge nach dem Goldenen Schnitt geteilt), und daß von hier aus der Durchmesser in stetiger Krümmung nach vorn und hinten abnimmt. Dadurch ergibt sich ein verhältnismäßig großer Durchmesser im Hauptspantquerschnitt. Diese Form geringsten Widerstandes wird bei den neuesten Ausführungen wieder mehr beachtet, als es eine Zeitlang im Starrluftschiffbau mit Rücksicht auf vereinfachte Herstellung der Fall gewesen ist. Der Form geringsten Widerstandes entspricht auch das

Abb. 2. Aufhängung der Zellen (SL 2). (Text S. 13 und 20).

scharfe, schlank ausgezogene Hinterschiff. Im Vorschiff, am Bug, vereinigen sich die Längsträger zu einer kuppelartigen Spitze und endigen an der sog. Kalotte, ihrem gemeinschaftlichen Knotenpunkt. Im Hinterschiff, am Heck, sind einige Längsträger zusammengezogen, und zwar sowohl aus Gründen der Gewichtsersparnis als auch mit Rücksicht auf günstige Felderteilung für die Diagonalverspannung des Gerippes. Das eigentliche Schiffsgerippe hört mit dem hintersten verspannten Hauptring, dem Ring 0, auf, in dessen Ebene die Ruderspindeln liegen und der sich von den übrigen Hauptringen besonders darin unterscheidet, daß er zum Ausgleich der von den Ruderspindeln herrührenden Druckkräfte durch ein Pfostenkreuz versteift ist (s. Abb. 5, S. 14). Von dem Ring 0 nach hinten finden die Längsträger ihre Fortsetzung in der sog. hinteren Spitze, die ein aus leichten verspannten Ringen und leichten Längsträgern gebildetes, diagonal verspanntes, räumliches Fachwerk darstellt.

Zwischen je zwei Hauptringen sind leichte, nicht verspannte Ringe, sog. Zwischenringe (*a*, *b*, II, III..., Abb. 18, Tafel I) eingefügt, deren Hauptaufgabe die Verminderung der großen freien Länge der Längsträger ist. Außerdem wird dadurch die Neigung der Drähte verringert, mit denen die Vierecksfelder der Gerippeoberfläche verspannt sind. Bei älteren und neuesten Schiffen befinden sich zum Teil auch jeweils zwei Zwischenringe zwischen den Hauptringen. Außer der bereits genannten Diagonalverspannung des Gerippes ist eine Anzahl von Verspannungsdrähten vorhanden, durch die die freien Knick- und Biegungslängen der Längsträger und Zwischenringe verringert werden.

Das Gerippe des Starrluftschiffes ist also ein räumliches Fachwerk, das durch die zahlreichen Hauptringverspannungen vielfach statisch unbestimmt wird. Diese heute allgemein anerkannte Art der Gerippeausbildung wurde im Jahre 1894 zuerst von Müller-Breslau vorgeschlagen. Müller-Breslau kennzeichnete damals seinen Vorschlag[1]) als »zwei im Hauptspant aneinandergefügte steile Schwedlerkuppeln mit steifen Querwänden — ein mehrfach statisch unbestimmtes System, dessen Berechnung ziemlich umständlich ist«.

Am Heck des Schiffes befinden sich die Dämpfungsflächen mit den Rudern, die in einem bestimmten Abstand vor dem Schiffsende angeordnet sind. Sie liegen paarweise in einer lotrechten und in einer annähernd wagrechten, die Schiffsachse enthaltenden Ebene. Von den Dämpfungsflächen dienen die obere und die untere für die Seitendämpfung und die beiden seitlichen für die Dämpfung der Höhe nach. Die untere Dämpfungsfläche wird mit Rücksicht auf die Gefahr von Beschädigungen bei der Landung kleiner gehalten als

[1]) Verhandlungen des Vereins zur Beförderung des Gewerbfleißes. Jahrgang 1914 I. Heft Seite 45.

die übrigen. Die Dämpfungsflächen haben den Zweck, die Bewegung des Schiffskörpers durch die Luft zu stabilisieren. Bei kleinen Abweichungen des Hecks von der Fahrtrichtung wirken diese Flächen wie Tragflächen und erzeugen einen Auftrieb, der sich der Vergrößerung der Ablenkung entgegensetzt und das Schiff in seine Fahrtrichtung zurückdrückt. Diese Flächen haben genau dieselbe Wirkung wie die Fiederung eines Pfeiles. Für die Ausbildung des Schiffsgerippes sind die Dämpfungsflächen recht unerwünscht. Die Form des Schiffes verlangt mit Rücksicht auf geringen Luftwiderstand am Heck einen möglichst schlanken Auslauf, so daß an der Stelle, wo das Gewicht der Dämpfungsflächen wirkt, nur wenig Auftrieb vorhanden ist. Das am Ende des Schiffes sitzende Gewicht wirkt außerdem an beträchtlichem Hebelarm, was, namentlich in Fällen des Auslaufens von Zellen im Hinterschiff, erhebliche Beanspruchungen hervorruft, für die das Schiff gebaut sein muß. Wie die Erfahrung gezeigt hat, kann man aber anderseits nicht unter eine bestimmte Größe der Dämpfungsflächen gehen, um stetige Fahrt und gute Steuerfähigkeit zu erlangen. Hinter den einfachen Dämpfungsflächen sitzen mit einem gewissen, praktisch erprobten Abstand die einfachen Ruderflächen (s. Abb. 5, und Abb. 6, S. 14). Diese sind zu ihrer Mittelebene symmetrisch ausgebildete, schwach nach außen gewölbte Tragflächen, die in sich durch eine Schar von Drähten, die nach einem gemeinschaftlichen Punkt des Quadranten laufen, verspannt sind. Jedes Ruder ist ganz singemäß wie eine Flugzeugtragfläche gebaut. Es besteht aus Vorder- und Hinterholm, wobei der Vorderholm zugleich Ruderspindel ist, aus Ruderrippen, der vorderen Nasenleiste und der hinteren Randleiste. Genau wie die Tragfläche ist das Ruder mit Leinwandstoff bespannt. Als Besonderheit kommt der Ruderquadrant hinzu, der in der Mitte des Ruders sitzt und zum Antrieb des Ruders mit Hilfe der Steuerseile dient. Die Steuerseile liegen in einer Rille auf dem Quadranten, an deren Ende sie festgemacht sind und laufen von dem Quadranten zunächst nach dem letzten Pfosten der Dämpfungsfläche, um von da aus über Rollen nach Ring 0 und herunter zum Laufgang geführt zu werden. Im Laufgang führen die Steuerzüge dann, in bestimmten Abständen durch Führungsrollen gestützt, bis zur Führergondel und laufen daselbst über je ein Steuerrad für die Höhensteuerung und für die Seitensteuerung. Durch eine Kupplung auf der Welle des Steuerrades können die zusammengehörigen Ruder jeweils einzeln oder paarweise betätigt werden, so daß im Falle der Beschädigung eines Ruders die Wirkung des anderen dadurch unbeeinflußt bleibt. Die Verwendung von einfachen Ruderflächen, die sich in Verbindung mit einfachen Dämpfungsflächen und scharf ausgezogenem Hinterschiff bereits bei Versuchen am SL 1 als den Kastenrudern überlegen erwiesen hatten, bietet den Vorteil günstiger Fahrgeschwindigkeit bei guter Steuerfähigkeit. Die Ruder und Dämpfungsflächen sind gegen seitliche Kräfte von ihren Nocken aus durch eine Anzahl von Drahtseilen oder Drähten nach den Knotenpunkten des Gerippes abgestagt (s. Abb. 17 und 18, Tafel I). Für die Abstagung der Ruder ist an Ring 0 ein besonderer Stahlrohrbock aufgesetzt (s. Abb. 6).

Abb. 3. Vordere Spitze (Text S. 10).

Einen wichtigen Bestandteil des Gerüstes bildet der Laufgang, der sich im unteren Teil des Schiffes über die ganze Länge erstreckt. Die Anordnung des Laufganges im Innern des Schiffskörpers, die ein kennzeichnendes Merkmal der SL-Luftschiffbauart bildet[1]), findet sich bereits im Jahre 1914 bei dem SL 2 (s. Abb. 1), der außerdem alle anderen wesentlichen Kennzeichnen der Schütte-Lanz-Bauart trägt. Seine Vorteile sind die Möglichkeit, sperrige, abwerfbare Lasten unterzubringen, die Verringerung der Bauhöhe und des Luftwiderstandes gegenüber dem außenliegenden Laufgang. Der Laufgang hat einen dreikantigen Querschnitt, stellt also gewissermaßen einen aus dem Innenraum ausgesparten, dreikantigen Tunnel dar. Er ist ein räumlicher Fachwerkträger, dessen Gurte durch die Längsträger 1 (s. Abb. 7, S. 15) und besondere

[1]) D. R. P. 301 637.

Abb. 4. Gerippe bei der Rüstung (Text S. 10).

Obergurtträger gebildet werden. Das Fachwerk erhält außerdem in den drei Seitenwänden Pfosten in Gestalt der dreikantigen Querrahmen, die jeweils in der Ebene der Haupt- und Zwischenringe und außerdem noch einmal in der Mitte zwischen diesen sitzen. Die auf diese Weise gebildeten Vierecksfelder des Laufgangfachwerkes sind durch doppelte, gekreuzte Stahldrahtdiagonalen verspannt. In der Mitte der unteren Seite des Laufganges befindet sich ein etwa 20 cm breiter Träger, der sog. Laufträger, der von den unteren Querriegeln der Dreikantrahmen unterstützt wird. Auf diesem Laufträger findet der gesamte Personenverkehr im Innern des Schiffes statt. Die Höhe des Laufganges über dem Laufträger ist so bemessen, daß man sich frei aufrichten kann. Der Laufgang findet seine Unterstützung in erster Linie an den unteren Hauptringknotenpunkten. Außerdem ist er auf den stark belasteten Strecken noch einmal in der Mitte zwischen den beiden Hauptringen an seinem Obergurtknotenpunkt mit Hilfe von Stahldrähten aufgehängt, wobei diese Stahldrähte nach den Firstknotenpunkten der beiden Hauptringe geführt sind (s. Abb. 17, Tafel I). Diese Laufgangaufhängung befindet sich also im Innern der Zellen.

Die Hauptaufgaben des Laufganges sind die Aufnahme sämtlicher Lasten und die Herstellung der Verbindung zu allen Betriebsstellen des Schiffes. Die aufzunehmenden Lasten umfassen Wasserballast, Benzin, Öl, Sprengbomben, Brandbomben, Ersatzteile usw. (siehe Abb. 18, Tafel I). Diese Lasten sind hier nach einem wohl durchdachten Plan untergebracht, derart, daß das Schiff vollbelastet, leer und auch beim allmählichen Verbrauch oder Abwurf der Lasten möglichst dauernd weder kopf- noch hecklastig ist, also richtig trimmt. Um welch bedeutende Lastmengen es sich bei einem Schiff von 56000 m³ handelt, geht daraus hervor, daß 27000 kg Wasserballast, 5000 kg Brennstoff und 5000 kg Bomben vorhanden sind. Je nach der besonderen Aufgabe können diese Lastengrößen geändert werden (vgl. auch Abb. S. 62).

Der Wasserballast wird im Laufgang in Form von 500—1000 kg fassenden Säcken aus gummiertem Stoff untergebracht (s. Abb. 8, S. 15), die in besonderen Traghüllen hängen. Die Traghüllen sind oben über ein Bambusrohr gezogen, das an etwa vier Punkten mit Hilfe von Drähten an dem sog. Zwischenträger, dem Lastenträger, aufgehängt ist. Jeder Sack läßt sich mit Hilfe eines Bodenventils von der Führergondel aus entleeren. Außerdem enthält das Schiff außerhalb des Laufganges, im Vor- und Hinterschiff einige Wasserhosen (s. Abb. 2, S. 11 hier über dem Laufgang), Wassersäcke mit anschließendem weiten Schlauch, der beim Entleeren in einen

Abb. 5. Hintere Spitze und Ruderanlage (Text S. 11).

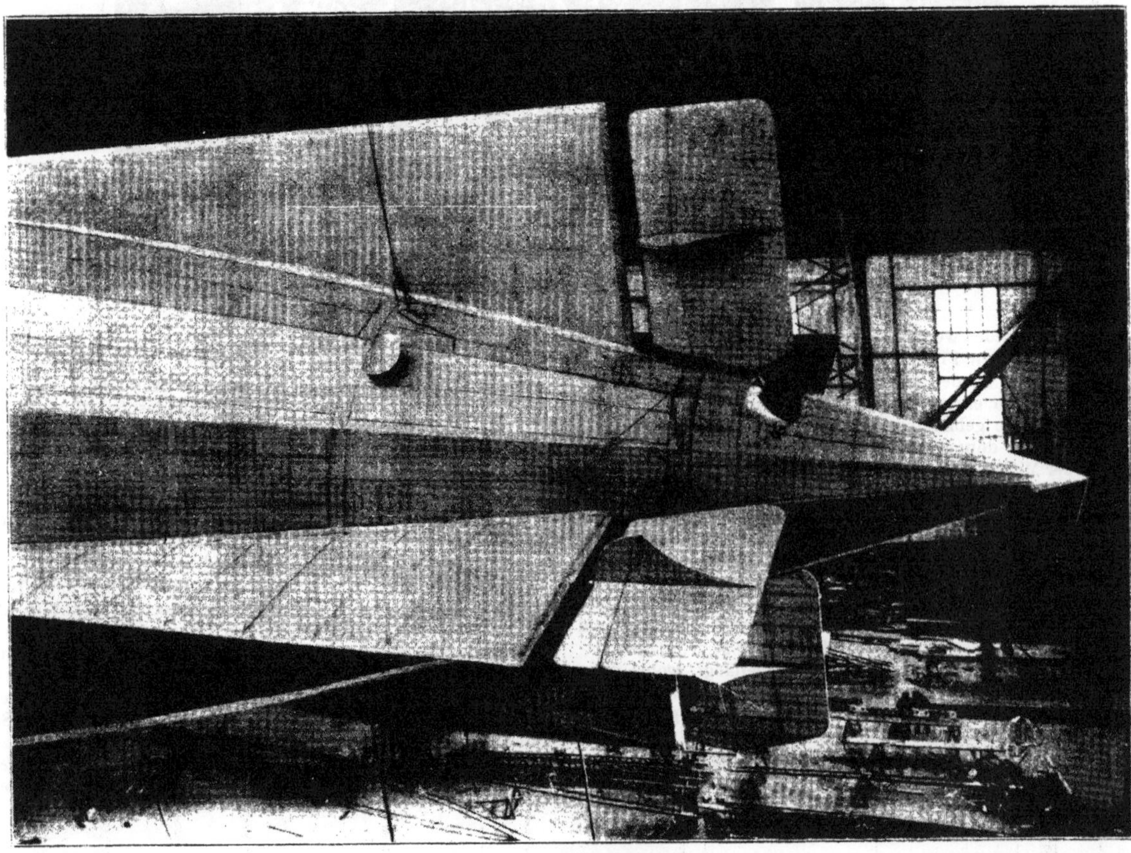

Abb. 6. Hinterschiff (Text S. 12).

Abb. 7. Laufgang (Text S. 12).

Abb. 8. Laufgang mit Wasserballast (Text S. 13).

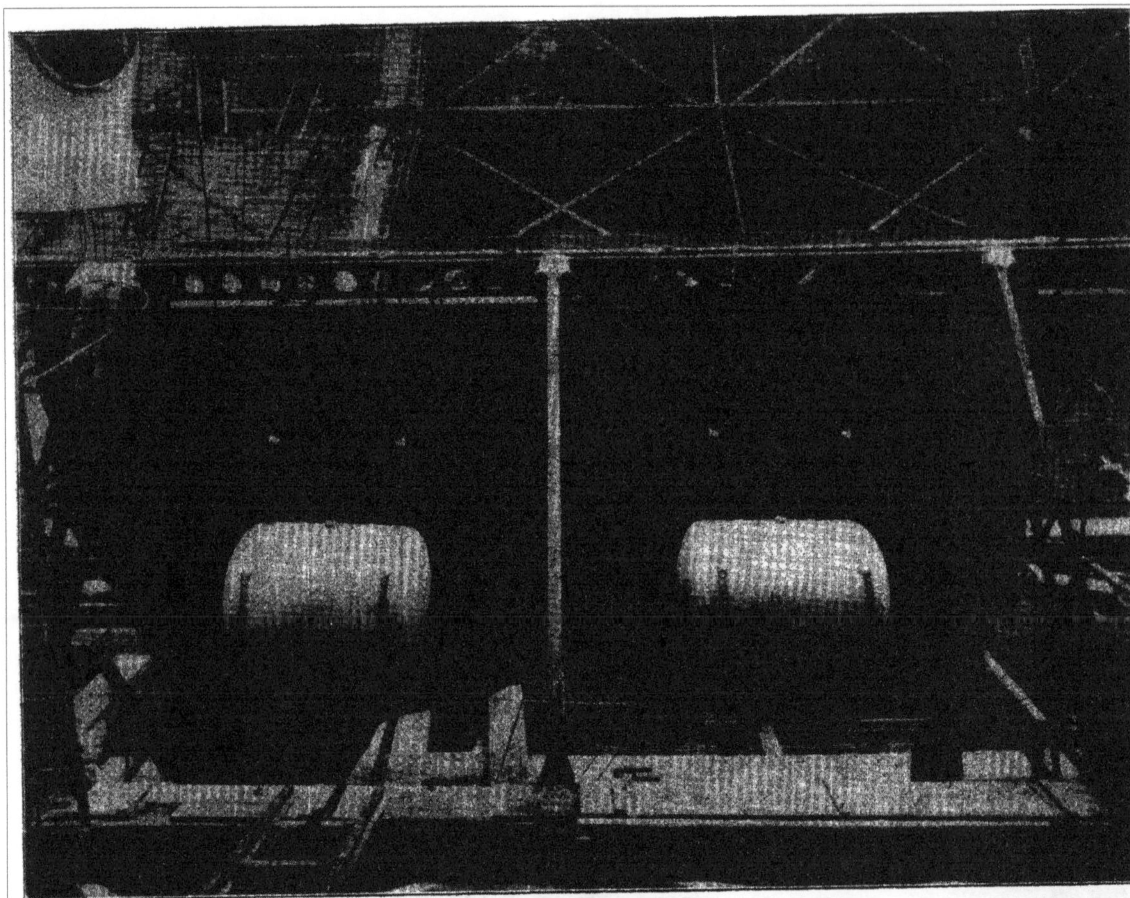

Abb. 9. Fallbenzin (Text S. 19).

Abb. 10. Abwurfbenzin (Text S. 19).

Abb. 11. Seitengondel (Text S. 20).

Abb. 12. Vordere Motorgondel (Text S. 20).

Abb. 13. Gondelpaar (Text S. 20).

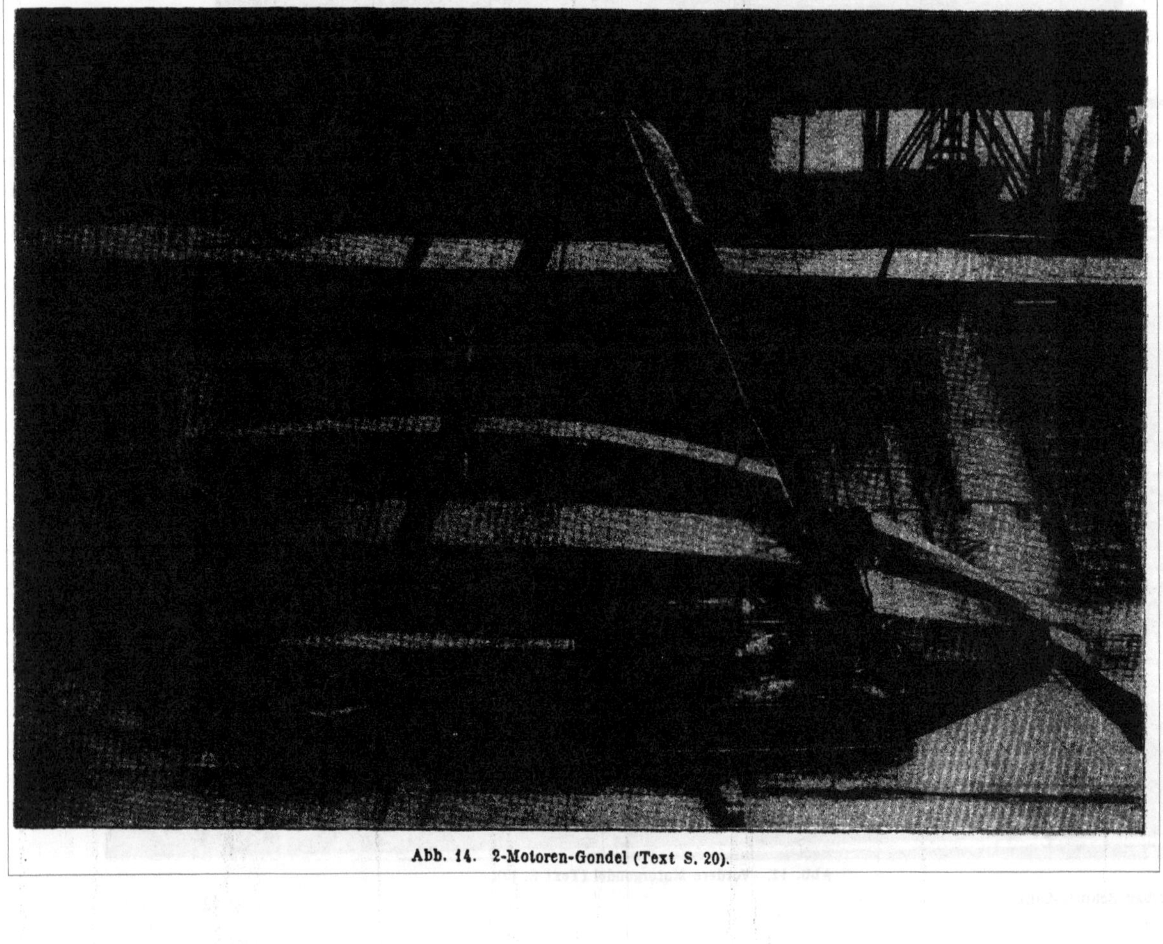

Abb. 14. 2-Motoren-Gondel (Text S. 20).

zweiten Schlauch herunterfällt und das Wasser in diesen ableitet. Diese Art von Ballast wird auch Momentballast genannt, da er wegen seiner plötzlichen Wirkung besonders beim Landen benutzt wird.

Das Benzin wird in zweierlei Form gefahren, als Fallbenzin und als Abwurfbenzin. Das Fallbenzin (s. Abb. 9, S. 16) ist in Fässern aus dünnem Aluminiumblech enthalten, aus denen es mit natürlichem Gefälle zu den Gondeln fließt. Die Fässer werden durch Bänder und Stahldrähte an den Knotenpunkten des Laufganges aufgehängt. Ein großer Teil des mitgeführten Brennstoffvorrates kann im Notfall abgeworfen werden. Er wird zu diesem Zweck als Abwurfbenzin (s. Abb. 10, S. 16) in lotrechten Behältern an Sliphaken aufgehängt und in Führungen so gelagert, daß sie bei Auslösung des Hakens in vorgeschriebener Bahn herunterfallen. Man hat also durch diese Anordnung den großen Vorteil des Betriebsstoffvorrates zugleich mit der Möglichkeit des Ballastabwurfes im Falle der Not.

Seiner zweiten Hauptaufgabe wird der Laufgang dadurch gerecht, daß er zwischen den aufgehängten Lasten durch den Laufträger den Zugang zu allen Laststellen, zu den unteren Gondeln, zu der Ruderanlage und zu den Gasschächten bzw. den Sicherheitsventilen der Zellen herstellt. Außerdem sind von hier aus mittels eines Querganges (s. Abb. 8, hinten) die seitlichen Gondeln, mit Hilfe des lotrechten Steigeschachtes (s. Abb. 7) über der Führergondel der Ausguck auf der Oberseite des Schiffes erreichbar.

Als Baustoff für die Träger des Gerippes diente Sperrholz und darin ist ein weiteres Kennzeichen der damaligen Schütte-Lanz-Bauart zu erblicken. Das Sperrholz besteht aus drei oder mehr miteinander verleimten Lagen dünner Furniere von 0,5 bis 2 mm Stärke, deren Faserrichtung in den einzelnen Lagen sich rechtwinklig oder schiefwinklig kreuzt. Durch diese Vergütung des Holzes wird eine gleichmäßigere Festigkeit nach allen Richtungen erzielt und das Werfen und Reißen desselben verhindert. Die Vorteile der Holzbauweise, die auch im Flugzeugbau bis in die neueste Zeit hinein noch Geltung behalten hat, bestehen, abgesehen davon, daß der erforderliche Rohstoff wegen fast vollkommener Unabhängigkeit von der Holzart überall beschafft werden kann, also nicht auf eine besondere Nebenindustrie angewiesen ist, vor allem darin, daß das Verhältnis von Gewicht zu Festigkeit bei kleinen Kräften sehr günstig ausfällt (s. hierzu Abb. 24—29, Tafel II). Dazu kommt die weitgehende Möglichkeit, den Baustoff auszunutzen, weil die Beschränkung durch die für die Herstellung zulässigen oder verfügbaren kleinsten Wandstärken im Gegensatz zum Metallbau nicht in Betracht kommt; ferner lassen sich Holzträger bei Bedarf an höher beanspruchten Stellen durch Aufleimen von Leisten leicht verstärken sowie in einfacher Weise ausbessern. Aus solchem Sperrholz werden in besonderen Zulagen einfache Flachstreifen, Platten, Winkel-, U- und sonstige Profile gepreßt, aus denen die Träger ähnlich wie bei Eisenkonstruktionen zusammengesetzt werden (Abb. 24—29, Tafel II). Als Bindemittel dient Kasein-Kaltleim. Nach vollständigem Trocknen werden die Träger durch ein besonderes Tränkverfahren gegen Wasseraufnahme geschützt und mit einem Lackanstrich versehen. Allgemein ist bekannt, daß das Holz bei Aufnahme von Wasser stark an Festigkeit verliert. Der ungünstige Einfluß der Feuchtigkeit machte sich mit Verschlechterung von Lack und Leim in den letzten Jahren so stark geltend, daß besondere Maßnahmen zur Verhinderung der Wasseraufnahme getroffen werden mußten, und diese Aufgabe wurde nach mancherlei Versuchen durch das besondere Tränkverfahren und die Herstellung wasserfester Verleimungen durch den Luftschiffbau Schütte-Lanz gelöst.

Den Erfolg des Verfahrens zeigt ein Versuch mit zwei gleichen Trägern (s. Abb. 30, Tafel II), von denen der eine nach dem neuen Verfahren behandelt und der andere nicht behandelt ist. Beide Träger wurden neun Tage künstlichem Regen ausgesetzt und mit dem unteren Ende 0,5 m tief in das Wasser gestellt. Dabei nahm das Gewicht des nicht behandelten Trägers um 75 vH gegenüber 18 vH bei dem anderen Träger zu. Außerdem war der nicht behandelte Träger fast vollkommen zerstört, während bei dem andern keine Beschädigung zu bemerken ist.

Abb. 15. Innenansicht der Führergondel (Text S. 21).

Mit den weiteren Fortschritten des Luftschiffbaus, insbesondere der Zunahme des Gasinhaltes und der Anforderungen an die Tragfähigkeit wurde die Durchbildung der Träger- und Knotenpunktbauweisen natürlich immer weiter vervollkommnet. Als kennzeichnendes Beispiel der neuen Ausführung sei auf die Darstellung eines normalen Hauptringknotenpunktes Abb. 31—38, Tafel II) verwiesen. Als besonders schwieriger Knotenpunkt ist in Abb. 39, Tafel II ein unterer Laufgangknotenpunkt am Hauptring dargestellt, bei dem im ganzen fünf Kastenträger zusammenlaufen. Im Zusammenhang mit diesen wesentlichen Fortschritten steht die weitgehende Durchbildung der neuen, völlig unbekannten statischen Berechnungsverfahren, die heute eine so hohe Stufe der Vollkommenheit erlangt hat, daß man imstande ist, das Gerippe des Holzluftschiffes mit gleicher Zuverlässigkeit statisch zu untersuchen wie jede beliebige Eisenkonstruktion. Diese Berechnungsverfahren stellen das Ergebnis langjähriger Erfahrungen und Versuche an ausgeführten Bauten dar und sind ein wertvoller Schatz der Werft[1]).

In neuerer Zeit haben die Fortschritte der Aluminiumtechnik, insbesondere der Herstellung des Duraluminiums, auch den Luftfahrzeugbau Schütte-Lanz veranlaßt, sich mit eingehenden Versuchen über Verwendung dieses Metalls für seine Luftschiffe zu befassen. Man ist hierbei zum Aufbau der Gerippeträger aus Rohren gelangt, nachdem Vergleichsversuche mit Trägern aus offenen Profilen und aus Rohren die große Überlegenheit der Rohrquerschnitte in bezug auf Knick und Biegungsfestigkeit erwiesen hatten[2]).

Das Gerippe ist durch eine Hülle aus leichtem, zelloniertem Baumwollstoff umspannt, die das gesamte Innere des Schiffes nach außen glatt abschließt und dadurch den Luftwiderstand vermindert sowie das Innere gegen Einfluß von Witterung und gegen andere Beschädigungen schützt.

Durch die Verspannung der Hauptringe wird das Innere des Schiffes in 19 Abteilungen zerlegt, die je eine selbständige Zelle enthalten. Die Zelle besteht aus sog. Stoffhaut, d. i. auf Baumwollstoff aufgeklebte Darmhaut von rd. 150 g/m² Gewicht, die sich außer ihrer Leichtigkeit von dem Gummistoff durch größere Gasdichtigkeit auszeichnet. Der Querschnitt ist im wesentlichen zylindrisch (s. Abb. 16) und nur im unteren Teil dreikantig ausgespart, so daß sich die Zelle um den Laufgang herumlegt (vgl. auch Abb. 2, S. 11). Jede Zelle ist unten mit einem in den Gasschacht abblasenden Sicherheitsventil und oben mit einem Manöverierventil zu Regelung des Auftriebs und der Trimmlage des Schiffes versehen. Diese Ventile lassen sich sowohl einzeln vom Laufgang aus als auch in Gruppen oder zusammen von der Führergondel aus ziehen. Die Zellen werden mit Wasserstoff gefüllt, dessen Auftrieb rd. 1,1 kg/m³ beträgt. Da sich die Zellen gegen ein an der Innenseite der Längsträger befestigtes Netz von Drähten anlegen, sind sie durch einen Luftraum von der Außenhülle getrennt und dadurch gegen die Wirkung unmittelbarer Sonnenbestrahlung geschützt. Zur Abführung der durch die Sicherheitsventile ausgestoßenen Gasmengen und etwa in den Laufgängen und sonstigen Zwischenräumen entstehenden Gasgemische dienen 10 Gasschächte (s. Abb. 22 und 23, Tafel I), aus Holzbügeln und Drahtverspannungen gebildete Kanäle, die oben am Hauptringträger und unten im Laufgang festgelegt sind und bei gefülltem Schiff von den Zellen umschlossen werden.[1]) In diese Schächte münden unten die Sicherheitsventile der Zellen und sind dort in ein mit Stoff bespanntes Stück eingesetzt. An den oberen Enden sind die Gasschächte mit Windhauben versehen. Durch diese vom Luftschiffbau Schütte-Lanz eingeführten Gasschächte wird die Sicherheit des Schiffes gegen Gasexplosionen wesentlich erhöht, weil die aus den Zellen entweichenden Gasmengen auf dem kürzesten Wege aus dem Schiff abgeleitet werden und an einer Stelle austreten, die außerhalb jedes Gefahrbereiches liegt.

Abb. 16. Gaszelle (Text S. 20).

Das Schiff ist mit insgesamt fünf Gondeln ausgerüstet, von denen vier die Motoranlage enthalten. Die Führergondel ist von der Motoranlage vollständig getrennt. Von den Motorgondeln enthalten die vorderste und die beiden seitlichen je einen Motor, die hinterste zwei Motoren, die eine gemeinsame Schraube treiben. Gelegentlich sind auch die beiden hinteren Motoren in einem eng nebeneinander und tief aufgehängten Gondelpaar eingebaut worden (s. Abb. 13, S. 18). Die Anordnung der Seitengondeln (s. Abb. 11, S. 17) ist eines der wichtigsten Kennzeichen der Schütte-Lanz-Schiffe, das bereits bei dem SL 2 im Jahre 1914 vorhanden war. Ebenso haben sich auch die unstarre Gondelaufhängung der Motorgondeln, bei der die Gewichte und die Zugkräfte durch Drahtseile auf das Gerippe übertragen werden, und die Anordnung der Luftschrauben am hinteren Ende der Gondel seit dem ersten Schütte-Lanz-Luftschiff bewährt.

Die Einmotorengondel (s. Abb. 11 und 12, S. 17, Abb. 40—43 Tafel III) enthält einen 240 PS- 6-Zylinder-Maybach-Luftschiffmotor, der über eine Lamellenkupplung und ein Stirnradvorgelege mit 1:2,79 Übersetzung die zugehörige hölzerne Luftschraube von 5,5 m Durchmesser antreibt. In den Seitengondeln sind die Getriebe umsteuerbar derart, daß die Schrauben bei Rückwärtslauf mit 1:3,79 Übersetzung getrieben

[1]) Vgl. Abschnitt 3, S. 45 f., Fertigkeitsrechnungen der Schütte-Lanz-Luftschiffe.

[2]) Die letzten beiden Marineschiffe 1918 waren bereits in Duralumin durchkonstruiert und in Bau genommen.

[1]) D. R. P. 303968.

Tafel I.

Abb. 17. Seitenansicht.

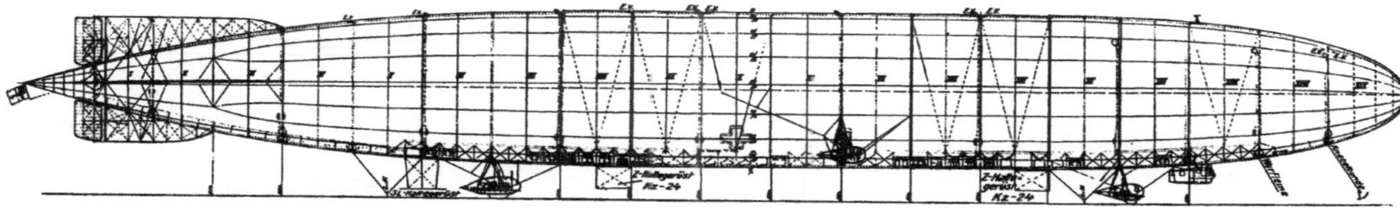

Abb. 18. Draufsicht.

Abb. 19. Ansicht von vorn.

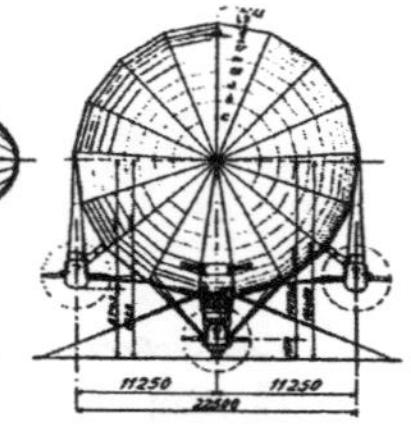

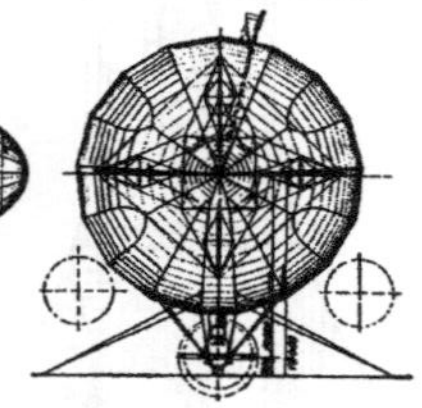

Abb. 20. Ansicht von hinten.

Abb. 17—20. Starrluftschiff „Schütte-Lanz 22“ (Text S. 10).

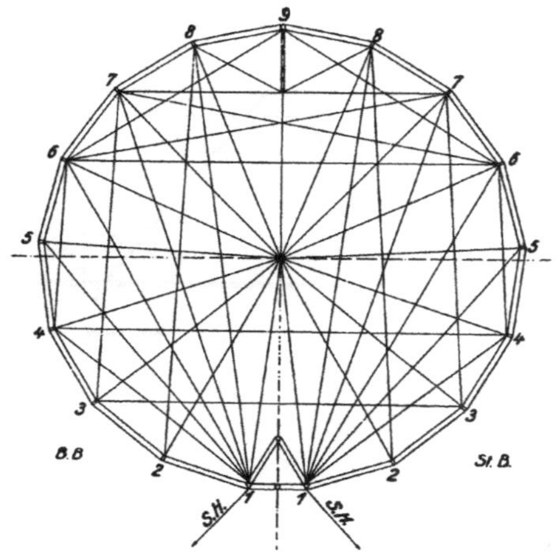

Abb. 21. Normaler Hauptring (Ring 10) (Text S. 10).

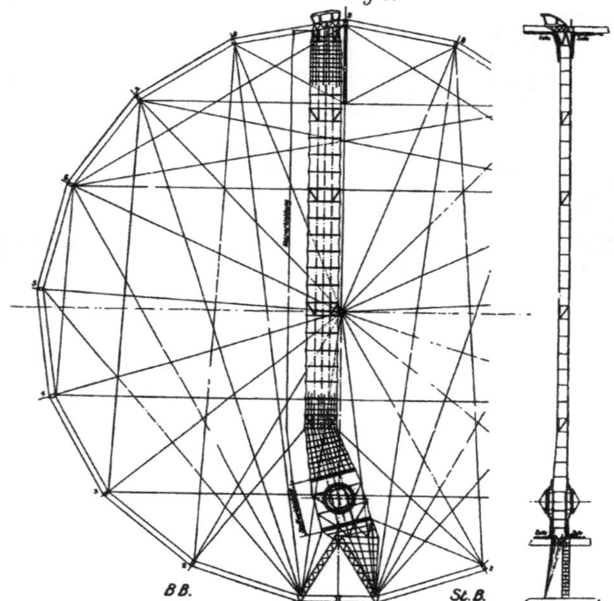

Abb. 22, 23. Gasschacht (Text S. 20).

Tafel II.

Abb. 24.

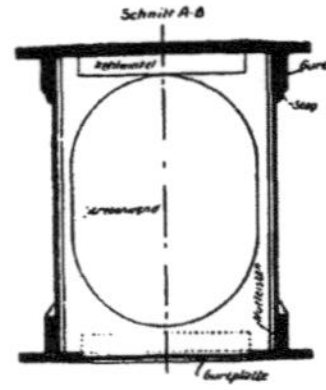

Abb. 25. Seitenansicht.

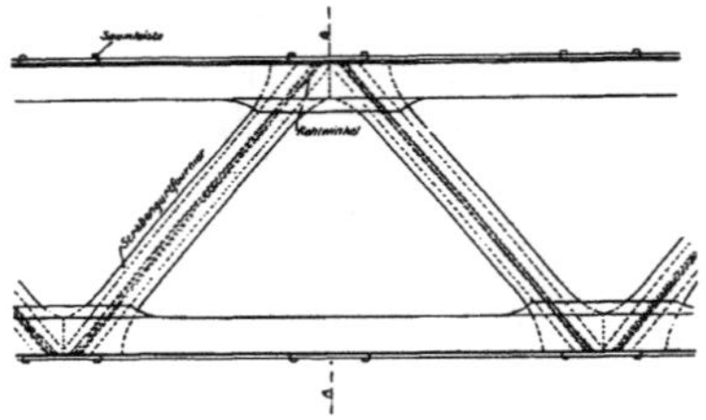

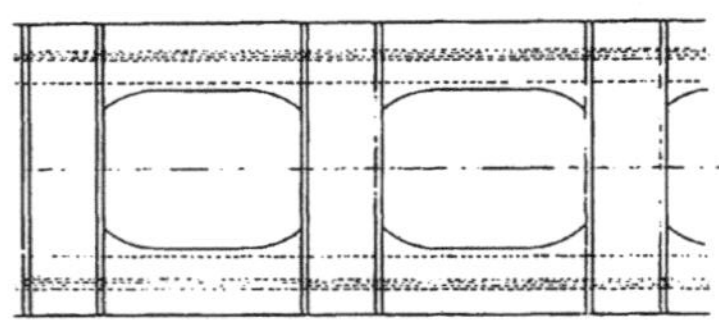

Abb. 26. Draufsicht.

Abb. 24—26. Hauptringträger (Text S. 19).

Abb. 27.

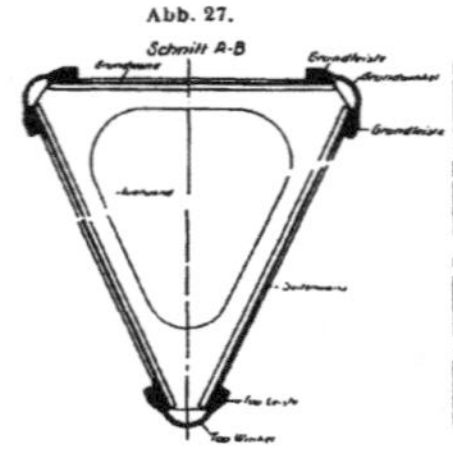

Abb. 28. Seitenansicht.

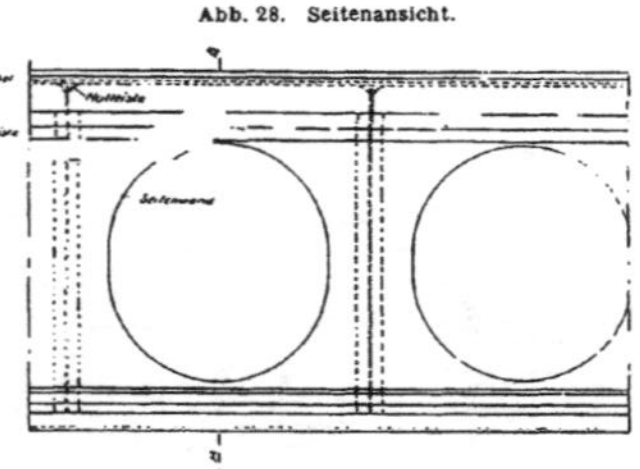

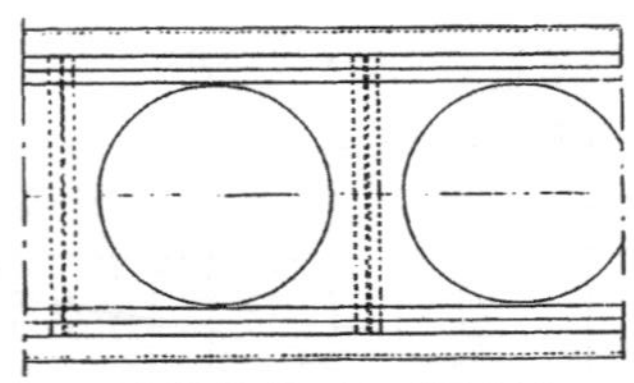

Abb. 29. Draufsicht.

Abb. 27—29. Längsträger (Text S. 19).

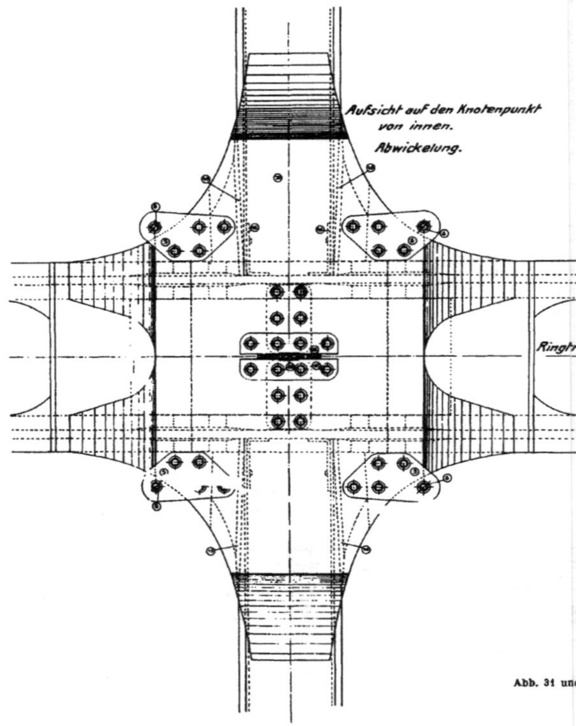

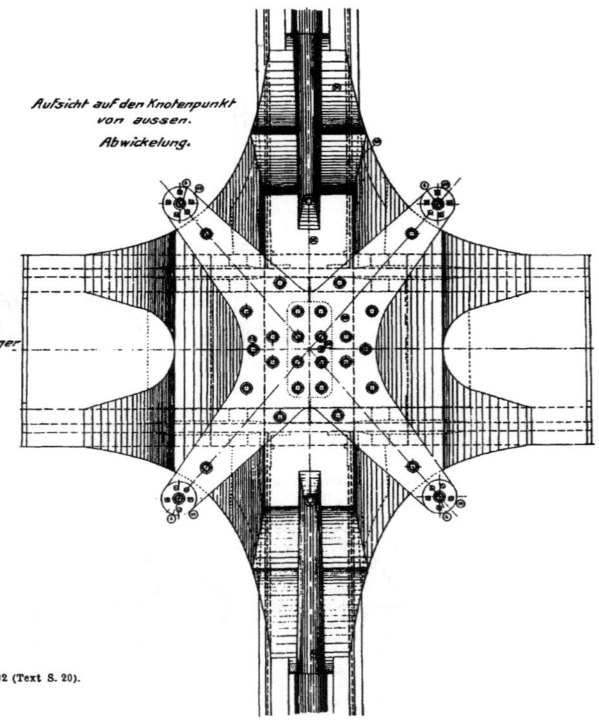

Abb. 31 und 32 (Text S. 20).

Tafel II.

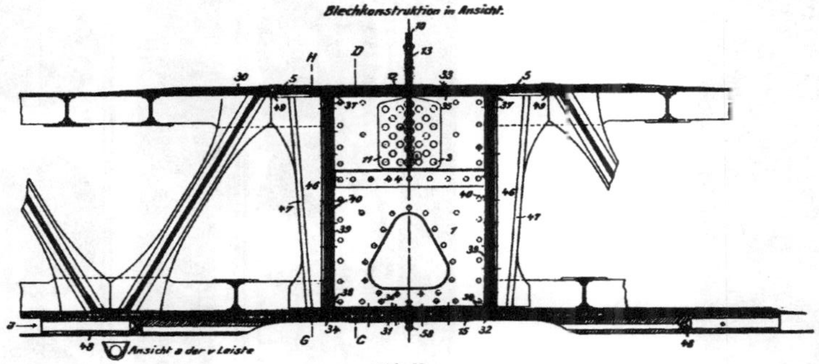

Abb. 33.

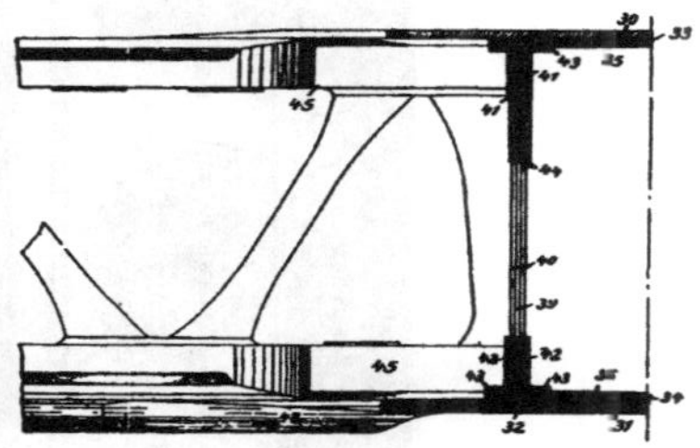

Abb. 34.

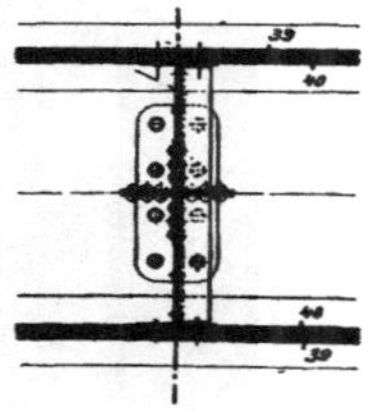

Abb. 35.

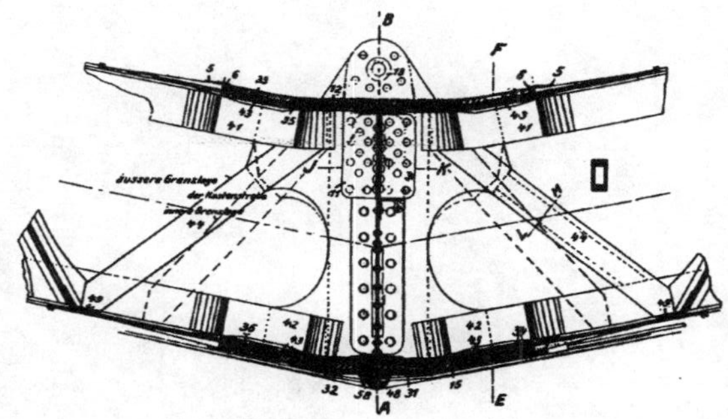

Abb. 36.

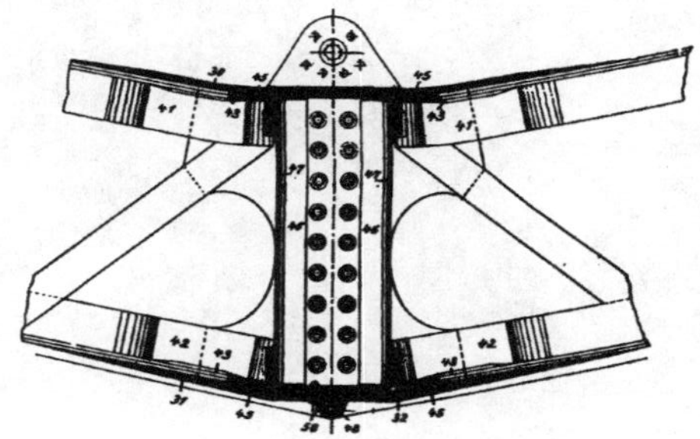

Abb. 37.

Abb. 33—37. Schnitte durch den Hauptring-Knotenpunkt (Text S. 20).

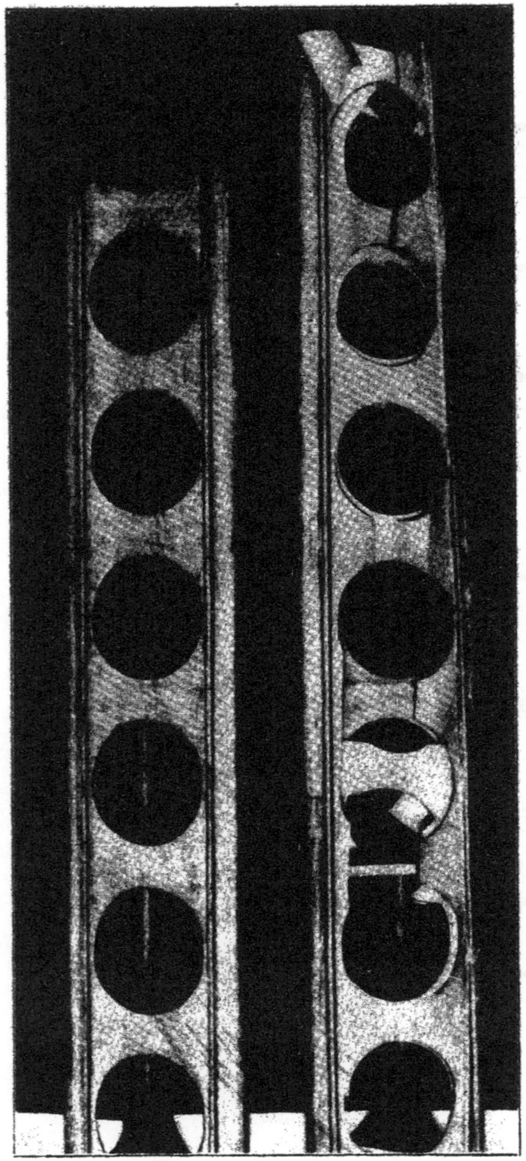

Getränkt. Ungetränkt.
Abb. 30. Versuchsträger (Text S. 19).

Abb. 38. Normaler Hauptring-Knotenpunkt (Text S. 20).

Abb. 39. Unterer Laufgang-Knotenpunkt (Text S. 20).

Tafel III.

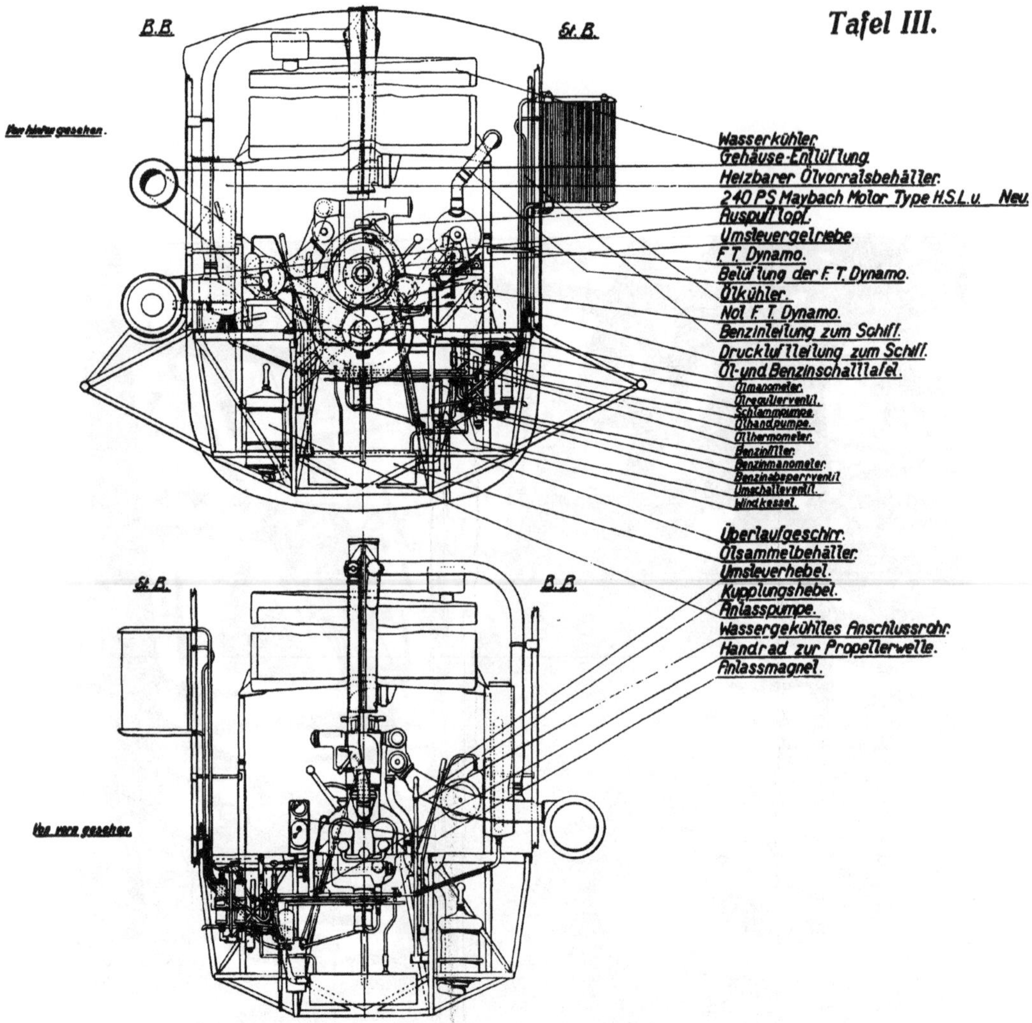

Abb. 42 und 43. Hinter- und Vorderansicht der Maschinenanlage der Seitengondel (Text S. 20).

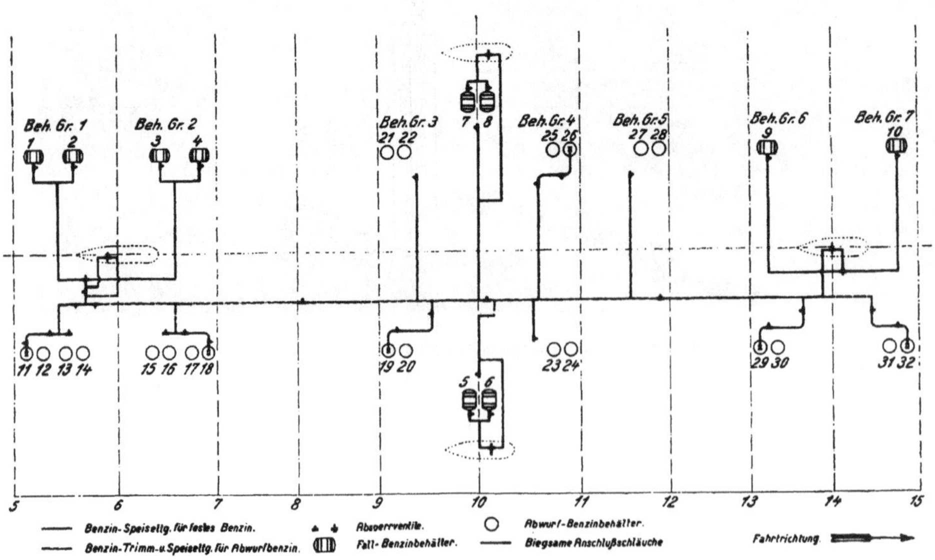

Abb. 46. Brennstoffanlage (Text S. 21).

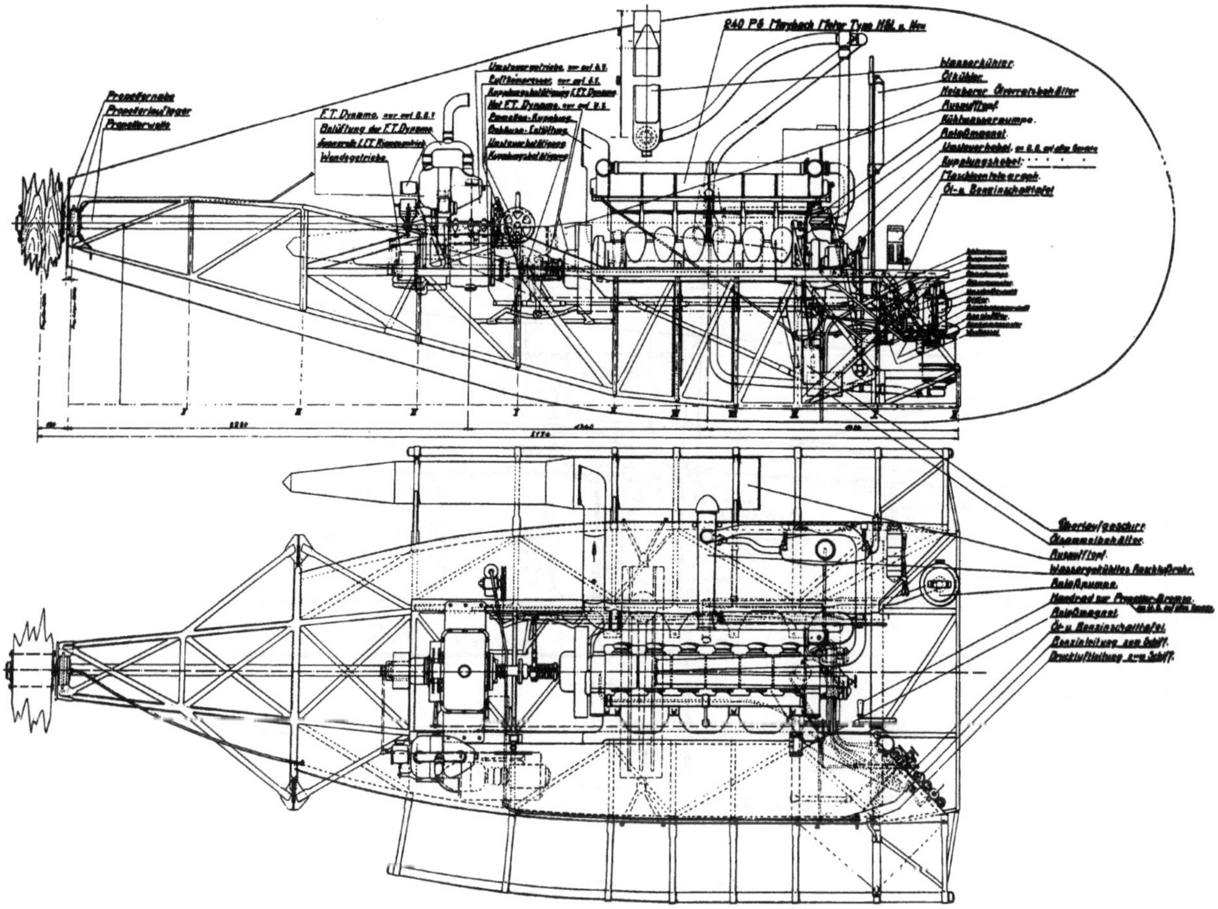

Abb. 40 und 41. Seitenansicht und Draufsicht der Maschinenanlage der Seitengondel (Text S. 20).

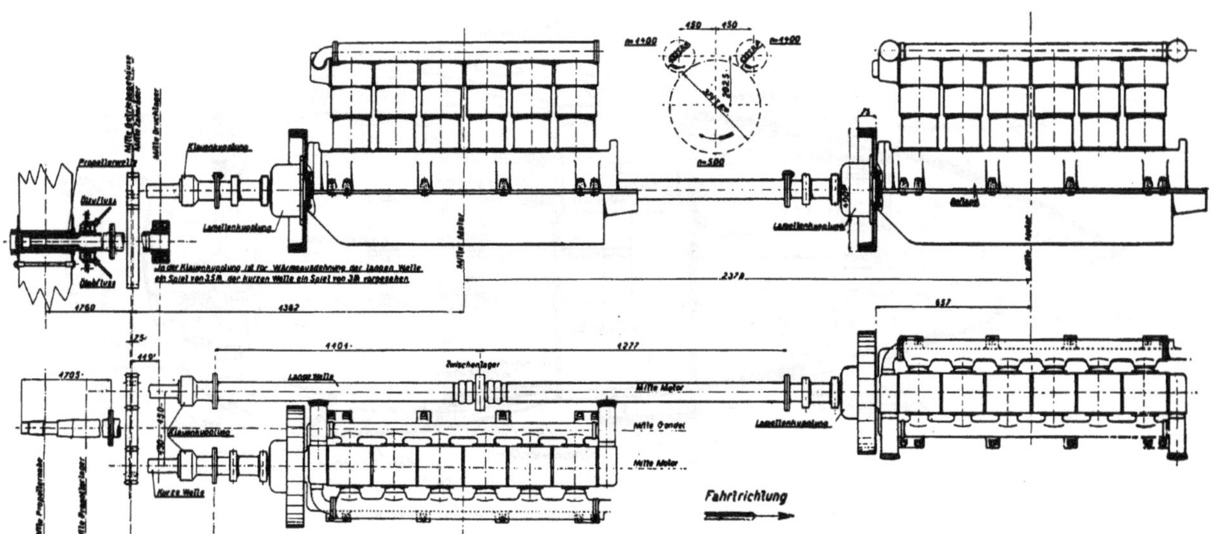

Abb. 44 und 45. Seitenansicht und Draufsicht der Maschinenanlage der 2-Motoren-Gondel (Text S. 21).

Tafel IV.

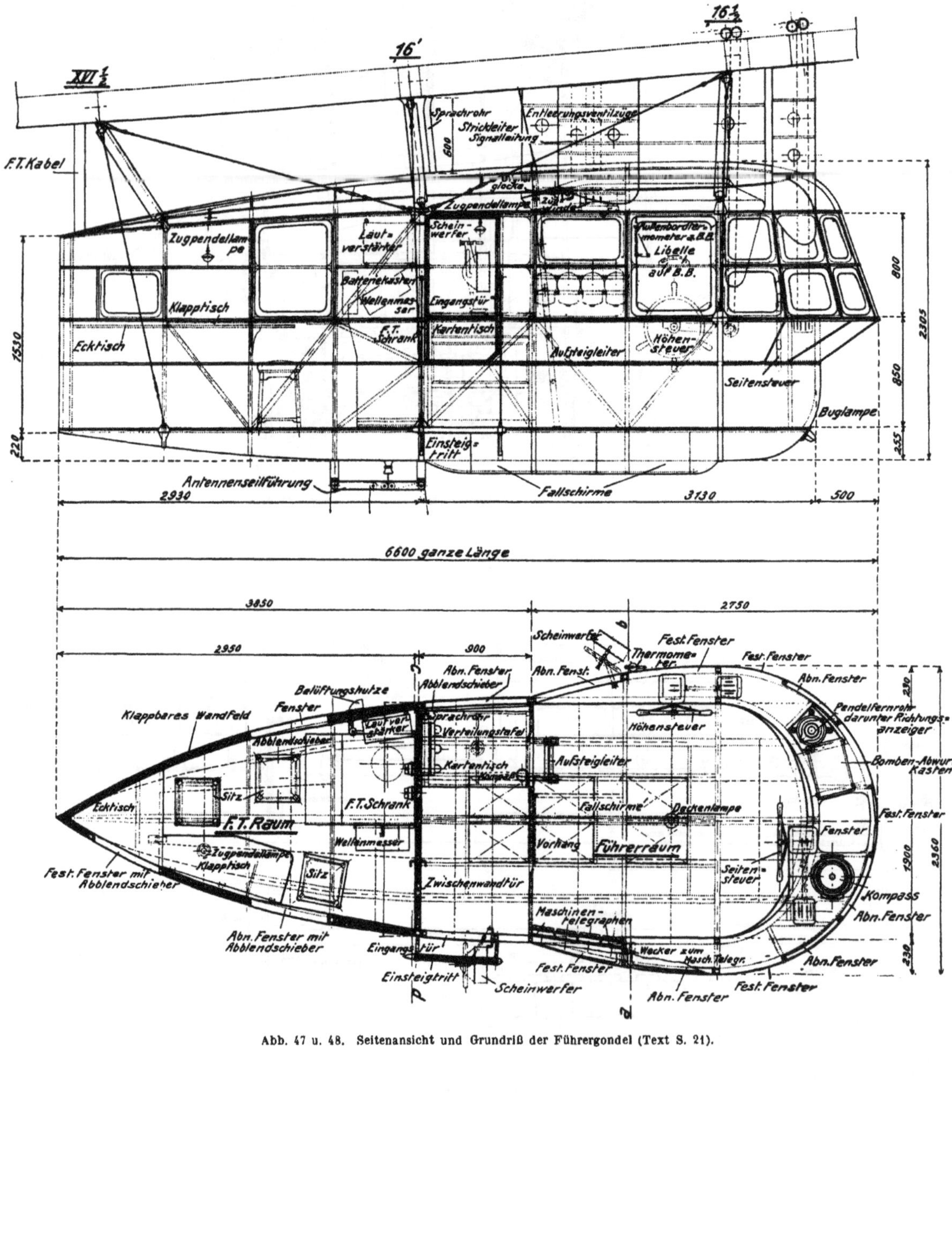

Abb. 47 u. 48. Seitenansicht und Grundriß der Führergondel (Text S. 21).

Tafel IV.

Abb. 49.

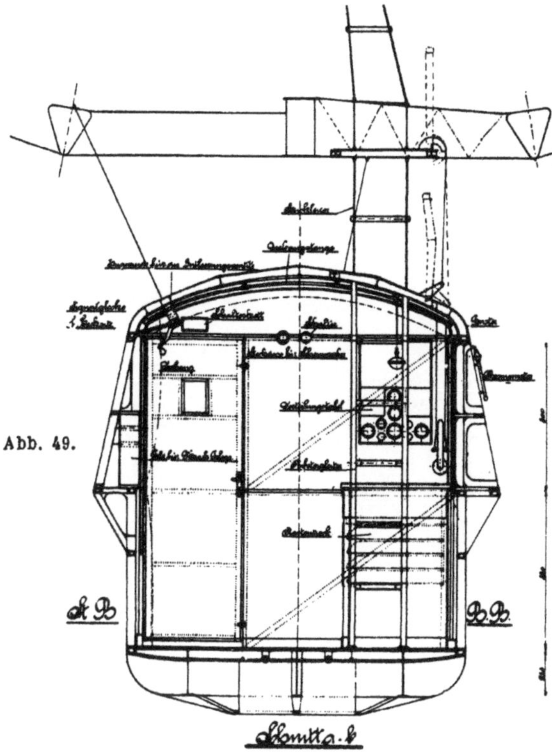

Abb. 50.

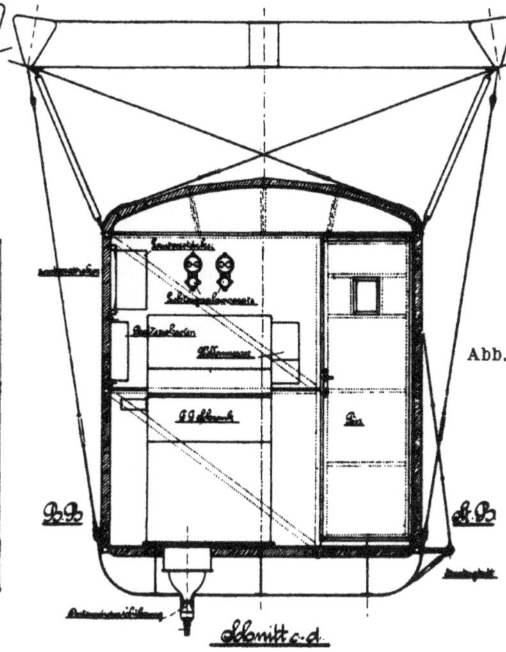

Abb. 51.

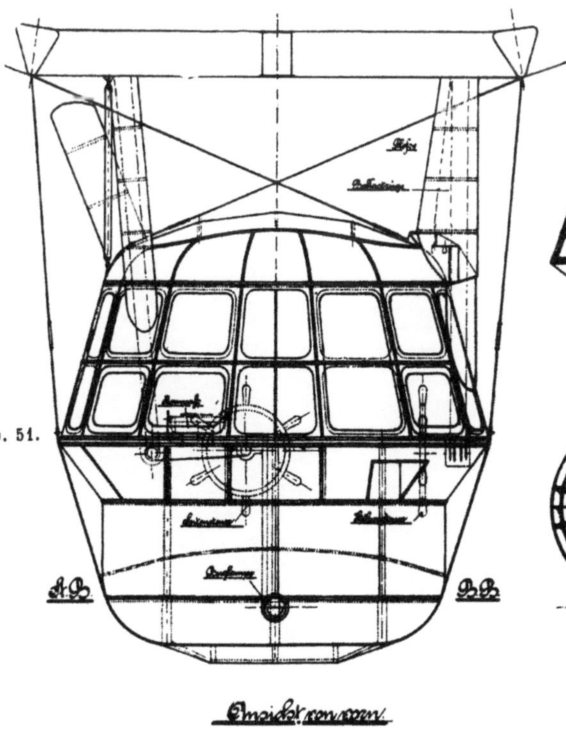

Abb. 52.

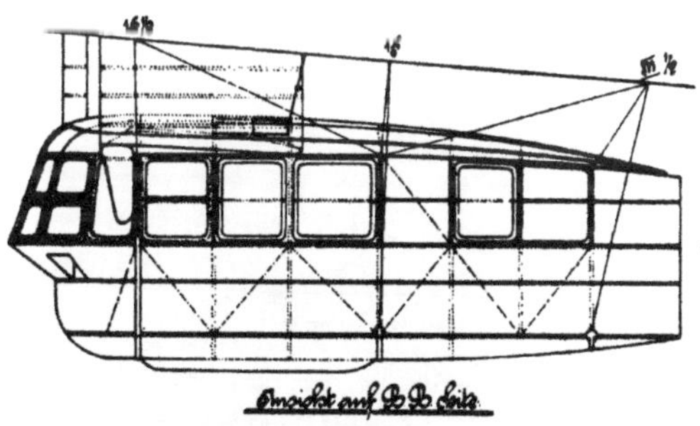

Abb. 53.

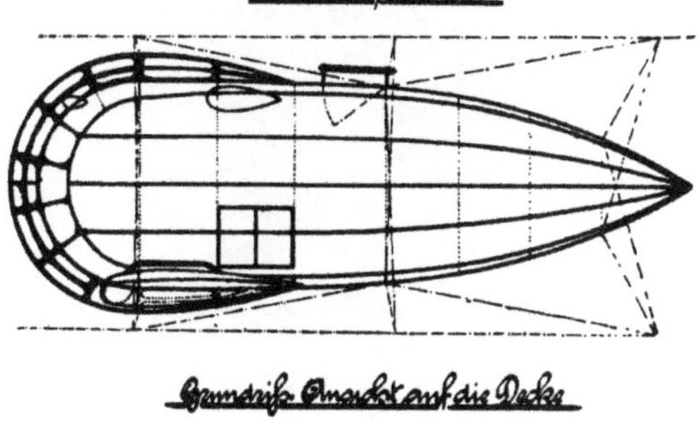

Abb. 49—53. Schnitte und Ansichten der Führergondel (Text S. 21).

werden. Vor jedem Motor ist der tiefliegende Bedienungsstand so angeordnet, daß von hier aus die gesamte Anlage im Sitzen überblickt und bedient werden kann. Zu jedem Motor gehört ein Wabenkühler, der mit dem Motor beweglich verbunden ist und nach Bedarf mehr oder weniger aus dem Fahrwind in das Gondelinnere zurückgezogen werden kann. Die Kühler können durch einen Hahn auf der Saugseite der Kühlwasserpumpe mit Wasser nachgefüllt werden, das in einem wärmedichten Behälter mitgeführt wird. Mit der zugehörigen Handpumpe kann man das Kühlwasser auch in den Behälter zurückfördern, um zu verhindern, daß Motor und Kühler einfrieren. Das Kochen des Kühlers in großen Höhen und das Auftreten gefährlicher Unterdrücke im Kühler wird durch ein vereinigtes Über- und Unterdruckventil verhindert. Von einem Zwischenstück der Motorwelle werden auf den Seitengondeln durch Keilriemen je eine Zahnradpumpe mit Ölabdichtung angetrieben, die Luft von 0,5 at Überdruck für die Brennstofförderanlage liefert.

Auf der Zweimotorengondel (s. Abb. 14, S. 18 und Abb. 44 u. 45 Tafel III) befindet sich eine ein- und ausrückbare F. T.-Dynamo mit Zubehör. Der Antrieb der Maschine geschieht durch ein federndes Wechselgetriebe, das in das Hauptgetriebegehäuse eingebaut ist. Das Wechselgetriebe gestattet drei Schaltungen, und zwar den Antrieb der Maschine durch zwei Motoren, durch einen der beiden Motoren allein und durch den im Fahrwind laufenden Propeller derart, daß in allen drei Fällen die Dynamo mit derselben Drehzahl läuft. Auf der vorderen Gondel befindet sich eine weitere F. T.-Maschine, die durch Keilriemen, Vorgelege und Flachriemen vom Benzinmotor angetrieben wird oder von dem als Motor geschalteten elektrischen Generator der Niederspannungsanlage. Ein Umschalter in der Führergondel ermöglicht die Benutzung der einen oder anderen F. T.-Maschine.

Außerdem ist auf der vorderen Gondel eine Niederspannungsstromlieferanlage für das elektrische Schiffsnetz untergebracht. Sie besteht aus einem Zweileitergenerator mit selbsttätiger Spannungsregelung, einer 24 V-Sammlerbatterie und einer Schalttafel. Der Generator und die Batterie arbeiten im regelrechten Betrieb nebeneinander auf das Netz. Die Maschine hält infolgedessen die Batterie dauernd auf Spannung. Maschine und Batterie dienen gegenseitig als Aushilfe.

Die Maschine ist vom Antrieb des Luftschiffmotors abkuppelbar und treibt nach Einrücken eines Mitnehmerstiftes als batteriegespeister Motor die F.-T-Maschine. Mittels dieses Maschinensatzes kann der F. T.-Verkehr etwa ½ h lang aufrechterhalten werden, vorausgesetzt, daß die Batterie voll aufgeladen war.

In der Brennstoffanlage (Abb. 46, Tafel III) sind jedem Motor zwei Fallbehälter und vier bis fünf Abwurfbehälter zugeteilt. Die Leitungen sind für alle Abwurfbehälter getrennt und am Motor durch Umsteuerventile verbunden. An Schmieröl werden bis zu 600 kg mitgeführt, wovon bei jedem Motor 10 kg in einem Umlaufbehälter enthalten sind. Der Rest befindet sich in einem durch die Auspuffgase heizbaren, auf Filz gelagerten Vorratsbehälter.

Die Führergondel (Abb. 15, S. 19 und Abb. 47—53, Tafel IV) ist nahe am Schiffskörper starr aufgehängt und durch eine feste Leiter mit dem Laufgang verbunden. Vom Laufgang aus ist mit Hilfe eines gasdicht umkleideten Steigeschachtes der Ausguck auf der Oberseite des Schiffes zugänglich. Die Führergondel stellt gewissermaßen das Zentralnervensystem des Schiffes dar. Hier werden vorne das Seitensteuer und links das Höhensteuer, ferner rechts die Maschinentelegraphen und der neben dem Pendelfernrohr rechts angeordnete Bombenabwurfkasten bedient. Zur Ausrüstung des Führerstandes gehören ferner u. a. der Kompaß, die Höhenmesser, das Variometer zum Anzeigen der Steig- oder Fallgeschwindigkeit, die Ballastzüge (links oben), die Stromschalter (links unten). Der hintere Teil der Führergondel ist abgetrennt und als Raum für den funkentelegraphischen Dienst eingerichtet.

Bei der Landung wird das Schiff an zwei schweren Tauen von etwa 25 mm Durchm. und 200 m Länge heruntergeholt, die an dem zweiten Ringe von vorne befestigt sind. An dem vordersten Ringe sowie an allen unteren Hauptringknotenpunkten sind beiderseits seitliche Halteleinen festgemacht, durch die das Schiff gegen Querwind gehalten wird. Dem gleichen Zweck dient die hinter der vorderen und der hinteren Gondel vorgesehene Laufkatzenverankerung, mit deren Hilfe das Schiff insbesondere beim Einfahren in die Halle gesichert wird. Außer an den Halteleinen greifen die Haltemannschaften vor allen Dingen an den Haltestangen der unteren Maschinengondeln an sowie an besonderen Haltegerüsten, die bei der Landung von der Erde aus angesetzt werden. Die Wirkungsmöglichkeit der Haltemannschaften an den Maschinengondeln wird dadurch gesteigert, daß die Maschinengondeln durch druckfeste Stäbe gegen das Schiff abgestützt sind. Diese dienen gleichzeitig als Knickstützen, die ohne Schaden für Schiff und Gondeln brechen können, wenn das Schiff mit der Gondel zu hart auf den Boden aufstößt.

Die technische Entwicklung des Luftschiffbaus ist heute noch lange nicht abgeschlossen. Die vorstehende Beschreibung zeigt aber, daß der Luftschiffbau schon heute eine Vollkommenheit erreicht hat, die das Luftschiff zur Erfüllung gewisser Aufgaben, insbesondere des Luftverkehrs in hervorragendem Maße befähigt. Sind auch unsere Aussichten auf diesem Gebiete in der nächsten Zeit recht trübe, so wäre es doch ein großer Verlust für die gesamte Technik, wenn der deutsche Luftschiffbau für absehbare Zeit zum völligen Stillstand verurteilt wäre und dadurch die großen Erfahrungen der Werften wertlos gemacht würden. Unter diesen Umständen wäre zu wünschen, daß der deutsche Luftschiffbau die Möglichkeit behielte, auf seinem Gebiete weiter tätig zu sein, wäre es auch nur in der Weise, daß er durch Lieferungen an das Ausland an der Wiederbelebung unserer Ausfuhr teilnehmen könnte.

Zusammenfassung.

Die ausführliche Darstellung eines neueren Luftschiffes des Luftfahrzeugbaus Schütte-Lanz (SL 22) enthält die Beschreibung des Schiffskörpers, dessen Form, Steuereinrichtung und innenliegender Laufgang kennzeichnend sind und für dessen Aufbau aus Sperrholz hergestellte Träger Verwendung fanden. Im Innern des Schiffskörpers sind zwischen den Zellen besondere Gasschächte angeordnet. Bei der aus fünf Maybach-Motoren von je 240 PS bestehenden Maschinenanlage sind die Seitengondeln, die unstarre Gondelaufhängung und die Lagerung der Luftschrauben am Gondelende besondere Merkmale.

Die (wenig schöne) Privataufnahme des Bruches des Versuchsluftschiffes SL I am 15.7.1913 bei Schneidemühl, zeigt den Vorteil der Holzbauweise.

Das Gerippe ist in drei Teile zerbrochen, aber die intaktgebliebenen Rumpfteile beweisen die höhere Elastizität des Holzes gegenüber dem Metall. Dieser Vorteil wurde auch von der Konkurrenz bestätigt (Freiherr von Gemmingen).

Der Vorteil der Holzbauweise trat dann aber mit der enormen Qualitätsverbesserung des Duralumins zurück und – nach Vergrößerung des Luftschiffvolumens auf das 10-fache – war Holz nicht mehr geeignet.

Beiträge zum Starrluftschiffbau.

Von Obering. Dipl.-Ing. GEORG WEISS.

Einführung.
Einfluß der Schiffsform auf den Widerstand.
Das Leitwerk.
Die Propelleranordnung.
Der innenliegende Laufgang.
Die seitlichen Motorgondeln.
Die Gasschächte.
Die Belüftungseinrichtungen.
Besondere Merkmale der S. L.-Projekte der Nachkriegszeit.
Die Katastrophe der »Shenandoah«.

Einführung.

Die Entwicklungsgeschichte des Luftschiffbaus »Schütte-Lanz« und seine Bedeutung für den gesamten Starrluftschiffbau sind an einer anderen Stelle dieses Buches eingehend gewürdigt worden. [1]) Insbesondere sei auf die dort befindlichen bildlichen Gegenüberstellungen der Schütte-Lanz-Schiffe und der gleichaltrigen fremden Starrluftschiffe hingewiesen, welche den großen Einfluß der Schütte-Lanz-Konstruktionen auf die gesamte Entwicklung deutlich vor Augen führen. [2]) Geben diese Bilder eine Darstellung, wie sich diese Entwicklung der Allgemeinheit nach außen darbot, so sollen die folgenden Ausführungen einen Einblick in den Gedankenkreis des schaffenden Technikers gewähren, so weit er mit der in den Bildern gezeigten Entwicklung verbunden ist und auch darüber hinaus in besonderen Merkmalen neuer Projekte, bis in die jüngste Zeit, zum Ausdruck kommt.

Einfluß der Schiffsform auf den Widerstand.

Den Gesamtwiderstand eines von seinen Gondeln und Anhängseln befreiten und in der Luft bewegten Luftschiffkörpers kann man sich zusammengesetzt denken aus Form- und Reibungswiderstand. Eine scharfe Trennung deckt sich allerdings nicht mit den wirklichen Verhältnissen, da zwischen beiden sehr enge wechselseitige Beziehungen bestehen, die eine gegenseitige Beeinflussung mit sich bringen. Zweifellos ist aber die Form des Körpers für das Zustandekommen des gesamten Widerstandes von so ausschlaggebender Bedeutung, daß die Bewertung des Körpers in dieser Hinsicht eine unerläßliche Aufgabe darstellt. Für die Formgebung des Schiffsrumpfes sind außer den Forderungen geringen Luftwiderstandes noch konstruktionstechnische Gründe von Bedeutung, die an anderer Stelle dieses Buches Berücksichtigung finden. Die Forderung geringsten Luftwiderstandes ist für ein möglichst vollkommenes Fahrzeug aber eine der wichtigsten.

Um die Bedeutung der Schiffsform deutlich hervortreten zu lassen, ist im folgenden der Rumpf des »Schütte-Lanz 1« und des Zeppelin-Luftschiffes »Schwaben« zum Vergleich herangezogen worden. Die beiden Schiffsrümpfe sind als Schattenrisse in den Abb. 1 und 2 auf gleiche Länge reduziert wiedergegeben.

Der Formwiderstand entsteht durch Summierung aller auf den Körper wirkenden dynamischen Luftkräfte, die bei allseitiger Symmetrie um die Schiffslängsachse eine mit dieser Achse zusammenfallende Resultierende ergeben. Er läßt sich daher bei Rotationskörpern, wie sie die beiden vorliegenden Schiffskörper darstellen sollen, nach dem Verlauf der aerodynamischen Druckkurve längs eines Meridians des Rotationskörpers beurteilen. Der prinzipielle Verlauf dieser Druckkurven ist in den beiden Abbildungen eingezeichnet. Die Größe der Ordinaten dieser Kurven stellt den jeweiligen Über- oder Unterdruck dar, und die Richtungen dieser Drücke stehen stets senkrecht zu der Meridiankurve an den betreffenden Stellen, wie aus Abb. 3 zu ersehen ist. Je nach der Größe des Druckes, der Neigung der Schiffsmeridiankurve zur Symmetrieachse und der Größe der belasteten Fläche — entsprechend dem Durchmesser des Schiffes — erzeugt der Luftdruck eine bestimmte Kraft in Richtung der Schiffsachse. Der auf dem Bug, im Bereich 1—2, lastende Staudruck hat positiven, der bis zum größten Querschnitt, also im Bereich von 2—3, sich anschließende Unterdruck negativen Anteil an dem Formwiderstand, und umgekehrt bedeutet der hinter dem größten Querschnitt, 3—4, herrschende Unterdruck eine Vermehrung und der am Heck, 4—5, auftretende Überdruck eine Verminderung des Formwiderstandes[1]).

Reziprok mit diesem Wechsel des Druckes auf den Schiffsrumpf vollzieht sich eine Veränderung der Geschwindigkeit der um das Fahrzeug herumfließenden Luft. Die Gesetzmäßigkeit, mit der diese Druck- und Geschwindigkeitsänderungen vor sich gehen, ist durch die, aus der bekannten Kontinuitätsgleichung und allge-

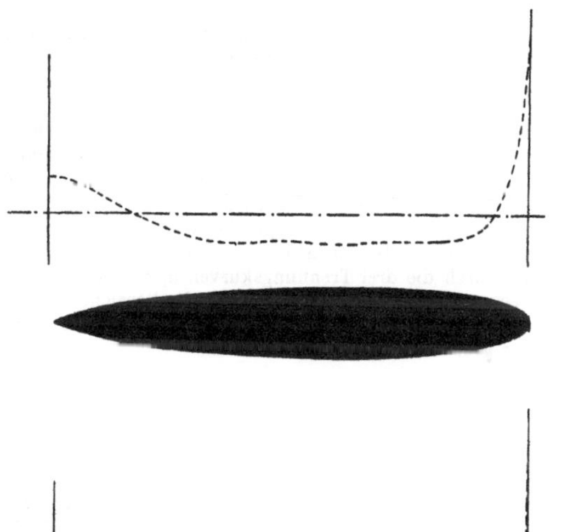

Abb. 1 u. 2.

meinen Druckgleichung hergeleiteten Zusammenhänge gegeben. Ohne jedoch hierauf näher einzugehen, soll im folgenden versucht werden, die der unmittelbaren Beobachtung verborgenen Vorgänge zu veranschaulichen.

Betrachtet man die Strömung um das Schiff in einem mit diesem fest verbundenen Koordinatensystem, das sich also mit dessen Geschwindigkeit v fortbewegt, so entsprechen im wesentlichen den Überdrücken eine Verkleinerung und den Unterdrücken eine Ver-

[1]) Vgl. Anhang Seite 125 ff.

[2]) Vgl. Tafel I und II Seite 146.

[1]) Vgl. auch die Arbeiten von Dipl.-Ing. Fuhrmann, Göttingen, »Theoretische und experimentelle Untersuchungen an Ballonmodellen«.

größerung der Geschwindigkeit der Luft. Der auf der vorderen Spitze lastende Staudruck stellt sich danach als der Verzögerungsdruck aus der Geschwindigkeitsänderung von v auf 0 dar. Von der vorderen Spitze bis etwa zum größten Querschnitt entsteht eine Geschwindigkeit größer als v, welche den Unterdruck zur Folge hat. Vom größten Querschnitt bis zur hinteren Spitze verzögert sich diese Geschwindigkeit und ruft dadurch den Staudruck am Heck hervor, und dieser beschleunigt hinter dem Schiff die Luft wieder auf die ursprüngliche Geschwindigkeit v.

Diese Wechselwirkung zwischen Geschwindigkeit und Druck ist, abgesehen von den die Schiffshaut unmittelbar umgebenden Luftschichten, am stärksten in der Nähe des Schiffsrumpfes und nimmt mit der Entfernung vom Körper theoretisch bis ins Unendliche ab. Praktisch ist ein merklicher Einfluß schon in einem Abstande von

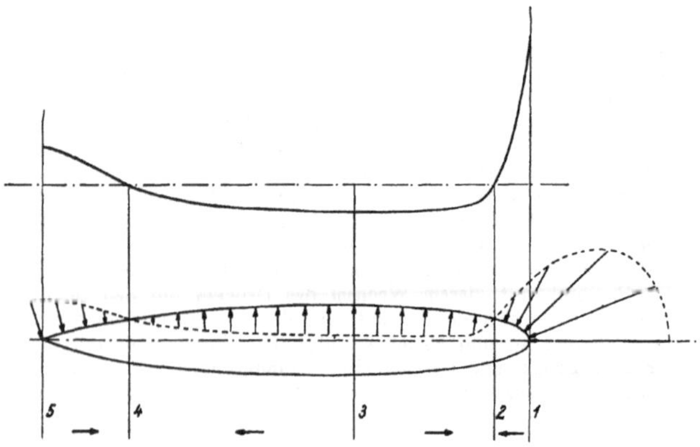

Die wagerechten Pfeile geben die Richtungen der resultierenden Luftkräfte an den verschiedenen Teilen des Luftschiffes an.

Abb. 3.

etwa dem zweifachen Durchmesser des Schiffes nicht mehr wahrnehmbar. Die in einer beliebig groß gewählten Umgebung des Schiffes befindliche Luftmasse läßt sich demzufolge in vier Zonen trennen, in denen die Geschwindigkeit der vorbeifließenden Luft ab oder zunimmt und in denen entsprechend ein Druckanstieg oder -abstieg stattfindet. In der Abb. 4 sind diese vier Zonen I—IV im Prinzip durch die drei Trennungskurven a, b und c angedeutet. Die Kurven a und b geben dabei gleichzeitig die Bereiche an, in denen die größten Überdrücke auftreten und die Kurve c den Bereich, in dem der größte Unterdruck herrscht.

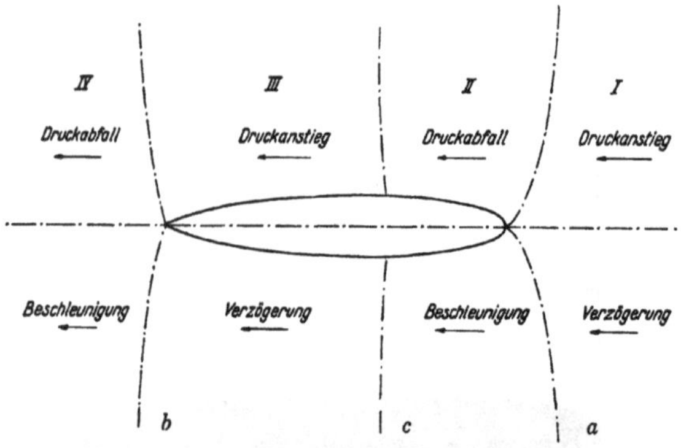

Abb. 4.

In diesen vier Zonen findet also eine viermalige Umsetzung von Geschwindigkeit in Druck bzw. ungekehrt statt. Besäße die Luft keine Reibung und würde der Verlauf der Strömung in keiner Weise gestört, so gingen die Umsetzungen verlustlos vor sich, und die aerodynamischen Luftkräfte auf den Rumpf würden sich aufheben, so daß kein Luftwiderstand zustande käme, gleichgültig welchen Körper wir wählen würden. Die Strömung entspräche dann einer reinen Potentialströmung, die sich in allen Teilen genau verfolgen ließe. In Wirklichkeit werden aber die Vorgänge durch innere und äußere Reibung der Luft stark beeinflußt. Insbesondere hat sich gezeigt, daß die Umsetzung von Geschwindigkeit in Druck durch Unregelmäßigkeiten in der Begrenzung oder durch in der Strömung enthaltene Störungsfelder besonders leicht in Frage gestellt wird; sie geht auch bei schnellem Verlauf meist unvollkommener vor sich als bei langsamem.

Für den Strömungsverlauf am Schiff ergibt sich demzufolge, daß der Energieverlauf vom größten Querschnitt bis zur hinteren Spitze besonders kritisch ist. Sind in diesem Bereich nicht die richtigen Vorbedingungen für die Umwandlung von Geschwindigkeit in Druck gegeben, so unterbleibt sie oder geht nur unvollkommen vor sich, d. h. die Luft strömt mit fast unveränderter Geschwindigkeit weiter, ohne eine Querschnittsvergrößerung anzunehmen. In dem Fall der Abb. 2 wird der Luftstrom sich also an der Krümmung am Heck loslösen und den Druckanstieg in der III. Zone stark beeinträchtigen. Daraus ergibt sich im wesentlichen der nicht unbeträchtliche Widerstand dieser Schiffsform. Bei dem Körper nach Abb. 1 werden durch die allmähliche Verjüngung des Hinterschiffes weit günstigere Verhältnisse geschaffen; die Umsetzung kann hier stetig und langsam erfolgen, und dadurch der Druckanstieg am Heck eintreten. Die Druckordinate am Schiffsheck in Abb. 1 ist infolgedessen erheblich größer als in Abb. 2.

Die sogenannte Hautreibung der Luft am Schiffsrumpf erzeugt einen von vorne nach hinten dicker werdenden Mantel mitgerissener turbulenter Luft, welche das Schiff umgibt und schließlich in eine Wirbelschleppe hinter dem Schiff übergeht. Es ist einleuchtend, daß dieser in sich ungleichförmige Luftmantel der Strömung nicht gestattet, sich unmittelbar an den Schiffsrumpf anzuschmiegen. Dadurch wird am Heck die Lage der Ablösungsstelle der Strömung stark

Abb. 5.

beeinflußt. Hier kommt der eingangs erwähnte Zusammenhang zwischen Form- und Reibungswiderstand deutlich zum Ausdruck.

Die Umsetzung von Geschwindigkeit in Druck findet, wie erwähnt, auch vor dem Schiff bis zu dessen Bugspitze statt. Die Luft ist in diesem Bereich jedoch im Gegensatz zu dem Feld hinter dem größten Querschnitt noch nicht durch Hautreibung oder andere Einflüsse gestört, so daß die Umsetzung fast verlustlos vor sich geht, und daher an der Spitze sich der volle Staudruck einstellen kann. Lokale Luftstörungen, wie Böen, machen sich durch entsprechende Schwankungen dieses Druckes bemerkbar.

In vollkommenerer Weise als die Umsetzung von Geschwindigkeit in Druck vollzieht sich die Umwandlung von Druck in Geschwindigkeit. Dieser Vorgang findet, wie schon gesagt, beim Übergang von der vorderen Spitze zum größten Querschnitt statt. Je schroffer dieser Übergang ausgeführt ist, desto größer wird auch der Druckunterschied. Die Druckkurve des Körpers nach Abb. 2 zeigt daher entsprechend der Gestaltung der Meridiankurve am Vorschiff einen ganz plötzlichen und starken Anstieg des Unterdruckes. Infolge des anschließenden zylindrischen Mittelrumpfes verschwindet dieser Unterdruck jedoch größtenteils und kommt erst wieder an der Fortsetzung der Krümmung am Heck etwas mehr zur Geltung. Sehr deutlich ist die Erscheinung der plötzlichen Unterdruckbildung am Bug auf Abb. 5 zu erkennen. Die Außenhülle wird an der betreffenden Stelle ringwulstartig nach außen durch den Unterdruck abgehoben. Bei einer Körperform nach Abb. 1 nimmt der Durchmesser nur ganz allmählich zu, und dementsprechend zeigt der Unterdruck nicht den gleichen und plötzlichen Anstieg, wie im ersten Fall. Auch der Übergang der Kurve nach dem Heck zu ist infolge der stetigen Krümmung der Meridianlinie durch gleichmäßigen Anstieg gekennzeichnet. Wenn auch durch plötzliches Zunehmen des Unterdruckes am Bug, wie in Abb. 2, im allgemeinen keine direkte Vermehrung des Formwiderstandes eintritt, so wird doch die Neigung zur Wirbelbildung und zum Flattern der Außenhülle verstärkt, und auf diese Weise der weitere Verlauf der Strömung gestört.

In der Schütteschen Patentschrift U. S. A. 999469 von 1909 für die Schiffsform wurde die Stelle für den größten Durchmesser des Schiffes seinerzeit durch Teilung der Schiffsachse nach dem »Goldenen Schnitt« festgelegt. Versuche und Praxis haben ergeben, daß sich nach dieser Methode eine sehr zweckmäßige Form für den Rumpf herausbringen läßt. In ganz analoger Weise, wie bei den Seeschiffen, zeigte sich ferner, daß bei einem nach der Form des »S. L. 1« ausgebildetem Rumpf eine Vergrößerung des Volumens durch Einfügen eines verhältnismäßig kurzen parallelen Teiles an der Stelle des größten Durchmessers, den Formwiderstand praktisch nicht verändert und daß der Gesamtwiderstand durch geringe Vermehrung des Reibungswiderstandes nur unwesentlich vergrößert wird. Schütte hatte daher sein Patent auf die Schiffsform auch in diesem Sinne erweitert.

Das Leitwerk.

Die betrachteten Strömungsvorgänge am Heck des Schiffes haben besondere Bedeutung für die Wirkung der Ruder und Stabilisierungsflächen. Heck und Leitwerkflächen müssen so ausgestaltet sein, daß eine gegenseitige ungünstige Rückwirkung auf die Strömung nicht eintritt. Die ersten Zeppelinschiffe besaßen, wie die Abb. Seite 142 zeigen, damals noch die sog. Kastenruder, während beim Schütte-Lanz »1«, vgl. Abb. 14, Tafel I, Seite 146 ein fischflossenartiges Leitwerk vorgesehen war.

Die Kastenruder können zwar vom Schiff losgelöst, z. B. als Drachen, eine ganz gute Wirkung ausüben. Am Heck des Schiffes, in der Anordnung der vorliegenden Bilder, kann jedoch dieselbe Wirkung nicht zustande kommen, weil die Ruder hier nicht die richtigen Strömungsverhältnisse vorfinden. Liegen die Kastenruder, wie ursprünglich, hinten am Heck verhältnismäßig nahe der Längsschiffsachse, so befinden sie sich in der Wirbelschleppe, die wie oben auseinandergesetzt, durch Hautreibung und Abreißen der Strömung infolge ungünstiger Form entsteht. In Abb. 6 sind diese

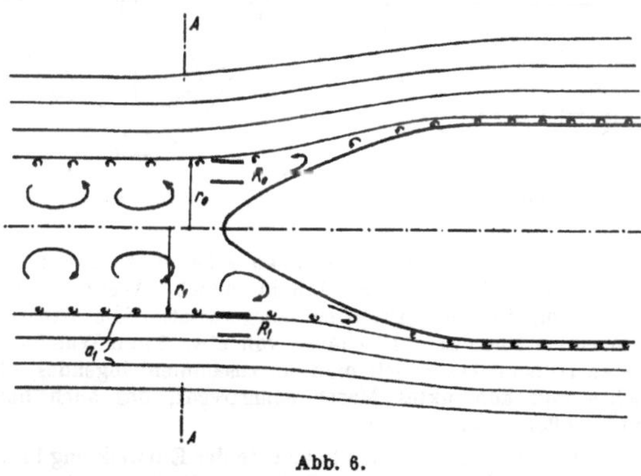

Abb. 6.

Verhältnisse zunächst in der oberen Hälfte der Zeichnung veranschaulicht. Der Radius der Schleppe im Querschnitt $A—A$ sei etwa gleich r_0. Die Ruder, die durch R_0 im Querschnitt angedeutet sind, liegen innerhalb von r_0 in einem Gebiet mit ganz verschiedenen, praktisch unkontrollierbaren Luftströmungen und Wirbeln. Sie können hier also überhaupt keine Ruderwirkung erzeugen. Legt man die Ruder von der Schiffsachse weiter ab, also außerhalb von r_0, wie in der unteren Hälfte der Zeichnung durch R_1 angedeutet ist, so kommen sie in das Gebiet der noch fast ungestörten Potentialströmung, deren Stromlinien hier eine gewisse Neigung zur Schiffsachse besitzen. Je nach dem Durchmesser der Schleppe wird die Neigung größer oder kleiner sein. Die Kastenruder haben jedenfalls das Bestreben, entsprechend der Stellung ihrer Flächen die Strömung am Heck parallel zur Schiffsachse zu richten, wie in Abb. 6 durch die Stromlinien a_1 angedeutet ist. Die Ruder stören also die Ausbildung der Potentialströmung, und es entsteht eine Erweiterung der Wirbelschleppe auf den Radius r_1 durch frühzeitigeres Abreißen der Strömung vom Schiffsrumpf. Die Steuerwirkung der Kastenruder ist damit zwar gewahrt, aber eine Vergrößerung des Schiffswiderstandes ist die unausbleibliche Folge.

Bei der Lage und Anordnung von Flächen wie beim »S. L. 1« spielt die Neigung der Stromlinien zur Achse keine besondere Rolle. Die Flächen haben bei geradem Kurs keinen »Anstellwinkel« zur Strömung und können diese daher auch nicht beeinflussen. In der Nähe der Befestigungsstellen der Flächen am Rumpf durchdringen sie den das Schiff umgebenden Mantel turbulenter Luft. Die wirksame Fläche wird hierdurch etwas vermindert, aber der Einfluß ist nur unbedeutend, weil die Dicke dieses Mantels im Bereich der Flächen noch verhältnismäßig dünn ist und bei Schrägstellung der Schiffslängsachse zur Fahrtrichtung fast zu Null wird.

Trotzdem die ersten Fahrversuche beim »S. L. 1« schon die ausgezeichnete Wirkung der Ruderflächen ergaben, wurde, um alle Zweifel zu beheben, unter den horizontalen Stabilisierungsflächen versuchsweise eine Art Kastenruder für die Seitensteuerung eingebaut. Diese Versuche ergaben lediglich eine verminderte Fahrgeschwindigkeit aber keinerlei Verbesserung der Ruderwirkung. Der Grund ist darin zu suchen, daß eine vorteilhafte Ausbildung der Strömung gleichzeitig um die Ruder und das Schiffsheck bei dieser Stellung der Ruder eben nicht möglich ist. Es treten nur gegenseitige Störungen auf, die eine Erhöhung des Widerstandes zur Folge haben. Die Kastenruder sind dann auch sofort wieder entfernt und nie mehr verwendet worden.

Propelleranordnung.

Der Luftschiffbau Zeppelin war bekanntlich bestrebt, die Propeller möglichst hoch an der Seite des Schiffes anzubringen, um dadurch den Schwerpunkt der Antriebskräfte möglichst dicht an die Linie heranzudrücken, die man sich als Resultierende der gesamten Luftwiderstandskräfte denken kann, und die man sich nach früheren Anschauungen im wesentlichen als mit der Schiffsachse zusammenfallend vorstellte. Der Zweck war, das Kippmoment, das sich aus Vortriebskraft und Widerstand ergibt, möglichst klein zu halten.

Im Interesse der Vermeidung der Feuersgefahr durch zu große Nähe der Maschinengondeln am Gastragkörper und zwecks Schaffung eines zuverlässigen Propellertriebwerkes verzichtete Schütte auf die Herabsetzung des Kippmomentes und ordnete die Motoren und deren Propeller gemeinsam auf an Seilen, in erheblichem Abstand vom Schiff hängenden Gondeln an. Durch geringe Schrägstellung der horizontalen Stabilisierungsflächen, die am Heck eine hebende Kraft wachriefen, konnte er das Kippmoment wieder aufheben. Da der Abstand der Flächen vom Schwerpunkt im Verhältnis zum Abstand der Propeller von der Schiffsachse groß war, genügte eine verhältnismäßig kleine Kraft an den Flächen, um das nötige Gegenmoment zu erzeugen. Entsprechend der geringen Größe dieser Kraft waren auch die damit verbundenen Verluste nur gering.

In praxi kommt dem erwähnten Kippmoment aber noch aus einem anderen Grunde gar nicht die Bedeutung zu, wie allgemein angenommen wird. Die weiteren Betrachtungen werden dies erweisen. Früher rechnete man vornehmlich damit, daß die resultierende Widerstandskraft des Schiffsrumpfes etwa mit der Schiffsachse zusammenfiele. Dies trifft jedoch nur zu, wenn die Bewegung relativ zur Luft genau in der Richtung der Schiffsachse erfolgt. Spätere Windkanalversuche, die Fahrteigenschaften der Schiffe und die Mastverankerung haben gezeigt, daß schon bei ganz geringen Neigungswinkeln der Schiffsachse zur Bewegungsrichtung die resultierende Luftkraft mit der Schiffsachse einen Winkel einschließt, der ein Mehrfaches dieses Neigungswinkels ist und daß deren Schnittpunkt bei Ruderlage mittschiffs keinesfalls in der Nähe des Schiffsschwerpunktes liegt, sondern bei kleinen Winkeln etwa in der Gegend der vorderen Spitze. In der Abb. 7 stelle v beispielsweise die Richtung der Relativbewegung von Fahrzeug und Luft dar, zu welcher das Fahrzeug den absichtlich groß gezeichneten Anstellwinkel α haben soll. Dann schneidet die resultierende Luftkraft R die Schiffsachse beispielsweise im Punkte A und bildet mit ihr den Winkel β, der bedeutend größer ist als α. R kann zerlegt werden in die beiden zueinander senkrechten Komponenten r und s. Die Komponente r bleibt bei kleinen Neigungswinkeln α ziemlich konstant und entspricht dem Widerstand, der oben bei der Betrachtung des Kippmomentes in Rechnung gesetzt wurde. Diese Komponente und der Propellerschub können gleich gesetzt werden. Die Komponente s wächst dagegen mit dem Winkel α außerordentlich rasch an und kann schon bei 6° das Vielfache von r betragen. Eine einfache Überschlagrechnung zeigt, daß bei Ruderlage mittschiffs das Moment $a \times s$ schon bei kleinem α weit größer ist als das Kippmoment $r \times h$, selbst wenn die Propeller in großem Abstand von der Schiffsachse angeordnet sind.

Ferner kommt der Fall, daß $a = 0$, also die Komponente s näherungsweise ebenfalls gleich 0 ist, nur zufällig vor, denn es ist bekannt, daß genau wie bei Seeschiffen auf geradem Kurs mehr oder weniger eine dauernde, wenn auch geringe Betätigung des Ruders zur Kurserhaltung notwendig ist. Die Momente der den Kurs störenden Luftkräfte am Schiffsrumpf wechseln also dauernd ihren Wert gegenüber dem Kippmoment aus Vortriebskraft und Abstand von dem normalen Stirnwiderstand.

Die Komponente s ist im Falle, daß a nach oben offen ist, natürlich ebenfalls nach oben gerichtet und unterstützt das Moment von $r \times h$. Da letzteres, wie eben gezeigt, häufig nur gering ist gegen das erstere, so bedeutet es keine wesentliche Verschlechterung.

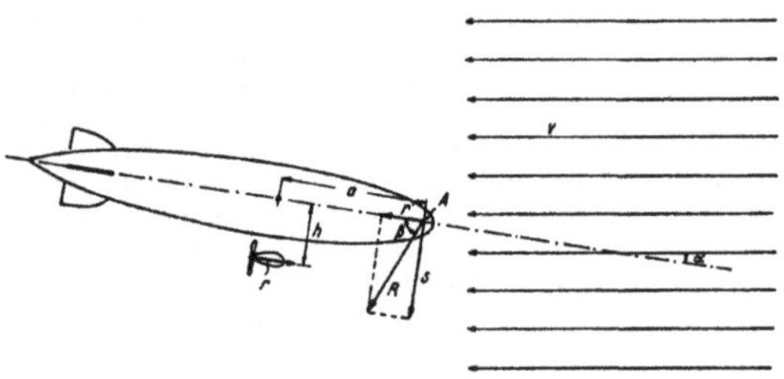

Abb. 7.

Man kann im Gegenteil sogar dem Moment $r \times h$, sofern es nicht durch irgendwelche Maßnahmen paralysiert ist, eine verbessernde Wirkung zuschreiben, weil es verhindert, daß die Schiffsachse über die Lage 0 wieder nach unten pendelt. Es bewirkt also einen ruhigeren Lauf des Schiffes. Man erreicht durch Vergrößern des Abstandes des Antriebsschwerpunktes von der Schiffsachse eine gewisse Vergrößerung der Fahrtstabilität; man stützt das Schiff gewissermaßen.

Der innenliegende Laufgang.

Eine der hervorragendsten und am schärfsten umstrittenen Neuerungen des »S. L. 2« war der innenliegende Laufgang. Diese Anordnung brachte gegenüber dem außenliegenden Laufgang der damaligen Zeppelinschiffe eine ganze Reihe von Vorteilen mit sich. Zunächst wird infolge Verkleinerung der Oberfläche des Schiffes der Luftwiderstand verringert. Noch gewinnbringender ist die Herabsetzung des seitlichen Luftwiderstandes. Beim Einhallen unter seitlichem Wind wirkt der außenliegende scharfkantige Kiel wie eine zusätzliche Flosse, an der sich der Wind stauen kann, und erhöht dadurch die Kraft in den seitlichen Halteleinen. Befindet sich ein Schiff mit außenliegendem Kiel in der Luft, so hat dieser eine nachteilige Wirkung auf die Wendigkeit des Schiffes, ohne den Vorteil zu bringen, zur Erhaltung des geraden Kurses beizutragen. Die am vorderen Schiffsteil vorstehende Kielflosse bietet im Gegenteil lokal abgegrenzten Luftströmungen gute Angriffsflächen, um das Schiff am Bug aus dem Kurs zu drängen.

Der innenliegende Laufgang ermöglicht ferner eine Verminderung der Bauhöhe und gewährt von den Gondeln aus einen freien Blick unter dem Schiffsrumpf. Ferner läßt sich der Abstand zwischen Schiffsunterkante und Boden leicht vergrößern, wodurch erhöhte Sicherheit gegen Beschädigung des Rumpfes bei harter Landung gewährleistet wird. Des weiteren hat man innen mehr Raum und Freiheit für die Aufhängung der Lasten und die Verlegung von Leitungen, und es lassen sich alle Teile der Lasteneinrichtung des Laufganges und die Zellen mit den Ventilen leichter überwachen.

Schließlich bringt die Verlegung nach innen noch eine zweckentsprechende Ausbildung der Ringe mit sich, da die den Querschnitt des Laufganges bildenden Träger zur Fachwerkausbildung im unteren Teil des Ringes mit herangezogen werden können, gemäß Abb. 8. Infolge des Gasdruckes und der unten liegenden Lasten hat der Ring im allgemeinen das Bestreben, sich birnenförmig, den spitzen Teil nach unten gerichtet, zu gestalten. Diese Deformierung wird durch das eingebaute Fachwerk, dessen Teile auch dem Laufgang angehören, wirksam verhindert.

Die weitere Entwicklung des Starrluftschiffbaus läßt erwarten, daß man den kreisförmigen Schiffsquerschnitt verlassen wird, um die Ringe und das gesamte Gerippe zur Aufnahme der Kräfte besser geeignet zu machen. Der erwähnte, etwas birnenförmige Querschnitt nach Abb. 8a dürfte diesem Zwecke am nächsten kommen. Auch hierbei wird der innenliegende Laufgang einen wesentlichen Faktor beim Aufbau des unteren Teiles des Schiffes bilden.

Die seitlichen Motorgondeln.

Um einen möglichst hohen Wirkungsgrad der Propeller zu erzielen, ist es notwendig, daß sich die einzelnen Propellerkreise in der Fahrtrichtung nicht überdecken, damit die hinten am Schiff liegenden Propeller nicht von den Propellerstrahlen der weiter vorne liegenden Propeller getroffen werden. Es ergibt sich daraus die Notwendigkeit, die Propeller unten und seitlich am Schiff zu verteilen.

Infolge der ursprünglich noch unzulänglichen Berechnungsmethoden für das Schiffsgerippe vermied man es nach Möglichkeit, an den Seiten des Schiffes größere Lasten anzubringen. Man hielt an der althergebrachten Anschauung fest, daß entsprechend dem Maximalwert des Gasdruckes in der Mitte oben auch in der Mitte unten die Hauptlasten anzubringen seien. Daher ordnete auch der Luftschiffbau Zeppelin die Motoren in Gondeln unter dem Schiff an und baute lange Kraftübertragungseinrichtungen der verschiedensten Art mit Hilfe von Stahlbändern und langen Wellen mit Kegelzahnrädern. Große Ausleger und Stützen für die Lagerung mit erheblichem Luftwiderstand waren dabei zum Aufbau notwendig, und infolge der starken elastischen Verschiebungen des ganzen Unterbaues und wegen der Landungsstöße auf die Maschinengondeln mußten in die Kraftübertragungsleitungen entsprechende Ausgleichvorrichtungen eingebaut werden. Die ganze Anordnung kostete viel Gewicht, war recht kompliziert und dementsprechend wenig betriebssicher.

Demgegenüber brachte die Konstruktion und Anordnung der Gondeln und Propeller nach der Schütte-Lanz-Bauweise erhebliche Vorteile. Motor und Propeller wurden auf ein gemeinsames, starres und verhältnismäßig kleines Fundamentgerüst aus Stahlrohren montiert und zwischen Motor und Propeller auch erstmalig ein Stirnradgetriebe eingeschaltet, das gestattete, Motor und Propeller

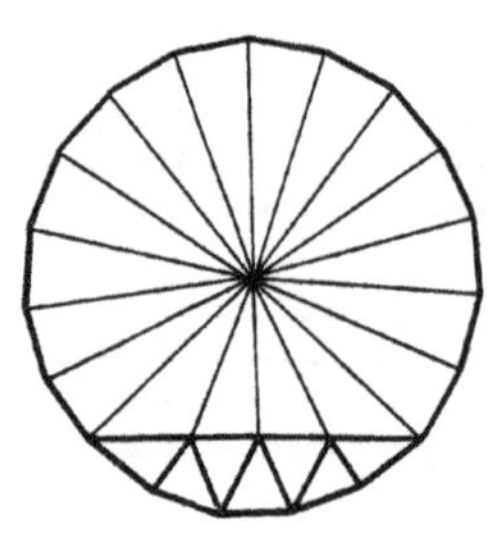

Abb. 8.

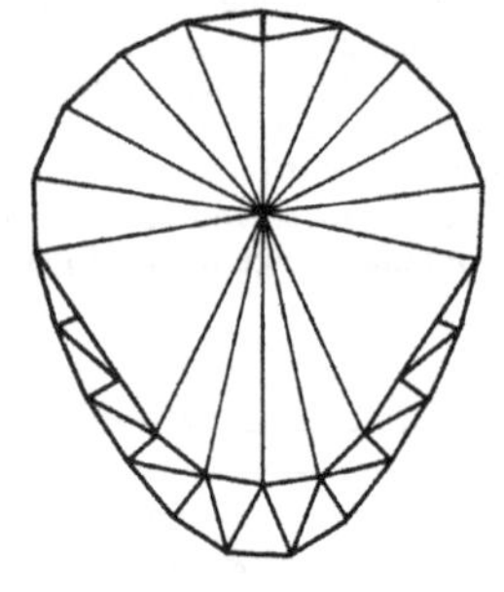

Abb. 8a.

mit den jeweils günstigsten Drehzahlen arbeiten zu lassen. Das Getriebe wurde auch zum ersten Male in einfacher Weise mit einem Rückwärtsgang für den Propeller ausgerüstet. Alle Stirnräder lagen in einem Flexilisstahl-Gehäuse von etwa 5 mm Wandstärke. Mit diesen Hilfsmitteln erhielt man ein zusammenhängendes, übersichtliches und kompaktes Maschinenaggregat, das auch harten Landungsstößen gewachsen war.

Einen weiteren bedeutenden Schritt in der Entwicklung brachte die Erkenntnis, daß die seitlichen Teile der Ringe und des ganzen Gerippes zum Tragen von Lasten viel geeigneter sind, als die unteren Partien des Schiffes und daß demzufolge seitlich am Rumpf hängende Maschinengondeln eine viel günstigere Beanspruchung des Gerippes ergeben müssen. Dies rührt daher, daß bei entsprechend ausgebildetem Zellumspannungsnetz, so erstaunlich das Folgende für den Uneingeweihten auch klingen mag, der Gasdruck an den Seiten des Gerippes meist größere hebende Kräfte erzeugt als im oberen Teil des Schiffes[1]). Ferner kommt noch hinzu, daß infolge der eigenartigen Wirkung des räumlichen Fachwerkes des Schiffes die aus den Lasten und Auftriebskräften entstehenden Biegemomente des ganzen Schiffes weniger in den obersten und untersten Längsträgern — also den von der neutralen Faser am weitesten abliegenden Trägern — als vielmehr von den mehr seitlich oben und unten liegenden Längsträgern aufgenommen werden. Die in der Mitte unten angreifenden Gondellasten müssen also teilweise erst nach den Seiten hingeleitet werden, während die seitlichen Gondellasten unmittelbar hier angreifen können. Die Schütte-Lanz-Bauweise mit seitlichen Gondeln vereinigt also eine sehr zweckmäßige Verteilung der Propeller am

[1]) Vgl. S. 50 4 Berechnung der Zellumspannung, insbesondere die Tabelle auf S. 52.

Schiff, eine gute Ausbildung des gesamten Maschinenaggregates und eine günstige Beanspruchung des Gerippes.

Schließlich gewähren die seitlichen Maschinengondeln noch eine gute Manövrierfähigkeit beim Landen und während des Schiffstransportes am Boden, da die Motoren und Propeller wegen ihres großen Abstandes vom Boden ungestört in vollem Betrieb gehalten werden können, während bei den unteren Gondeln die Propeller festgebremst werden müssen und der Maschinenbetrieb infolge der Bodenberührungen beeinträchtigt wird.

Die Gasschächte.

Unter den verschiedenen Gasabführungseinrichtungen, die bei Anwendung von Wasserstoff gebräuchlich waren, zeichneten sich die von Schütte-Lanz eingeführten besonders aus. Die beiden hauptsächlichsten Gefahrquellen für die Entzündung des abgeblasenen Gases bilden die Motoren, d. h. deren Auspuff, abgestoßene brennende Rußteilchen, Zündapparate, Rückschläge zur Vergaserleitung und gelegentlich an ihnen auftretende Benzinbrände und ferner die zwischen Schiff und umgebender Luft auftretenden elektrischen Funkenentladungen. Das wirksamste Mittel gegen die Zündung durch den Motorenbetrieb ist das gänzliche Fernhalten jeglicher Gasspuren von den Zündstellen. Gegen die Zündung durch elektrische Funken schützt in erster Linie eine weitgehende Verdünnung des Gases mit Luft. Ein Wasserstoff-Luft-Gemisch ist explosibel innerhalb der Grenzen von 66,5 vH (obere Grenze) und 9,4 vH (untere Grenze) Raumteilen Gas; 1 Raumteil Gas muß also mit mindestens 10 Raumteilen Luft verdünnt werden, damit es nicht mehr zündfähig ist.

Mit Rücksicht auf die Zugänglichkeit der Sicherheitsventile und wegen der praktisch kaum erreichbaren vollkommenen Dichtheit derselben ordnet man diese zweckmäßig im unteren Teil der Zelle an. Damit das austretende Gas nun nicht in die Nähe der Gondeln gelangen kann, gibt es bisher nur eine Lösung, die direkte Ableitung des Gases von den Ventilen nach dem Rücken des Schiffes. Dies führte zur Konstruktion der unten und oben offenen Gasschächte, in deren unteres Ende die Ventile münden (vgl. Abb. 22 und 23, Tafel I, S. 20). Diese Ableitungsschächte lassen sich ferner so ausgestalten, daß darin eine ausreichende Mischung mit Luft eintritt, so daß das Gemisch beim Austritt in die umgebende Luft auch durch elektrische Funken nicht mehr gezündet werden kann.

Die Mischluft wird durch besondere Öffnungen am Schiff, wie weiter unten bei den Belüftungseinrichtungen beschrieben wird, aufgefangen. Neben der Gasabführung bewirken die oben und unten offenen Schächte der Schütte-Lanz-Bauweise auch noch eine allgemeine gute Entlüftung des Laufganges, so daß eventuelle Zellenleckagen ebenfalls keine Gefahr bringen können.

Bei anderen Systemen führt man das austretende Gas in den Zwischenraum zwischen Außenhülle und Zellen, läßt es sich hier mit Luft mischen und durch die Außenhülle diffundieren. Diese Methode hat den Nachteil, daß sowohl das Mischungsverhältnis als auch die Wege und Austrittsstellen der Gasschwaden schwer oder gar nicht kontrollierbar sind, und daß die Hülle je nach den Witterungsverhältnissen ganz verschiedene Durchlässigkeit besitzt. Das noch explosible Gemisch bewegt sich außerdem dabei gerade am Umfang des Schiffes, wo sehr leicht elektrische Funkenentladungen auftreten können. Die im Schiffsinnern liegenden Gasschächte sind dagegen vor Funken geschützt, da die Verschiebung der elektrischen Ladungen vornehmlich nur auf der Oberfläche des Schiffes stattfinden.

Eine dritte Methode, das Gas unverdünnt durch Schläuche von den unten liegenden Ventilen nach oben oder der Seite abzuführen, hat den Nachteil, daß die Ventile unkontrollierbar, da schwer zugänglich sind, und daß der Schlauch leicht Heberwirkung erzeugen kann, wodurch unter Umständen ein Leerlaufen der Zellen bis zur Höhe der Schlauchmündungen eintritt. Die Frage der Gasverdünnung bleibt dabei außerdem ungelöst.

Der gänzlich gefahrlosen Wirkungsweise der Gasabführungseinrichtungen, gleichgültig welche der bisher bekannten Methoden zur Anwendung gelangt, sind jedoch verhältnismäßig enge Grenzen gesetzt, sobald das Schiff mit mehr als etwa 2 ms steigt, und die Ventile dabei abblasen. Die Mengen des abgeblasenen Gases und der zur Unschädlichmachung erforderlichen Luft sind so groß, daß die notwendigen Einrichtungen das praktische Maß überschreiten. Es müßten entweder so erschreckend große Schachtquerschnitte vorhanden sein, oder so erhebliche Luftgeschwindigkeiten erzeugt werden, daß einerseits infolge des großen Raumbedarfes, anderseits infolge des großen Energie- und Gewichtsaufwandes der ganze Schiffsbetrieb stark in Mitleidenschaft gezogen würde. Würde die Zufuhr der Mischluft allein mit Hilfe der Energie des Fahrtwindes bewirkt, so ergäbe sich eine entsprechende Einbuße an Geschwindigkeit.

Die Verhältnisse zwingen demgemäß dazu, bei großer Steiggeschwindigkeit auf eine Verdünnung des Gasluftgemisches innerhalb des Schiffes bis unter die untere Explosionsgrenze zu verzichten, oder die Steiggeschwindigkeit so zu mäßigen, daß diese Grenze nicht überschritten wird. Sobald der Ausgleich der elektrischen Aufladung zwischen Schiff und umgebender Luft so lebhaft wird, daß Funkenbildung auftritt, muß naturgemäß das Gasabblasen am besten ganz unterbleiben. Beim Betrieb deutscher Starrluftschiffe sind wiederholt Blitzeinschläge in Schiffe unter Prallhöhe ohne Zündung des Wasserstoffgases beobachtet worden. Verschiedentlich sind elektrische Ausgleichvorrichtungen mit Spitzenwirkung usw. versucht worden, aber ohne einen durchschlagenden Erfolg zu gewähren.

Die Belüftungseinrichtungen.

Ein bisher in der Fachliteratur fast gar nicht behandeltes Thema sind die Einrichtungen der Starrluftschiffe zur Belüftung des Schiffsinnenraumes mit dem Zweck, sowohl die beim Sinken des Schiffes sich bildende Druckdifferenz zwischen Innenraum und umgebender Luft auszugleichen, als auch die beim Steigen des Schiffes zur Verdünnung des abgeblasenen Gases notwendige Luft heranzuschaffen. Im folgenden soll daher auf alle dabei in Betracht kommenden Verhältnisse näher eingegangen werden.

Beim Sinken eines gasgefüllten Luftfahrzeuges wird sein Gas infolge der Zunahme des Druckes der umgebenden Luft verdichtet. Beim Freiballon wirkt der äußere Luftdruck durch die Ballonhülle unmittelbar auf das Traggas, und der Verdichtungsvorgang äußert sich bekanntlich durch Einbuchtungen, die an dem unteren Teil des Ballons entstehen.

Der Gasraum der Pralluftschiffe muß zwecks Erhaltung der Ballonform stets einen geringen Überdruck gegen die umgebende äußere Luft aufweisen. Beim Sinken des Pralluftschiffes muß daher das Gas mit Hilfe der sog. Ballonetts entsprechend der Druckzunahme der umgebenden Luft verdichtet werden. Die Ballonetts werden bekanntlich durch Maschinenventilatoren oder andere Vorrichtungen mit dem erforderlichen Überdruck aufgepumpt.

Beim Starrluftschiff sind die Gaszellen ringsum von einer Luftschicht umgeben, die ihrerseits von der Außenluft durch die um das Gerippe straff gespannte Außenhülle getrennt ist. Sinkt das Starrluftschiff, so muß entsprechend der Druckzunahme der Außenluft durch Poren oder besondere Öffnungen in der Außenhülle Luft in das Schiffsinnere einströmen können. Dadurch steigt der Druck des Luftmantels und bewirkt die Zusammendrückung des Gases und damit ein Zusammenschrumpfen der Gaszellen, ähnlich wie bei Freiballonen, im Innern des Schiffes[1]). Bei luftdicht abschließender Außenhülle würde schon beim Durchfallen von beispielsweise noch nicht 100 m in Erdnähe ein derartiger äußerer Überdruck entstehen, daß jedes Starrluftschiff zusammenbrechen müßte.

Dieses Beispiel mag den Eindruck erwecken, als ob die Widerstandsfähigkeit des Gerippes nur sehr gering ist. Die nähere Untersuchung zeigt aber, daß hier Faktoren mitspielen, deren Bedeutung von Fernerstehenden meist übersehen wird. Zunächst ergibt sich wegen der großen Gesamtoberfläche der Hülle schon bei geringem Überdruck eine sehr große aufzunehmende Gesamtlast. Ein Schiff wie der »L. Z. 126« oder die jetzige »Los-Angeles« hat eine Gesamtoberfläche des Rumpfes von rd. 13000 m². Dem Höhenunterschied von 500 auf 400 m entspricht eine Druckdifferenz von 122 mm WS, so daß sich die Gesamtlast auf rd. 1600 t beläuft, ein Wert, der etwa dem 20fachen Betrag des ganzen Schiffsgewichtes gleichkommt. Die wirkliche Belastung des die Kraft aufnehmenden Gerippes ist aber noch größer, da die Last des Luftdruckes nicht unmittelbar von dem Gerippe, sondern zunächst von der Außenhülle aufgenommen wird. Die Hülle erhält dadurch eine starke Spannung, und diese ergibt ihrerseits erst die Belastung der Träger.

Mit Rücksicht auf den Luftwiderstand soll die Außenhülle möglichst nicht auf den Ringträgern, sondern nur auf den Längsträgern aufliegen. Das durch den Luftdruck, die Hüllenspannung usw. erzeugte Kräftespiel vollzieht sich also vornehmlich nur in Richtung des Schiffsumfanges und läßt sich daher an Hand eines Schiffsquerschnittes in der Zeichenebene darstellen. In Abb. 9 sei z. B. R ein Ring, auf dem die zwei benachbarten Längsträger L, L_1 aufliegen, über welche die Außenhülle F gespannt ist. Es sei

[1]) Vgl. die Abb. 16 S. 20 und Abb. 24 S. 89.

nun Q die Feldbelastung durch den Luftdruck, die der Einfachheit halber genau genug als nur lotrecht wirkende Last zwischen den Auflagern A, A_1 angenommen werden kann. Q erzeugt dann die Auflagerdrücke a und a_1. In dem Dreieck $A\,B\,C$ gebe ferner $A\,B$ die Richtung der Tangente an die Hülle im Punkte A an. Macht man $A\,C$ gleich der Auflagerkraft a, so stellt $A\,B$ die Spannung s der Hülle und $B\,C$ den sog. Horizontalzug dar. Sind die benachbarten Felder zwischen den folgenden Längsträgern gleich dimensioniert, was meistens der Fall ist, so tritt die Kraft s zu beiden Seiten jedes Längsträgers symmetrisch auf, und man erhält die wirkliche Belastung $A\,D$ des Längsträgers aus dem Dreieck $A\,B\,D$. Würde die Hülle durch biegungsfeste Planken, wie etwa die Außenhaut von Wasserschiffen, ersetzt werden, so wäre die Belastung der Längsträger nur gleich der Strecke $A\,E$, die sich aus den Auflagerkräften $A\,C = a$ und $C\,E$ des benachbarten Feldes zusammensetzt. Das Verhältnis $A\,D$ zu $A\,E$ gibt also die Vergrößerung der Belastung des Gerippes durch die Hüllenspannung an.

Je nachdem, ob der Durchhang der Hülle infolge des Überdruckes klein oder groß und der Polygonwinkel der zusammenstoßenden Felder spitzer oder stumpfer ist, wird das Verhältnis der wirklichen Trägerbelastung zur einfachen Auflagerkraft größer oder kleiner. Praktisch liegt das Verhältnis etwa zwischen 2—3.

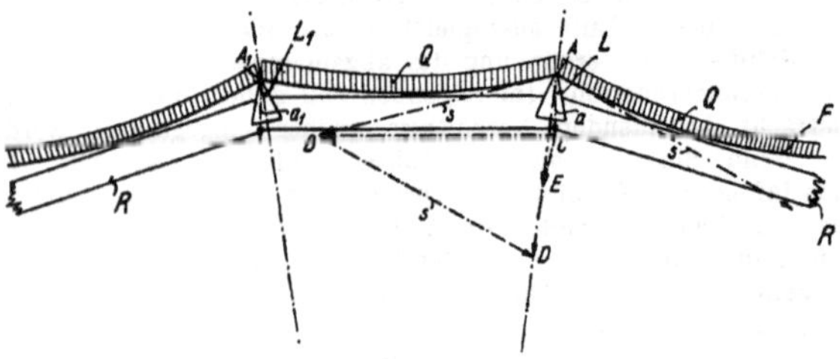

Abb. 9.

Gewisse Komplikationen entstehen in der Praxis bei hohem Überdruck noch dadurch, daß die Hülle bei starkem Durchhang sich gegen die Verspannungsdrähte und sogar gegen die Gaszellen selbst legen kann; im einzelnen hängt dies natürlich sehr von der Konstruktion und Montage der Hülle ab. Beim Aufliegen der Hülle auf den Gerippeverspannungsdrähten liegen die Verhältnisse ähnlich wie bei der Hülle selbst. Die Drähte erhalten durch diese Belastung eine Spannung, die sich auf die Träger ähnlich wie die Hüllenspannung überträgt. Das Aufliegen der Hülle auf den Zellen sollte nach Möglichkeit ganz vermieden werden.

Die bisherigen Überlegungen gelten für den Fall, daß sich der äußere Überdruck gleichmäßig über das ganze Schiff verteilt. Dies trifft im allgemeinen dann zu, wenn das Schiff keine Fahrt voraus macht, sondern nur durchsackt. Die Festigkeitszahlen für Gerippe und Hülle, insbesondere für den mittleren Teil des Schiffes, lassen einen maximalen Überdruck dieser Art von etwa 10—15 mm WS zu. In der Abb. 10 a ist dieser Überdruck im Prinzip durch die Ordinaten der + Fläche angedeutet.

Befindet sich das Schiff in Fahrt voraus, so bildet sich, wie oben bei den Betrachtungen über den Formwiderstand auseinandergesetzt wurde, längs der Meridiankurve des Schiffes ganz verschieden großer und entgegengesetzt gerichteter dynamischer Druck aus, wie in Abb. 10 b dargestellt ist. Die Abszissenlinie in der Figur entspricht dabei dem in der Höhe der Schiffsachse herrschenden barometrischen Druck. Ist nun die Lage und Beschaffenheit der Lufteinlaßöffnungen derart, daß sich im Schiffsinnern genau der gleiche barometrische Druck wie außerhalb des Schiffes ausbildet, so stellen die Ordinaten der dynamischen Druckkurve auch gleichzeitig die Größe des auf das Schiff an den gleichen Stellen wirkenden Druckes dar. Ist der Innendruck dagegen höher oder niedriger als der barometrische Außendruck, so nehmen alle Ordinaten des wirksamen Druckes um diese Differenz nach der Minus- oder Plusseite zu.

Befindet sich das Schiff in Fahrt voraus und sinkt es dabei gleichzeitig, so suckt sich im allgemeinen der Druckverteilung nach Abb. 10b der gleichmäßig verteilte Druck nach Abb. 10a zu überlagern und die Ordinaten des wirksamen Druckes erhalten einen Charakter nach Abb. 10c.

Sind die Öffnungen derart wirksam, daß sie im Fall der Abb. 10b einen hinreichenden Druckausgleich zwischen dem barometrischen Außendruck und dem Druck im Schiffsinnern bewirken, und dabei die zur Verdünnung des abgeblasenen Gases notwendige Luftmenge aufnehmen, so werden sie im allgemeinen auch den Anforderungen des Falles 10 c genügen. Es wird also der gefährliche äußere Überdruck im mittleren Teil des Schiffes, wie wir ihn oben für das durchsackende Schiff untersucht haben, gar nicht zustandekommen. Wir können daher unsere weiteren Betrachtungen vornehmlich auf den Fall 10 b beschränken. Die Nachrechnung der Öffnungen hat sich, wie weiter unten dargelegt, auch auf Fall 10 c zu erstrecken.

Es sind nun zunächst einige Überlegungen über die Lage der Öffnungen am Rumpf anzustellen, welche den gewünschten Druckausgleich ermöglichen. Die aufzunehmende Luft soll am unteren Teil des Schiffes möglichst gleichmäßig an allen Stellen zugeführt werden, damit einerseits alle Gasschächte, anderseits alle Hohlräume, die sich beim Schrumpfen der Zellen an deren Unterseite bilden, gut mit Luft versorgt werden. Der Gedanke, viele kleine, über die ganze Schiffslänge verteilte Öffnungen anzubringen, ist daher recht naheliegend, da auf diese Weise störende und unangenehme Zugwirkungen vermieden würden. Die Druckverteilung nach Abb. 10 b zeigt aber, daß dann die Luft am Bug und Heck eintreten und am mittleren Teil des Schiffes wieder austreten würde. Die letzteren Öffnungen müßten daher mit entsprechenden Auffangevorrichtungen versehen werden, welche die Geschwindigkeit der vorbeiströmenden Außenluft zur Überwindung des an ihrer Stelle herrschenden Unterdruckes ausnützen. Öffnungen am Bug, im Bereich des großen dynamischen Überdruckes sind unzweckmäßig. Die Regulierung des Druckes im Schiff bereitet bei diesen hohen Überdrücken Schwierigkeiten, und für den Strömungsverlauf um das Schiff ist es ungünstig, die Strömung gleich am Bug durch Anzapfungen zu stören.

Für die Lage der Öffnungen am Schiff sind auch noch andere Gesichtspunkte zu beachten. Zunächst ist die Funkengefahr durch den Auspuff der Motoren zu berücksichtigen. Normalerweise werden die glühenden Funken zwar durch den Propellerstrom fortgerissen und dadurch von der Außenhülle und event. Öffnungen ferngehalten. Trotzdem wäre es unverantwortlich, wenn man die Möglichkeit, daß durch einen Zufall doch einmal ein Funke aufgefangen werden könnte, völlig unbeachtet ließe. Öffnungen, die hinter den Motorgondeln folgen, sollten daher so hoch wie möglich an die Schiffseiten verlegt werden. Bei den Schütte-Lanz-Verkehrsprojekten sind nicht zuletzt aus diesem Grunde die Motorgondeln so weit wie möglich nach hinten verlegt worden. Ferner sollte am Heck, etwa von dem Bereich des Leitwerkes an, sogar jede Luftaufnahmeöffnung ver-

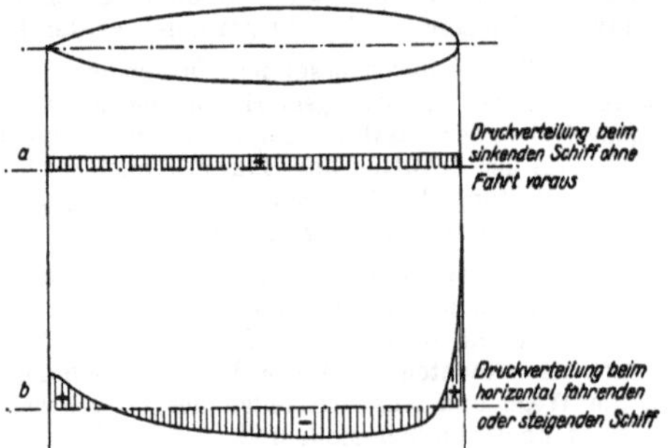

Abb. 10 a—c.

mieden werden, sowohl wegen der Funkengefahr, als auch wegen der Möglichkeit, daß zufällig irgendwelche an der Hülle entlang ziehenden Gasschwaden selbst in starker Verdünnung durch die Öffnungen wieder aufgenommen werden könnten.

Die am hinteren Teil des Schiffes liegenden Öffnungen mit oder ohne Auffangeinrichtungen werden in ihrer Wirkung außerdem durch den nach hinten immer dicker werdenden Mantel der durch Reibung mitgerissenen Luft stark beeinträchtigt, insbesondere auch deswegen, weil die Dicke dieses Mantels dauernden starken Schwankungen unterworfen ist. Die Öffnungen würden also in unkontrollierbarem Wechsel bald relativ nahezu ruhender, turbulenter Luft, bald dem scharfen Luftstrom ausgesetzt sein.

Die Notwendigkeit ausreichender Belüftungsöffnungen richtet das Augenmerk auch auf die Durchlässigkeit des Außenhüllenstoffes. Wäre der Stoff in allen Teilen gleichmäßig und sehr durchlässig, so würde, wie oben bei den zahlreichen über die ganze Schiffslänge verteilten Öffnungen, die Luft am Bug und Heck durch die Hülle eintreten und im mittleren Teil des Schiffes an den Unterdruckstellen wieder austreten. Der mit hohem Überdruck belastete Teil der Hülle ist verhältnismäßig klein, der mit Unterdruck belastete Teil ist größer, dafür aber der absolute Wert des Unterdruckes kleiner als der des Überdruckes. Der Druck im Schiff würde daher bei horizontaler Fahrt und sonst überall geschlossener Hülle nur sehr wenig oder gar nicht von dem äußeren Luftdruck abweichen. Bei früheren Schiffen bestand die Hülle meist aus nicht imprägniertem Baumwollstoff, der so durchlässig war, daß sich der Druckausgleich in dieser Weise vollzog. Man konnte dies bei diesen kleinen Schiffen auch ohne weiteres zulassen, weil ihre Geschwindigkeit noch klein und das Verhältnis der Oberfläche der Hülle zum Rauminhalt des Schiffes noch verhältnismäßig groß war. Bei geometrisch ähnlichen Schiffen wächst der Rauminhalt bekanntlich mit der 3. Potenz der linearen Abmessungen, die Oberfläche dagegen nur mit der 2. Potenz. Bei größeren Schiffen müßte die Hülle also dementsprechend durchlässiger sein. Reicht beispielsweise die Durchlässigkeit bei einem 35000 m^3-Schiff noch aus, so müßte sie bei einem 100000 m^3-Schiff den $\left(\frac{100\,000}{35\,000}\right)^{2/3} \sim 2$fachen Wert besitzen, um die gleiche Wirkung zu gewährleisten. Bei den neueren Schiffen gibt man der Hülle zwecks Verringerung des Luftreibungswiderstandes und um sie wasserdicht zu machen, einen mehrfachen Zellonanstrich, der sie für Luft praktisch undurchlässig macht. Auch bei nicht zellonierten Hüllen besteht bei Feuchtigkeit oder gar völliger Durchnässung die Gefahr zu großer Dichtigkeit.

Die in der Außenhülle vorhandenen Spalten und Ritzen, die von den Verschlußklappen der verschiedenen Schlaucheinführungsöffnungen, Ladelucken, Türen usw. oder schlecht verklebten Stellen herrühren, kommen wegen ihres geringen und unkontrollierbaren Querschnittes nicht in Betracht.

Alle diese Betrachtungen zeigen, daß bezüglich der Lage der Belüftungsöffnungen am Schiff zahlreiche Überlegungen angestellt werden müssen. Als praktisch brauchbar wird man im allgemeinen nur einige größere Öffnungen vorne in dem Bereich, in dem die dynamische Druckkurve durch 0 geht und von da ab nach hinten, bis in den Bereich der Motorgondeln, eine Anzahl kleinerer, event. mit Auffangeinrichtungen (z. B. Hutzen) versehene Öffnungen zulassen. Diese hinteren Öffnungen versorgen das Schiff dann ganz automatisch mit Luft, sowohl zur Verdünnung des abgeblasenen Gases beim Steigen als auch beim Sinken des Schiffes. Die vorderen größeren Öffnungen unterstützen die hinteren Öffnungen, sobald der Druckausgleich durch letztere nicht genügend ist.

Für die Wirkung der Öffnungen spielt außer dem Druckunterschied zwischen der Innen- und Außenseite die Relativgeschwindigkeit der Luft gegen das Schiff eine ausschlaggebende Rolle. Handelt es sich z. B. um eine einfache Öffnung in der Hülle, so erhält man die Einströmgeschwindigkeit durch geometrische Addition der Relativgeschwindigkeit und der einfachen Einströmgeschwindigkeit unter dem äußeren Überdruck, wie in Abb. 11 dargestellt ist. Hierin ist AB die Lufteinlaßöffnung, v_2 die Relativgeschwindigkeit parallel zur Außenhülle, v_1 die Geschwindigkeit aus dem Überdruck senkrecht zur Öffnung. Da v_1 und v_2 aufeinander senkrecht stehen, ergibt sich die resultierende Geschwindigkeit nach Größe und Richtung durch einfache geometrische Addition. Als Einströmöffnung für die so ermittelte Geschwindigkeit v kommt nicht der volle Querschnitt AB, sondern nur dessen Projektion F in Richtung von v in Betracht, der ferner noch durch einen von der Konstruktion und Form der Öffnung abhängigen Kontraktionskoeffizienten auf F' ($F' = 0{,}6$ bis $0{,}7\,F$) zu verkleinern ist. Das einströmende Volumen ist von der Geschwindigkeit v_2 nahezu unabhängig und ergibt sich lediglich aus dem wirksamen Überdruck mit der Geschwindigkeit v_1 und der Größe und Beschaffenheit der Öffnung.

Bei den Öffnungen mit Auffangeinrichtungen, sog. Auffangehutzen, hängt die Eintrittsgeschwindigkeit in das Schiff natürlich sehr von der Querschnittsausbildung der Ein- und Austrittsseite und der Stromführung in der Hutze ab. Die Endgeschwindigkeit errechnet sich aus der Summe der Geschwindigkeitshöhen der obigen Geschwindigkeiten v_1 und v_2 weniger den Widerstandshöhen in der Hutze. Bei überall gleichbleibendem Querschnitt der Strömung in der Hutze gilt also allgemein die Formel:

$$v = \sqrt{\frac{v_1^2 + v_2^2}{1 + \Sigma\zeta}}$$

worin $\Sigma\zeta$ die Summe der Widerstandszahlen bedeutet. Das einströmende Volumen ist hier also auch abhängig von der Relativgeschwindigkeit v_2.

Im Zusammenhang mit den Belüftungseinrichtungen sind naturgemäß auch die Einrichtungen der Gasabführung zu untersuchen, da diese ebenfalls Öffnungen in der Hülle besitzen, durch welche der Druck auf das Schiffsinnere einwirken kann. Im besonderen sollen sich unsere Betrachtungen dabei auf die Gasschächte der Schütte-Lanz-Bauweise erstrecken. Die Konstruktion derselben ist, wie bereits weiter oben berührt, in Abb. 22 und 23 des Artikels von Dr. Rühl S. 20 Tafel I wiedergegeben.

Der Schacht mündet oben in eine Hutze, welche außer der besseren Gasableitung auch den Zweck hat, das Eindringen von Regen und Schnee zu verhüten. Die Saugwirkung dieser Hutzen ist bei weitem nicht so groß, wie vielfach angenommen wird. Ihre Hauptwirkung besteht vielmehr darin, daß sie durch ihre Volumenverdrängung in der vorbeistreichenden Außenluft dem auszustoßenden Gasluftstrom Platz schaffen. Bei ihrem Nichtvorhandensein würde der Gasstrom beim Austritt aus den Schächten einen Ausströmwiderstand vorfinden. Ihre Wirkung ist also etwa die gleiche, wie die bei einem freistehenden Schornstein, dessen Mündung durch die vorbeiströmende Luft kappenartig überdeckt wird, so daß der Rauch ungehindert austreten kann. Die Hutzen erzeugen also nicht in dem Maße Unterdruck an der Mündung des Schachtes, wie oft angenommen wird. Je nach der Lage der Schachtmündung am Schiffsrumpf wird daher der dynamische Druck, der sich aus der Kurve der Abb. 10b oder 10c ergibt, auf sie direkt einwirken, im mittleren Teil also ein größerer äußerer Unterdruck als nach den Enden zu. An den Teilen des Schiffes, an denen starker äußerer Überdruck vorhanden ist, dürfen naturgemäß keine Gasschächte angeordnet werden, weil in diesen ein Rückstrom eintreten würde. Man sieht hier auch, wie wichtig es ist, die Belüftungsöffnungen so zu dimensionieren, daß der im Schiffsinnern sich einstellende Druck mindestens den barometrischen Außendruck erreichen soll, um an den Hutzen möglichst hohen Unterdruck zu erhalten.

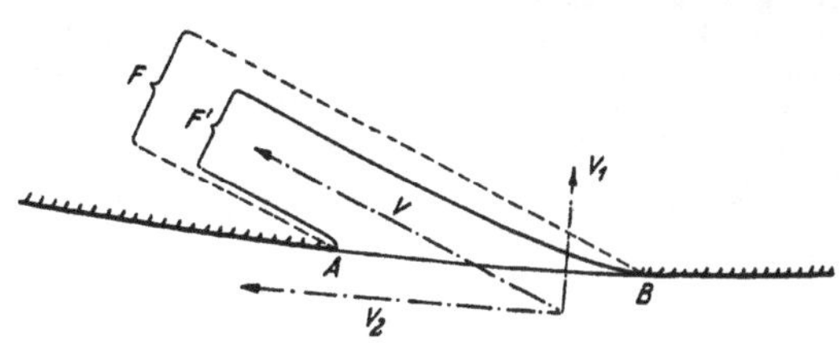

Abb. 11.

Die Vermutung, daß sich dieser Unterdruck durch die Schächte in das Schiffsinnere fortpflanzt, trifft nicht zu, weil der Strömungswiderstand in den Schächten infolge Reibung, Umlenkung und Beschleunigung am Eintritt viel zu groß ist, und weil die abgesaugte Luft durch die Belüftungseinrichtung sogleich wieder ersetzt wird. Infolge des hohen Schachtwiderstandes und infolge des höheren Druckes an den Schiffsenden sind die nach hier zu gelegenen Schächte auch weniger wirksam. Dafür ist hier, entsprechend den kleiner werdenden Gaszellen auch nur eine geringere Menge Gas abzuführen. Sobald die Gasschächte Gasgemisch enthalten, ist die Zugwirkung in ihnen naturgemäß größer infolge der durch das spezifische Gewicht des Gasgemisches bedingten Druckdifferenz an den Enden des Schachtes.

Schließlich sind noch einige Betrachtungen über die aufzunehmende Luftmenge beim Sinken des Schiffes und den damit verbundenen Schrumpfvorgang der Zellen anzustellen. Die Änderung des Gasvolumens erfolgt nach dem bekannten Gesetz von Mariotte und Gay-Lussac:

$$\frac{p_0 \cdot V_0}{T_0} = \frac{p_1 \cdot V_1}{T_1}.$$

Der beim Sinken zunehmende äußere Luftdruck bewirkt die Kompression des Traggases. Die dadurch steigende Temperatur des Gases vergrößert jedoch das Volumen wieder etwas. Für die Praxis genügt es, wenn man bei diesen Rechnungen die Temperaturänderung des Gases gleich der der umgebenden Luft setzt, also pro 100 m Höhenänderung eine Temperaturzunahme im Innern des Schiffes von 0,5° annimmt, entsprechend dem Wert der bei den barometrischen Druckkurven meist zugrunde gelegt wird. Bei genauen Rechnungen muß man sich vergegenwärtigen, daß die Zustandsänderung bei der Kompression des Gases, insbesondere bei großer Sinkgeschwindigkeit nahezu adiabatisch erfolgt, da ein nennenswerter Austausch der Wärme zwischen Schiffsinnern und umgebender Luft während der kurzen Zeit des Vorganges nicht stattfindet. Die Temperaturzunahme pro 100 m ist in diesem Falle etwa 1° und die Schrumpfung dementsprechend etwas geringer. Mit Rücksicht auf die starken Schwankungen der Temperaturzunahme pro 100 m in der freien Atmosphäre, besonders in den unteren Luftschichten, und den nach und nach erfolgenden Temperaturausgleich zwischen Schiffsinnern und Außenluft, kann man die Ungenauigkeit ohne Bedenken in Kauf nehmen, es sei denn, daß man einen ganz bestimmten Fall nachrechnen will. Mit obigem Wert für die Temperaturänderung und aus der barometrischen Höhenkurve ergibt das Mariotte-Gay-Lussacsche Gesetz die einfache, hinreichend genaue Regel, daß man unabhängig von der absoluten Höhe für je 100 m Höhenverlust eine Abnahme des Volumens um 1 vH annehmen darf. Da ferner die Gesetze für Wasserstoff, Helium und Luft in gleicher Weise gelten, so kann man die Volumenregel auf das ganze unter der Außenhülle enthaltene Volumen anwenden ohne Rücksichtnahme auf den Füllungszustand des Schiffes.

Der Höhenverlust des Schiffes kann dadurch zustandekommen, daß das Schiff in sog. »schwerem« Zustand, ohne oder mit Fahrt voraus, auf ebenem Kiel durchsackt, oder dadurch, daß es in »ausgewogenem «Zustand, bei Fahrt voraus, den Bug nach unten neigt und so in der Verlängerung seiner Längsachsenrichtung abwärts fährt. Schließlich kann das Durchsacken und Abwärtsfahren mit geneigtem Kiel gleichzeitig eintreten. Der Fall, daß das Schiff mit aufwärts gerichtetem Kiel in »schwerem« Zustand an Höhe verliert, hat für die vorliegenden Betrachtungen geringere Bedeutung und soll daher nicht weiter behandelt werden.

Mit Rücksicht auf die Passagiere wird man eine Schräglage von mehr als etwa 10° tunlichst vermeiden. Nimmt man eine Eigengeschwindigkeit des Schiffes von 100 km/h und ausgewogenen Zustand an, so ergibt sich bei 10° Neigung eine vertikale Sinkgeschwindigkeit von etwa 5 ms. Dieser Betrag ist für den Bedarf einer sicheren Navigierung ausreichend.

Für das Durchsacken des Schiffes in horizontaler Lage ist die Differenz zwischen Schiffsgewicht und Auftrieb des Gases einerseits, sowie der Luftwiderstand beim Sinken des Schiffes in vertikaler Richtung andererseits maßgebend. Dieser Widerstand läßt sich mit hinreichender Genauigkeit an Hand von Erfahrungswerten mit ausgeführten Schiffen bestimmen nach der bekannten Widerstandsgleichung:

$$W = \psi \cdot \mu \cdot F \cdot v^2$$

oder

$$v = \sqrt{\frac{W}{\psi \cdot \mu \cdot F}}.$$

Hierin ist:

W = Luftwiderstand senkrecht zur Schiffslängsachse.

F = Projektionsfläche des Schiffes und aller Anhängsel in senkrechter Richtung zur Schiffslängsachse genommen.

ψ = Widerstandszahl.

$\mu = \frac{\text{spez. Gewicht der Luft}}{\text{Erdbeschleunigung}} = \frac{\gamma}{g}$.

v = vertikale Sinkgeschwindigkeit.

Im Beharrungszustand ist der Widerstand W gleich der Differenz zwischen Schiffsgewicht und dem Auftrieb des Gases, dem »Übergewicht« des Schiffes. Ist letzteres bekannt, so läßt sich die Sinkgeschwindigkeit also berechnen. Bei Passagierschiffen kann man das Übergewicht im ungünstigen Fall etwa zu maximal 10 vH des jeweiligen Schiffsgewichtes annehmen. Ein Schiff von 100000 m³ würde z. B. auf ebenem Kiel bei Prallfüllung in 400 m Höhe alsdann eine Sinkgeschwindigkeit von etwa 6 ms annehmen.

Aus der Formel erkennt man ferner, daß die Sinkgeschwindigkeit umgekehrt proportional der Wurzel der Luftdichte ist. Hat nun ein Luftschiff z. B. durch Gasverlust ein bestimmtes Übergewicht angenommen und sinkt infolgedessen, so bleibt nach bekannten Ballonregeln die absolute Größe dieses Übergewichtes beim Sinken konstant, abgesehen von Gewichtsverminderungen durch Brennstoffverbrauch, Ballastabgabe u. dgl. m. Mit abnehmender Höhe wird demzufolge auch die Sinkgeschwindigkeit des Schiffes umgekehrt proportional der Wurzel der Luftdichte abnehmen.

Die bisherigen Betrachtungen hatten zur Voraussetzung, daß das Schiff in horizontaler Lage sinkt. Ohne großen Fehler kann die Sinkgeschwindigkeit dabei unabhängig von der Geschwindigkeit in der Längsachsenrichtung angenommen werden. Fährt das Schiff nun mit geneigtem Kiel abwärts, so wirkt das Übergewicht G nicht mehr senkrecht zur Längsachse, wie Abb. 12 veranschaulicht. Befindet sich das Schiff im Beharrungszustand, so muß der Kraft G die gleich große Luftwiderstandskraft W entgegenwirken. Diese zerlegt man zweckmäßig in die Widerstandskraft W_1 senkrecht zur Schiffsachse und W_2 parallel zur Schiffsachse; demgemäß zerfällt auch G in die beiden entsprechend gleich großen Komponenten G_1 und G_2, senkrecht bzw. parallel zur Schiffsachse. Die Komponente G_1 erzeugt die Bewegung senkrecht zur Achse, wie wir sie bei dem Schiff auf ebenem Kiel betrachtet haben, und die Komponente G_2 erteilt dem Schiff eine Geschwindigkeit in Achsenrichtung bzw. vermehrt dieselbe, wenn die Propeller arbeiten. Da der Frontwiderstand des Schiffes gegenüber dem Widerstand senkrecht zur Achse — im Falle gleicher Geschwindigkeiten — sehr klein ist (im Mittel ca. 1/75—1/100), so beträgt schon bei einem Neigungswinkel von 10° die Geschwindigkeit in Achsenrichtung das Mehrfache der Geschwindigkeit senkrecht dazu, trotzdem die Komponente G_2 nur klein ist gegenüber G_1. Die Geschwindigkeit in Achsenrichtung hat der Führer durch Ändern der Schiffsneigung und den Gang der Motoren natürlich ganz in der Hand.

Die vertikale Fortschrittsgeschwindigkeit aus der Bewegung in der Längsachsenrichtung und die Durchsackgeschwindigkeit addieren sich und ergeben zusammen die Sinkgeschwindigkeit, welche für die Belüftungseinrichtungen zugrunde zu legen ist. Mit hinreichender Genauigkeit kann man dabei bei Neigungswinkeln bis zu 10° die Geschwindigkeit infolge der Kraft G_1 auch in vertikaler Richtung annehmen. Für unser Beispiel erhalten wir demnach bei 10° Neigung und einem Übergewicht von etwa 10 vH in 400 m Höhe eine größte Sinkgeschwindigkeit von 5 + 6 = 11 ms. Eine genaue Berechnung des Bewegungsvorganges und der Geschwindigkeiten läßt sich allgemein nicht durchführen, da die Betriebszustände eines Luftschiffes zu verschiedener Natur sein können. Auch zeigen verschiedene Luftschifftypen mit den ihnen eigenen Widerstandsbeiwerten ein ganz verschiedenes Verhalten.

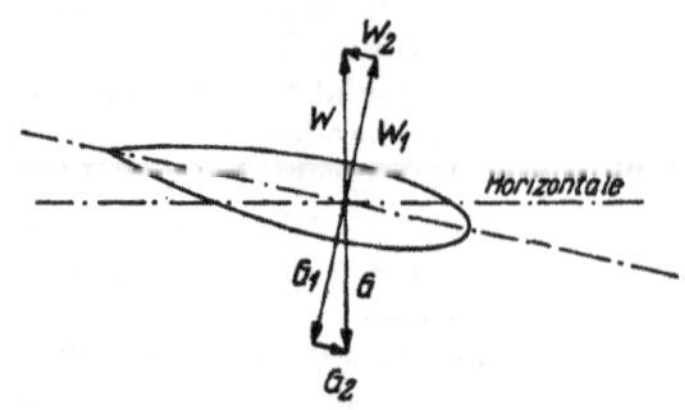

Abb. 12.

Eine Sinkgeschwindigkeit von 11 ms erscheint für den Luftschiffbetrieb reichlich hoch und wird in praxi normalerweise nie vorkommen, weil man bei einem 10 vH schweren Schiff niemals absichtlich mit abwärts geneigtem Kiel fahren wird. Es empfiehlt sich aber dennoch, einen so hohen Wert bei der Bemessung der Belüftungsanlage zugrunde zu legen, zumal die notwendigen Einrichtungen keine bemerkenswerte Einbuße an Tragvermögen oder andere Nachteile mit sich bringen. Durch irgendeinen bösen Zufall können solche Werte gelegentlich doch einmal erreicht werden. Es wäre z. B. denkbar, daß bei einem schweren, kopflastigen Schiff, das sich in schneller Fahrt voraus mit Bug etwas aufwärts dynamisch noch gut halten kann, infolge irgendeines Versehens Ballast am Heck anstatt am Bug gegeben wird. Der Höhensteuermann ist auf die gegenteilige Ballastwirkung gefaßt, und es gelingt ihm daher nicht schnell genug, die plötzlich einsetzende, nach unten gerichtete Drehbewegung des Schiffes abzufangen, so daß dieses in bedenklichen Kopfstand gerät und in rapide Steilfahrt abwärts übergeht.

Zum Schluß soll noch eine kurze Untersuchung über den Einfluß der Höhenlage auf die beim Sinken des Schiffes einströmende Luftmenge angestellt werden. Dies ist insbesonders notwendig für den Fall, daß die unterstützende Wirkung der Relativgeschwindigkeit des Fahrtwindes, wie wir sie bei den Öffnungen mit Auffangeeinrichtungen kennengelernt haben, in Wegfall kommt, da dann nur noch der äußere Überdruck allein die aufgenommene Luftmenge bestimmt. Das sekundlich einströmende Volumen berechnet sich in diesem Fall nach der bekannten Ausflußformel:

$$V = \mu \cdot F \cdot v = \mu \cdot F \cdot \sqrt{2g\frac{P}{\gamma}}$$

worin bedeuten:

V = Volumen pro Sekunde.

F = Querschnitt der Öffnung.

v = Lufteintrittsgeschwindigkeit (entsprechend der Geschwindigkeit v_1 auf S. 69).

μ = ein Kontraktionskoeffizient.

P = der wirksame Überdruck in kg/m².

γ = spez. Gewicht der Luft in kg/m³.

Stehen die verschiedenen Öffnungen unter verschiedenem Überdruck, so sind sie auch getrennt zu berechnen.

Nimmt man nun den Überdruck an den Öffnungen für alle Höhenlagen gleichbleibend an, so ergibt die Formel, daß die Einströmgeschwindigkeit und damit auch das sekundlich einströmende Volumen in verschiedenen Höhen umgekehrt proportional der entsprechenden Luftdichte ist. Da aber, wie weiter oben gezeigt wurde, das aufzunehmende Luftvolumen für z. B. 100 m Höhendifferenz von der Höhenlage unabhängig ist, so folgt, daß das Schiff den gleichen Höhenunterschied in tieferen Lagen langsamer durchfallen muß als in höheren Lagen, wenn in beiden Fällen der gleiche äußere Überdruck vorhanden sein soll. Die Forderung mit der Höhe abnehmender Sinkgeschwindigkeit wird aber von einem schweren und durchsackenden Schiff, wie oben dargetan, von selbst erfüllt.

Besondere Merkmale der S.L.-Projekte der Nachkriegszeit.

Sofort nach dem Kriege begann der Luftschiffbau Schütte-Lanz durch Fühlungnahme mit amerikanischen Interessenkreisen sich mit den Fragen der Verkehrsluftschiffahrt auf intensivste zu beschäftigen. Bereits während des Krieges, und zwar im September 1916, ist auf Veranlassung des Auswärtigen Amtes der damalige amerikanische Kriegsberichterstatter, jetzige Vertreter der Hearst-Presse, Herr Karl von Wiegand aus New York, mit Herrn Geh. Reg.-Rat Professor Dr. Ing. e. h. Johann Schütte und dem Luftschiffbau Schütte-Lanz in einen Gedankenaustausch über die technischen Möglichkeiten eines Luftschiffverkehrs mit und in Amerika bzw. der Überquerung der Ozeane eingetreten. Diese ersten Pläne basierten, wie nicht anders zu erwarten ist, unmittelbar auf den Entwürfen und Konstruktionszeichnungen der letzten Kriegsschiffe, die man zu Verkehrszwecken zurecht zu machen versuchte. Die weitere Beschäftigung mit diesen Dingen brachte den Luftschiffbau Schütte-Lanz aber bald zu der Überzeugung, daß dieser Weg nicht zum Ziele führen könne und eine teilweise ganz neue Richtung eingeschlagen werden müßte. Man unterschied infolgedessen genau wie im Seeschiffbau zwischen ausgesprochenen Kriegs- und Verkehrsluftschiffen. Die Entwicklung des Verkehrsluftschifftyps zeigt zwar nirgends einen plötzlichen oder gar unerwarteten Aufstieg, aber dennoch ist sie in weit höherem Maße vorhanden, als selbst in Kreisen der Luftfahrt angenommen wird.

Die Unterschiede zwischen den ehemaligen Kriegs- und Verkehrsluftschiffen sind in erster Linie bedingt durch die grundverschiedenen Aufgaben, welche die beiden Schiffsgattungen zu erfüllen in der Lage sein müssen. Bei den Kriegsschiffen war bekanntlich das Erreichen von großen Höhen eine der Hauptbedingungen, ohne deren Erfüllung das Schiff wegen der immer stärker werdenden und höher hinauf reichenden feindlichen Abwehr schließlich ganz unbrauchbar wurde. Bei den Verkehrsschiffen kommt diese Aufgabe fast ganz in Fortfall. Um den Kriegsschiffen die große Steigfähigkeit zu geben, war eine geradezu übertrieben erscheinende Gewichtsersparnis notwendig, die sich auch auf den allerkleinsten Bauteil bezog. Bei allen Einrichtungen und Ausrüstungen beschränkte man sich auf das allernotwendigste Maß; an Stelle einer Vervollkommnung derselben mit zunehmender Schiffsgröße trat teilweise deren gänzlicher Fortfall. Vor allem aber ging man auf stetes Drängen von Schütte an Hand hochverfeinerter Berechnungsmethoden für das Gerippe, deren Durcharbeitung der Luftschiffbau Schütte-Lanz seinen Statikern, dem damaligen Oberingenieur Dr. Rühl sowie den Diplom-Ingenieuren Rein und Gentzke zu verdanken hatte, mit dem Sicherheitsgrad der Gerippekonstruktion bis an die alleräußerste Grenze des Zulässigen für Hauptkonstruktionsteile herunter. So wurde mit den Kriegsschiffen eine Art Höhenleistungszucht getrieben, die zwar außerordentlich befruchtend gewirkt hat, aber der Entwicklung der Starrluftschifftechnik eine Richtung gab, die sie in Friedenszeiten niemals eingeschlagen hätte.

Die Folge war, daß mit solchen »Höhenleistungsschiffen« sehr vorsichtig manövriert werden mußte, und daß sie einer sehr sorgfältigen Pflege bedurften. Die Kriegsschiffe mußten infolge ihrer Empfindlichkeit beim Antritt ihrer Fahrten auch entsprechende Rücksicht auf die meteorologischen Verhältnisse nehmen, ganz besonders beim Aus- und Einhallen. Nach einer Fahrt hatten sie schließlich verhältnismäßig lange Liegezeiten, um überholt werden zu können. Die Kostenfrage trat hierbei stark zurück.

Ein Passagier- und Transportluftschiff, das man auf derartigen Grundlagen bauen wollte, würde natürlich früher oder später zu einem Fehlschlag führen. Die einfachsten Wirtschaftlichkeitsrechnungen haben zur Voraussetzung, daß die Verkehrsluftschiffe, genau wie man es von der Seeschiffahrt her kennt, wochenlang, ja monatelang ununterbrochen und regelmäßig ihren Dienst tun und während ihrer Dienstperiode nur ganz kurze Liegezeiten haben, ohne dabei eine Halle aufzusuchen. Es ist daher ohne weiteres einleuchtend, daß hier zunächst weit höhere Sicherheitsgrade und Reserven allein schon bei dem rein konstruktiven Aufbau aller Einzelteile angewendet werden müssen. Aber auch in der Sicherheit, welche der Fahrbetrieb an und für sich verlangt, muß und kann bei den Verkehrsluftschiffen erheblich weiter gegangen werden. Die Möglichkeit dazu ergibt sich nicht zuletzt aus der Regelmäßigkeit, mit welcher eine Luftschifflinie gefahren wird. Für den Betrieb besteht hier ein scharfer Gegensatz zu den Kriegsschiffen. Bei den Fahrten dieser Schiffe handelte es sich fast niemals um einen regelmäßigen Verkehr nach bestimmtem ausprobiertem Programm, sondern fast jede Fahrt hatte ein neues Ziel, bei dem man nie genau voraussehen konnte, welche Anforderungen unterwegs an die Leistungsfähigkeit der Schiffe herantreten würden. In diesem Sinne wurden die Fahrten zu einem gewohnheitsmäßigen Probieren.

Um an Gewicht für schwere, verspannte Hauptringe, Zellenböden usw. zu sparen, machte man bei Kriegsschiffen die Zellenlänge so groß, wie es einerseits eine noch günstige Ausgestaltung des Gerippes zuließ und es anderseits noch möglich war, unter Zuhilfenahme der letzten Reserven in kritischen Fällen, wie Leerlaufen einer Zelle, das Schiff noch zu halten. Unter anderem benutzte man z. B. das Personal an Bord, soweit es frei war, zum Trimmen. Bei Passagierschiffen stellen aber im Falle des Leerlaufens einer Zelle insbesondere im Bereich der Passagiergondel, gerade die Passagiere die kritische Ladung dar, da man mit ihnen nicht so umgehen kann, wie etwa mit der Besatzung eines Kriegsschiffes. Auch das Von-Bord-Geben der hochwertigen Post wird man nach Möglichkeit vermeiden müssen. Abgesehen von der Verwendung stärkeren Materials für die Zellen wird man daher im Interesse der Sicherheit eine weitgehendere Unterteilung des Gasraumes vornehmen, als es bei Kriegsschiffen üblich war.

Die eingehende Beschäftigung mit diesen Fragen hat den Luftschiffbau Schütte-Lanz schließlich dazu gebracht, zur Beurteilung der Schwimmfähigkeit der Luftschiffe Zellen-Schottkurven aufzustellen, durch welche die Größe der einzelnen Zellen festgelegt wurde. Diese Kurven sind den im Schiffbau allgemein bekannten Schottkurven entlehnt und werden auch in ähnlicher Weise gebraucht. Ein Beispiel mit Abbildungen hierzu befindet sich in dem Abschnitt über den Entwurf der Schütte-Lanz-Luftschiffe auf S. 41 dieses Buches.

Ergänzend dazu soll hier nur noch der Einfluß der Höhenlage des Schiffes und dessen Füllungszustand auf die Zellenteilung einer kurzen Betrachtung unterzogen werden. Handelt es sich um ein in den verschiedenen Höhenlagen stets pralles und vor dem Leckwerden ausgewogenes Schiff, so ist beim Leerlaufen einer bestimmten Zelle der prozentuale Auftriebsverlust in allen Fällen der gleiche (abgesehen von Einflüssen durch Änderung von Temperatur, Feuchtigkeitsgehalt der Luft und Barometerstand), der absolute Auftriebsverlust dagegen entsprechend der Dichte der Luft in großer Höhe kleiner als in geringer Höhe. In gleicher Weise nimmt auch das dynamische Hubvermögen, das zur Paralysierung des Auftriebsverlustes benützt werden kann, nach unten proportional der Luftdichte zu.

Sinkt aber das in großer Höhe leck gewordene Schiff tiefer, so bleibt der absolute Wert des Auftriebsverlustes konstant, während das in dem dynamischen Hubvermögen enthaltene Gegenmittel mit dem Tiefergehen des Schiffes zunimmt. Es folgt daraus, daß Schiffe, die meist in großer Höhe fahren, wie beispielsweise die Kriegsschiffe, bei annähernd gleicher Sicherheit für die Landung etwas größere Zellenlängen aufweisen dürfen als Schiffe, die nur tief fahren sollen und brauchen, wie die Verkehrsschiffe.

Beim Tiefergehen eines Schiffes schrumpfen bekanntlich die Zellen zusammen, man sagt, die Füllung des Schiffes wird kleiner. Je größer die durchfallene Höhe ist, um so größer ist auch die Abnahme der Füllung. Anderseits kann man die in Erdnähe zur Verfügung stehende dynamische Hubkraft als eine ziemlich konstante Größe ansehen. Bei Nachprüfung der Zellenteilung für Leckrechnungen eines hochfahrenden Schiffes bezieht man sich daher zweckmäßig auf den Füllungszustand des Schiffes in Erdnähe. Man hat dabei den Vorteil, die Rechnungen für ein nur teilweise gefülltes, in geringer Höhe fahrendes Schiff mit zu erfassen.

Die nach diesen Gesichtspunkten zulässige Vergrößerung der Zellen hat der Luftschiffbau Schütte-Lanz in der Weise berücksichtigt, daß, wieder anlehnend an den Schiffbau, entweder ein Faktor benutzt wird, der etwa der sog. Flutbarkeit bei Leckrechnungen entspricht oder indem er ein Verfahren ähnlich dem verschiedener Schottkurven für verschiedene Tiefladelinien anwandte.

Die bislang meist geübte Methode, die Zellen alle gleich lang zu machen, hatte dort eine Berechtigung, wo ein längeres zylindrisches Mittelschiff verwendet wurde, weil sich hier nicht zu unterschätzende Vorteile bei der Fabrikation und Montage der gleich langen Trägerstücke sowohl für die Ringe wie Längsträger, genau wie im Schiffbau, ergaben. Bei der jetzt allgemein üblich gewordenen, stetig gekrümmten Meridianlinie der Schiffe, wie beim »Schütte-Lanz 1« entfällt dieser Vorteil, weil die Längen der Träger von Abteilung zu Abteilung verschieden ausfallen. Man kann also die einzelnen Zellen ohne Nachteil in verschiedenen Längen ausführen.

Einen bedeutenden Schritt in der Entwicklung der Schiffe

stellt ferner die Schaffung neuer Landungs- und Verankerungsmöglichkeiten dar. Im Kriege wurden bekanntlich hierzu große Landungstrupps von mehreren hundert Mann bereitgehalten. Bei einem Luftschiffverkehr, der auf Wirtschaftlichkeit eingestellt werden muß, kann vom Gebrauch dieser Methode natürlich keine Rede sein; sie erweist sich aber auch wegen der unzulänglichen Sicherheit für den Betrieb als gänzlich unbrauchbar. Oft kam es vor, daß die Schiffe nach der Rückkehr infolge seitlich auf die Halle stehenden Windes nicht eingehallt werden konnten. Wenn kein anderer günstigerer Hafen gerade zur Verfügung stand, ergaben sich mitunter die peinlichsten Situationen. Man wartete z. B. ab, bis der Wind zufällig einmal etwas nachließ, um das Schiff dann im Laufschritt in die Halle zu bringen. Durch Verwendung von Drehhallen konnte diese Schwierigkeit zwar gemildert werden, aber es gab deren noch viele andere, die mit wachsender Schiffsgröße stets größer wurden.

Die Verlustziffer der deutschen Luftschiffe, die durch den Hallenbetrieb entstanden ist, beweist dies am deutlichsten. Von im ganzen 132 deutschen Starrluftschiffen sind etwa 48 durch direkten feindlichen Eingriff zerstört worden. Von den restlichen 84 sind etwa 40 Schiffe bei Landungsmanövern, vor Verankerung oder irgendwie in Verbindung mit dem Erdboden oder der Halle zugrunde gegangen. Diese Unglücksfälle hätten sich durch entsprechende Verstärkung der Konstruktion teilweise vermeiden lassen, aber wegen der geforderten Höhenleistung der Schiffe mußte an Baugewicht gespart werden und eine weitgehendere Rücksichtnahme von vornherein entfallen.

Die zahlreichen Versuche der Engländer und Amerikaner mit der Verankerung der Schiffe am Mast haben sich den in Deutschland gebräuchlichen Methoden weit überlegen gezeigt und dürften für einen regelmäßigen Verkehr auch die einzig brauchbare Lösung darstellen. Darum hat sich der Luftschiffbau Schütte-Lanz auch die Entwicklung der dazu notwendigen Einrichtungen besonders angelegen sein lassen.

Ein besonderes Problem der Schiffsentwurfstätigkeit war dabei die Beherrschung der Kräfte im Verankerungspunkt, die als konzentrierte Lasten zu betrachten sind und im Verhältnis zu den bisher im Luftschiffbau bekannten Einzellasten als außerordentlich groß bezeichnet werden müssen. Es sei dabei besonders hervorgehoben, daß die Kraft an der Verankerung der Spitze fast in jeder beliebigen Richtung wirken kann, und daß die Größtwerte ihrer Komponenten nicht in Richtung der Schiffsachse, sondern senkrecht dazu einzusetzen sind. Dies rührt einmal daher, daß beim Schralen des Windes das Schiff geraume Zeit gebraucht, um sich entsprechend einzustellen und währenddessen seitlich angeblasen wird. Der »Schiffswiderstand« in seitlicher Richtung ist aber etwa 75 bis 100 mal größer als in axialer Richtung; und als zweite Ursache ist hervorzuheben, daß auch bei ganz stetigem Wind die aerodynamischen Kräfte am Schiff sich so verteilen, daß das Schiff sich durchaus nicht etwa wie eine gute Wetterfahne genau in Windrichtung einstellt, sondern im Beharrungszustand einen gewissen Neigungswinkel seiner Achse dazu einnimmt. Die resultierende Luftkraft geht in diesem Fall natürlich gerade durch den Verankerungspunkt, und deren seitliche Komponente kann den mehrfachen Betrag der Komponente in Achsenrichtung des Schiffes annehmen und bei starkem Wind oder gar Sturm außerordentlich hohe Werte erreichen.

Diese großen Kräfte im Verein mit dem Bestreben, mit möglichst geringen Baugewichten auszukommen, führten dazu, krummlinige Längsträger am Schiffsbug, wie sie die bisherige Kalottenkonstruktion mit sich brachte, zu vermeiden. So kam man dazu, dem Schiffe vorne wieder eine wirkliche Spitze zu geben, wie sie viele uralte Projekte schon hatten. Es hat sich dabei übrigens herausgestellt, daß man auch bei scharfer vorderer Zuspitzung für die Meridiankurve des Schiffes eine Form finden kann, welche der bei kalottenartiger Ausführung des Bugs nicht nachsteht. Die scharfe Spitze hat außerdem den praktischen Vorteil, daß eine Berührung des Schiffsbugs mit dem Turm beim Landungsmanöver leichter vermieden wird.

Die Mastverankerung stellte nun für das Von- und An-Bordgehen der Passagiere und der Fracht ganz neue Aufgaben, für welche der Schütte-Lanz-Luftschiffbau ebenfalls eine besondere Lösung ausgearbeitet hat. Der Verkehr geht hierbei nicht durch die in der Nähe des Verankerungspunktes gelegene Pforte, sondern über ein Fallreep mit Brücke in Leistkonstruktion, welche den Passagieren gestattet, auf nahezu horizontalem Wege vom Deck in den Fahrstuhlraum des Mastes zu gelangen.

Die Brücke mit Fallreepgang wird, wie Abb. 13 zeigt, vom Turm aus maschinell aufgeklappt. Der Mechanismus ist im übrigen so ausgeführt, daß er den Bewegungen des schwojenden und sich leicht hebenden und senkenden Schiffes spielend folgen kann, ohne das Schiff nennenswert dabei zu belasten. Um die Löschzeit herabzusetzen, ist das Fallreep nebst Brücke ferner in zwei Etagen gebaut, indem, wie in Abb. 13 zu erkennen ist, die untere ganz eingedeckte Etage dem Personenverkehr und die darüberliegende mit besonderen Schnelltransporteinrichtungen ausgerüstete Etage für den Frachtverkehr dient. Gas-, Ballast-, Brennstoff- und Stromzuführung erfolgt durch besondere Anschlüsse in der Nähe des Verankerungspunktes. Leicht bedienbare Reguliereinrichtungen hierzu ermöglichen es, den Trimm- und Schwebezustand des Schiffes, insbesondere beim Laden und Löschen, genau einzuhalten.

Andere erhebliche Fortschritte sind ferner auf dem Gebiete des Leitwerks festzustellen. Früher waren die Flächen am Heck scharf getrennt in sog. Stabilisierungs- und Ruderflächen. Beide wurden als fast völlig ebene Gebilde nur in der Dicke der zu ihrem Aufbau erforderlichen Träger hergestellt. Durch zahlreiche Abspanndrähte wurden diese Flächen in ihrer Lage zum Schiffsrumpf festgehalten. Die Hauptschwierigkeiten bestanden darin, mit einem möglichst geringen Baugewicht auszukommen, und diese Forderung gab den Flächen das Gepräge.

Bei den neuen Schütte-Lanz-Projekten, insbesondere bei jenen mit höheren Geschwindigkeiten, sind dagegen die aerodynamischen Gesichtspunkte mehr in den Vordergrund gerückt. Ruder- und Stabilisierungsflächen sind nicht mehr scharf voneinander getrennt, sondern wirken mehr organisch zusammen, wie auch die nach und nach eingebürgerte, dem Flugzeugbau entnommene Bezeichnung »Leitwerk« zu erkennen gibt. Ermöglicht wurde diese Bauweise vor allem dadurch, daß die sog. Balanceflächen der Ruder ganz aufgegeben wurden. Die Flächen des jetzigen Leitwerks haben ferner durch geeignete Umrißformen und Profilgebung eine bessere Wirksamkeit erhalten, und die Abspannungen nach außen sind fast völlig in Wegfall gekommen. Die Verbesserung ihrer Eigenschaften ermöglichte es, die Flächen gegen früher im Verhältnis kleiner zu machen und diese Verkleinerung im Zusammenwirken mit raffinierter Materialausnutzung hatte weiter zur Folge, daß das Gesamtgewicht des ganzen Leitwerkes gegen früher kaum größer geworden ist trotz der um das Mehrfache gesteigerten Belastung pro Quadratmeter. Ein Beispiel für die zukünftige Gestaltung des Leitwerkes befindet sich in der Abb. 13.

Im übrigen stellt diese Abbildung einen Entwurf dar, der speziell für amerikanische Verhältnisse ausgearbeitet worden ist. Außer den besprochenen Unterschieden weist dieses Projekt noch eine ganze Reihe von Verbesserungen im großen und kleinen auf, so in bezug auf den Ausbau des Trägerfachwerkes besonders im Laufgang, ferner die Steuerapparate, Ventile, funkentelegraphische Einrichtungen, Ballastanlagen, Brennstoffanlagen, navigatorische Hilfsmittel usw.

Als grundsätzlich neu erscheinen schließlich die Einrichtungen für die Passagierbeförderung. Das »Passagierdeck« ist, wie schon der Name verrät, nicht nur einfach als »Gondel« an den Schiffsrumpf angehängt, sondern steht in seinem Aufbau mit diesem in organischem Zusammenhang. Für seine äußere Formgebung sind die Forderungen geringsten Luftwiderstandes bestimmend.

Die inneren Einrichtungen des Decks mußten natürlich in erster Linie den Erfordernissen angepaßt werden, welche durch die zu befahrende Strecke gegeben waren, und sie können daher je nach den Bedürfnissen der Linie stark voneinander abweichen. Wie weit man dabei mit dem Komfort gehen konnte, hing letzten Endes von dem Ergebnis einer Rentabilitätsrechnung ab, indem durch sehr genaue Gewichtsberechnungen das Deckgewicht pro Kopf für verschiedene Entwürfe festgestellt wurde. Daraus konnte Passagierzahl und Kilometerpreis ermittelt und danach die Einrichtung gewählt werden, welche für die betreffende Strecke am günstigsten schien.

Es ist selbstverständlich, daß alle Einrichtungen für die Passagiere nur ein ganz außerordentlich geringes Gewicht aufweisen dürfen. Anderseits ist aber zu beachten, daß ein bloßes Dünnermachen der Wandstärken, Verkleinern der Gegenstände oder ein Verschleiern der Wirklichkeit zu keinem Ergebnis führen wird, das dem Behagen des Reisepublikums Rechnung trägt. Es wird vielmehr notwendig sein, bei der Schaffung der Einrichtungen von ganz neuen Gesichtspunkten auszugehen. Für den Ingenieurarchitekten dürfte sich, sobald die Verkehrsluftschiffahrt in regulären Betrieb kommt, hier ein reiches Betätigungsfeld bieten.

Von besonderem Interesse ist schließlich noch ein Luftschiffentwurf, der von dem Schütte-Lanz-Luftschiffbau für die »Internationale Studiengesellschaft zur Erforschung der Arktis mit dem Luftschiff« ausgearbeitet wurde. Unter der Annahme, daß in den Polarregionen keine anderen Verhältnisse auftreten als die bis jetzt durch die umfangreiche Literatur bekannten, brauchte dieses Projekt, abgesehen von den speziellen der Forschung dienenden Einrichtungen, in schiffbautechnischer Hinsicht sich im allgemeinen

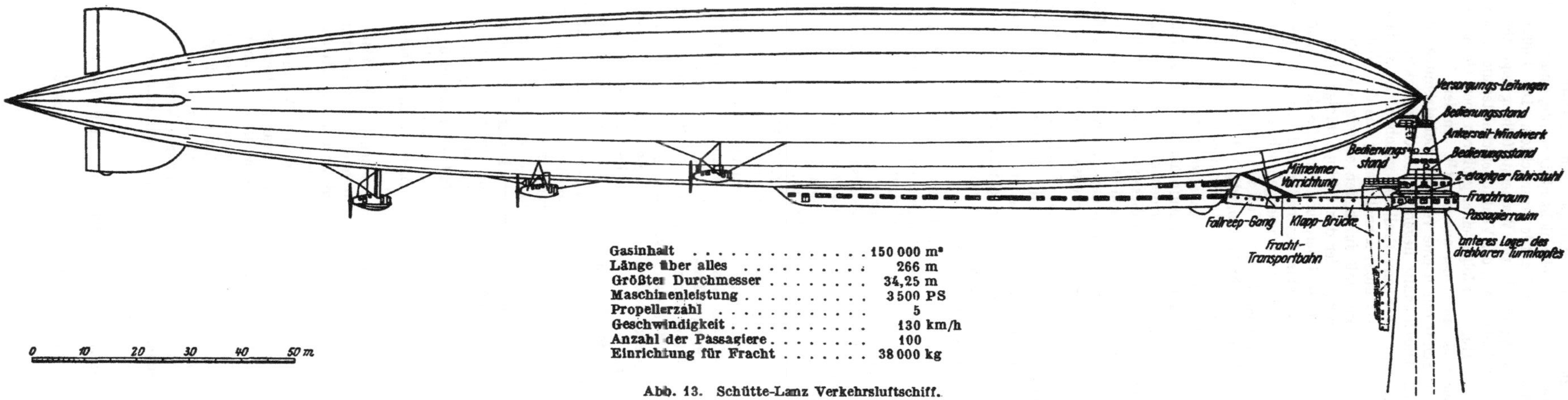

Gasinhalt	150 000 m³
Länge über alles	266 m
Größter Durchmesser	34,25 m
Maschinenleistung	3 500 PS
Propellerzahl	5
Geschwindigkeit	130 km/h
Anzahl der Passagiere	100
Einrichtung für Fracht	38 000 kg

Abb. 13. Schütte-Lanz Verkehrsluftschiff.

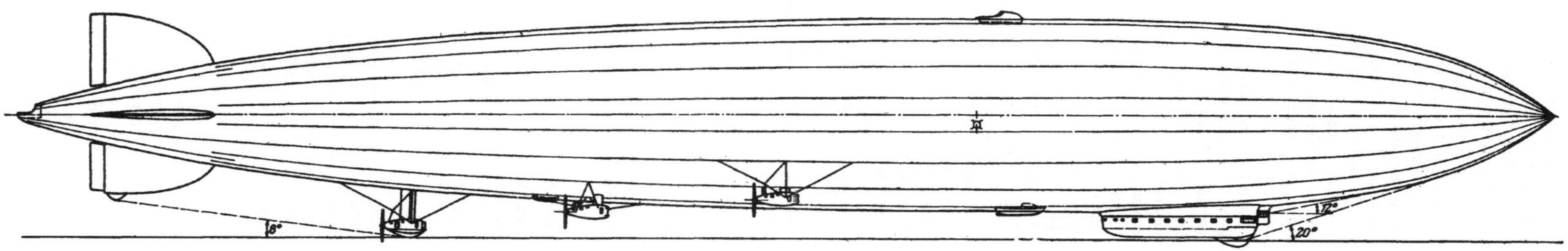

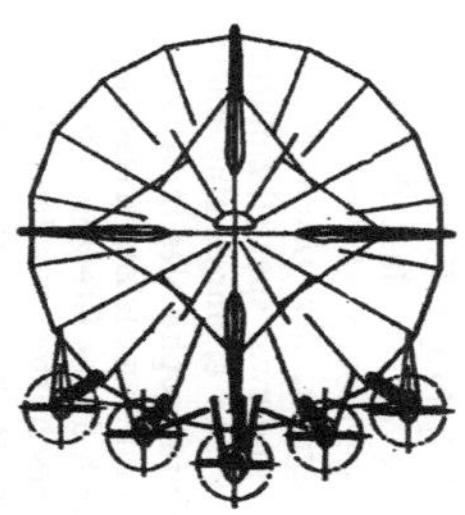

Gasinhalt	150 000 m³
Länge über alles	263,5 m
Größter Durchmesser	34,25 m
Maschinenleistung	3 500 PS
Max. Geschwindigkeit	130 km/h
Aktionsradius bei max. Geschwindigkeit	14 400 km
Besatzung	50 Köpfe

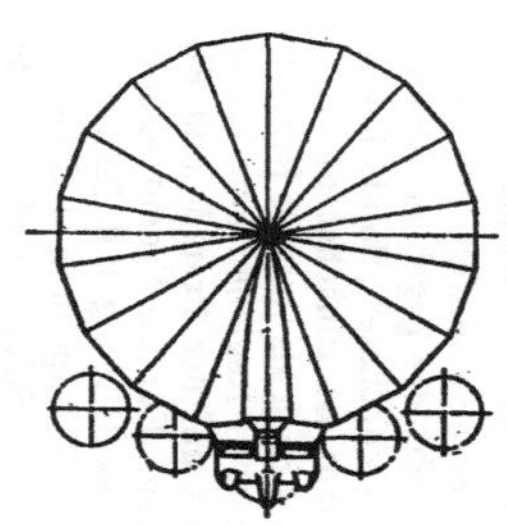

Abb. 14. Schütte-Lanz Polarforschungs-Luftschiff.

nicht von solchen Projekten, die für die gemäßigten Zonen aufgestellt worden sind, besonders zu unterscheiden. Auch andere ernsthafte Luftschiffsverkehrsprojekte auf der nördlichen Halbkugel sehen eine Durchquerung polaren Gebietes vor, weil sie im Verfolg des größten Kreises als kürzeste Verbindungslinie ebenfalls durch diese Regionen fahren müssen. Für einen Neuling in diesen Sachen verlohnt es sich der Mühe, beispielsweise die Verbindung Amerika—Rußland unter diesem Gesichtspunkte auf dem Globus zu verfolgen.

Auf die vorbehaltlose Annahme, daß sich bei Polarfahrten keine unerwarteten Hindernisse einstellen, kann sich eine ernst arbeitende Expeditionsleitung natürlich nicht einlassen, und so wurde für diesen Entwurf, in Erinnerung an die Konstruktion und Erlebnisse der »Fram«, eine noch weit höhere Sicherheit für Schiff und Besatzung verlangt, als man sie bei reinen Verkehrsluftschiffen einsetzen würde, die diese Regionen regelmäßig kreuzen sollen. Als größte Gefahr in diesem Sinne wäre wohl eine totale Vereisung des ganzen Schiffes anzusehen. Abb. 14 stellt eine Gesamtansicht dieses Projektes mit den Hauptdaten dar.

Für eine ausführliche Beschreibung des ganzen Projektes ist hier nicht der gegebene Raum, und es mögen daher nur kurz die hauptsächlichsten Sonderheiten gestreift werden. Besonders interessant ist zunächst die F. T.-Einrichtung, weil sie bekanntlich zurzeit noch als einziges Hilfsmittel angesehen werden muß, von dem in polaren Regionen eine brauchbare Navigierung zu erwarten ist. Sie ist auf der Fremd- und Eigenpeilung basierend vorgeschlagen worden. Für die Fremdpeilung ist eine Bordstation mit ca. 2 kW-Antennenleistung mit fächerförmig herabhängender Antenne und für die Eigenpeilung sind zwei Peilrahmen, je einer in der hinteren Spitze des Schiffes und im hinteren Teil des Decks vorgesehen. Mit Rücksicht auf eine gute Wirkung dieser Peiler sind sowohl das Schiffsheck wie das Ende des Decks ganz aus Holz, ohne jeden Verspannungsdraht geplant, während die gesamte übrige Schiffskonstruktion, wie bei dem vorerwähnten Verkehrsprojekt, in der zuletzt bekannt gewordenen Schütte-Lanz-Duralrohr-Konstruktion entworfen ist. Für die Durchführung der Expedition waren ferner noch vorzusehen der Einbau von photographischen Kameras für Lichtbildmessungen, die Mitnahme eines Ruder- und eines kleinen Motorbootes, die bei Wasserlandungen von Bord des Luftschiffes ausgesetzt werden können, beispielsweise zu Tiefseeforschungen, und schließlich noch besondere Beobachtungsstände im Heck und auf dem Rücken des Schiffes, die als halbverdeckte kockpitartige Plattformen gedacht sind. In bezug auf die sonstigen maschinentechnischen Einrichtungen ist jedoch kein wesentlicher Unterschied gegenüber den oben beschriebenen reinen Verkehrsprojekten nötig. Die bei Polarprojekten leicht auftauchende Frage der Beheizung des Decks stellt keine besondere Aufgabe dar, da dasselbe Problem auch bei Schiffen für die gemäßigten Zonen nahezu in gleichem Umfange zu lösen ist. Die elektrische Heizung hat auch hier die größten praktischen Vorzüge und wird voraussichtlich das Feld behaupten.

Die Katastrophe der „Shenandoah".

Der Luftschiffbau Schütte-Lanz war auf dem besten Wege, nach fünfjähriger Entwurftätigkeit nach dem Kriege auf dem Gebiete des Verkehrsluftschiffbaus seine Pläne mit Hilfe der 1920 ins Leben gerufenen »American Investigation-Corporation« und ihrer Nachfolgerin, der »Airways-Corporation of America« zu verwirklichen, und zwar speziell zunächst für die Linie New-York—Chicago. Diese Pläne erfuhren eine unerwartete jähe Unterbrechung durch die Katastrophe des amerikanischen Luftschiffes »Shenandoah«. Der Glaube an die Zuverlässigkeit des Luftschiffes als Verkehrsmittel ist durch dieses Ereignis selbst in führenden amerikanischen Kreisen stark erschüttert worden. Diese Wendung war um so bedauerlicher, als eine Reihe von Mängeln in bezug auf die Sicherheit der »Shenandoah« wenigstens für deutsche Fachleute klar zutage lagen, Mängel, die die Schütte-Lanz-Projekte sämtlich vermieden haben.

Der größte Fehler, dem auch nach Aussage des Untersuchungsausschusses das Unglück in erster Linie zuzuschreiben ist, war die geringe Zahl der Sicherheitsventile in den Gaszellen. Das Schiff war bekanntlich mit Heliumgas gefüllt, und um beim Steigen des Schiffes nach Möglichkeit dieses kostbare Gas nicht zu verlieren, begnügte man sich mit nur teilweiser Füllung der Zellen. Teilweise Füllung hat aber im unteren Teil der Zellen, wo die Ventile sitzen, geringen Unterdruck zur Folge, so daß die Neigung zur Luftaufnahme durch Ventilundichtigkeiten, die überdies auch bei Überdruck infolge Diffusion besteht, besonders groß wurde. Um diesem Übelstande abzuhelfen, entfernte man einfach von den ursprünglich 18 Ventilen 8 Stück und verband die der Ventile ledigen Zellen mit solchen, die ihre Ventile behalten hatten, ohne deren Querschnitte zu vergrößern. Man gab sich der Hoffnung hin, daß ein Überschreiten der Prallhöhe nicht nötig würde, und wenn doch, daß dann die restlichen Ventile ausreichten. Die Füllung mit Helium hätte im Vergleich zur Wasserstoffüllung eigentlich eine Vermehrung der Ventile bzw. des Ventilquerschnittes um etwa 30 vH erfordert, da das Helium infolge seines größeren spez. Gewichtes bei gleichem Überdruck langsamer ausströmt[1]). An dem Unglückstage wurde nun das Schiff durch eine vertikale Luftströmung mit einer weit über dem Durchschnitt liegenden Geschwindigkeit emporgerissen und erheblich über seine Prallhöhe gehoben. Es ist daher anzunehmen, daß das Gas nicht schnell genug aus den Ventilen hat entweichen können, und daß durch den ansteigenden Druck entweder eine Zelle gesprengt oder das Gerippe infolge zu großer Beanspruchung, die bei großem Überdruck durch das Zellumspannungsnetz entstehen kann, lokal stark beschädigt und unter der Einwirkung der Böen danach vollendes zusammengebrochen ist. Bei deutschen Luftschiffen ist nicht ein einziger Fall bekannt geworden, bei dem die Ventile nicht ausgereicht hätten, obgleich hier auch manchmal kritische Lagen vorgekommen sind. So wurde beispielsweise der »S. L. 1« einmal durch eine Böe aus etwa 200 m Höhe derart zu Boden gedrückt, daß infolge des Aufpralls von 14 Mitfahrenden 7 Mann über Bord geschleudert wurden und die Bedienungsleinen der Ballastsäcke rissen, so daß sich diese sämtlich entleerten. Stark erleichtert schnellte das Schiff in 4 min auf 1750 m Höhe, weit über seine ursprüngliche Prallhöhe, ohne daß dadurch ein Schaden am Schiff entstanden wäre, da die Sicherheitsventile völlig ausreichten.

Eine andere Erklärung für das Unglück der »Senandoah« kann man darin suchen, daß das Schiff durch äußeren Überdruck der Luft zusammengedrückt worden ist. Das Schiff ist nämlich nach Erreichen der Gipfelhöhe sehr schnell wieder bis auf die ursprüngliche Höhe gesunken und dann erst soll nach Aussage einiger Überlebender der Bruch erfolgt sein.

Beim Sinken des Schiffes muß, wie oben bei den Belüftungseinrichtungen auseinandergesetzt wurde, entsprechend der Zunahme des Luftdruckes, Luft in das Schiff einströmen können. Sinkt das Schiff sehr schnell, wie nach Berichten bei der »Shenandoah« anzunehmen ist, so wird die Frage der ausreichenden Luftaufnahme außerordentlich kritisch. Es ist hier nicht bekannt, ob und in welchem Umfange Untersuchungen nach dieser Richtung hin stattgefunden haben, jedenfalls aber sollte gerade der Umstand, daß der Bruch des Schiffes erst nach starkem Fallen eingetreten ist, Veranlassung sein, die Ursache des Unglückes hier zu suchen.

Unzureichend war ferner die Geschwindigkeit der »Shenandoah«. Ursprünglich besaß das Schiff 6 Motore zu je 300 PS, von denen einer wegen zu geringer Tragkraft des Schiffes ausgebaut wurde. Die übrigen 5 Motore vermochten dem Schiff nur eine Stundengeschwindigkeit von etwa 93 km zu geben. Die Schütte-Lanz-Projekte für Amerika weisen hingegen eine Geschwindigkeit von etwa 130 km auf. Diese große Eigengeschwindigkeit ist mit Rücksicht auf meteorologische Verhältnisse, besonders solche, wie sie in Amerika anzutreffen sind, gewählt worden. Bei lokal scharf abgegrenzten Luftströmungen, wie sie auch bei der »Shenandoah«-Katastrophe aufgetreten sind, wird durch die große Eigengeschwindigkeit einerseits die Zeitdauer, während der das Schiff teilweise oder ganz der Strömung ausgesetzt ist, kürzer und dadurch die Ablenkung bzw. Versetzung aus dem Kurs verringert und anderseits das Schiff befähigt, größere dynamische Steig- oder Sinkkraft zu entfalten, mit der es die vertikalen Luftströmungen zu überwinden vermag. Beide Wirkungen unterstützen sich gegenseitig, so daß sich aus vermehrter Schiffsgeschwindigkeit ein in höherem Grade steigender Nutzen für das Schiff ergibt.

Aus diesen Betrachtungen ist zu ersehen, daß die Entwicklung des amerikanischen Luftschiffbaues durchaus noch nicht dem Stand entspricht, der in Deutschland erreicht worden ist. Hier sind mit den zahlreichen Kriegsschiffen Erfahrungen gesammelt worden, welche den Grundstock für eine gedeihliche Weiterentwicklung bilden könnten; sie lassen sich teilweise zwar auf fremde Länder übertragen, aber die geschulte Denkungsweise kann nicht vererbt, sondern muß erst in der Praxis erworben werden. Von den deutschen Kräften ist durch den Versailler Vertrag aber schon ein großer Teil verloren gegangen. Es ist daher bestimmt anzunehmen, daß bis zur Fertigstellung eines wirklich brauchbaren Verkehrsluftschiffes in fremdem Lande, ohne deutsche Hilfe, noch manches Jahr vergehen dürfte.

[1]) Die Ausströmgeschwindigkeit ist gemäß der Formel $v = \sqrt{\frac{2g \cdot h}{\gamma}}$ umgekehrt proportional der Wurzel aus der Dichte des Gases.

Leichtkonstruktion des Luftschiffbaus Schütte-Lanz.

Von Obering. Dipl.-Ing. FRITZ GENTZKE.

Inhaltsübersicht.

I. Baustoffe.

A. Verwendungsart der Baustoffe.

Für die Hauptbauteile kommt zurzeit als Baustoff hochwertiger Stahl, Duraluminium und Sperrholz in Frage. Das Tragwerk ist aus Gewichtsgründen in weitgehendstem Maße aufgelöst, d. h. der Baustoff wird möglichst nur um einzelne Linien zur Aufnahme rein axialer Kräfte in Form von Trägern und Zugdiagonalen, und weiter bei den Trägern selbst in Form von Gurten und Verstrebungen angehäuft. Das Sperrholz eignet sich nur für Träger und tragende Platten, nicht für Diagonalen; letztere werden am besten aus hochwertigem Stahldraht hergestellt, jedoch sind auch Duraluminium- und Stahlbänder anwendbar. Durch Kreuzung zweier Zugdiagonalen (aus Draht) innerhalb eines viereckigen Trägerrahmens vermeidet man die Aussteifung durch eine einzige starre Strebe und erreicht dadurch den Vorteil eines geringeren Gewichts, einfacher Anschlüsse an den Ecken der Rahmen und große Elastizität der Diagonalglieder, die bei der Formänderung des Gerippes ausschlaggebend wirkt. Einen Blick ins Innere des Gerippes mit Laufgang gibt Abb. 1 wieder. Weitere Abbildungen vgl. Abschnitt Rühl, S. 10ff. Zur Queraussteifung des Gerippes dienen Querverspannungen und starre Aussteifungen, welche in gewissen Abständen an einzelnen in der äußeren Gerippeumgrenzung liegenden Ringen angreifen. Die Einzelträger dieser Ringe (genauer Polygone), die Längsträger und die zur Unterteilung der Abstände zwischen den verspannten Ringen eingefügten nicht verspannten Zwischenringe werden als Glieder eines räumlichen Fachwerks in erster Linie axial auf Druck und Zug und in zweiter Linie infolge besonderer Umstände auf Biegung beansprucht. Der im unteren Teil des Gerippes liegende Laufgang ist ein durchlaufendes Fachwerk ähnlich dem des Gerippes, dient zur Versteifung desselben, zur Aufnahme und Übertragung von Lasten (Betriebslasten) auf die verspannten Ringe und zum Verkehr, und hat Drei- oder Viereckquerschnitt (s. Abb. 1). Seine Träger werden ebenfalls axial und auf Biegung beansprucht. Die Ursachen der Biegung der Träger sind die durch Zellen und Hüllen vermittelten, auf die Knotenpunkte des Gerippes zu übertragenden Kräfte, Zusatzmomente infolge nicht gelenkiger Anschlüsse oder exzentrischen Kraftangriffs und Einzellasten (z. B. infolge Betretens).

Die Nebenbauteile werden aus Stahl, Dural, Messing, Kupfer, Aluminium und Elektron hergestellt, und zwar Nieten je nach dem entsprechenden Hauptbaustoff aus Stahl und Dural, bei Sperr-

Abb. 1. Blick in das Luftschiffgerippe.

holz in Form von Hohlnieten aus Messing (auch Alum., Dural.); Hohlniete in Dural- oder Stahlblechen als Augverstärkung aus Stahl; Knotenpunktsteile aus Dural und Stahlblech, einzelne Formstücke z. B. an Knotenpunkten aus Stahl, Dural und Aluminium, untergeordnete Teile, die für die Tragkonstruktion nicht lebenswichtig sind, auch aus Elektron.

B. Verbesserung der Baustoffe.

Für den Leichtbau ist die Verwendung möglichst hochwertiger Baustoffe Bedingung. Ihr ursprünglicher Zustand, insbesondere der der Hauptstoffe Stahl, Dural und Holz ist erheblicher Verbesserungen fähig. Die Metalle werden bekanntlich durch Walzen, Ziehen, Hämmern usw. auf kaltem Wege verdichtet, das Gefüge von Stahl und Dural insbesondere durch Warmvergüten (Härten) umgewandelt. Diese Vergütung besteht im Erhitzen auf eine bestimmte Temperatur (Stahl 750 bis 900°, Dural ca. 500°) und im Abschrecken in Luft, Wasser oder Öl verschiedener Temperaturen mit dem Unterschied, daß bei Dural die Härtung sich erst ca. eine Stunde nach dem Abschrecken bemerkbar macht und auf 100 h und mehr erstreckt (Altern), so daß man gleich nach dem Erhitzen noch Formänderungen bequem vornehmen, z. B. verzogene Profilstangen geraderichten, Niete stauchen kann. Die bei der Härtung (auch bei späterer Bearbeitung) auftretende Sprödigkeit wird durch kurzes Anlassen (Stahl bei 100 bis 700°, Dural 100 bis 150°) beseitigt. Die Wirkungen der Verdichtung und Vergütung werden durch längeres oder kürzeres Glühen (Stahl 400 bis 950° Dural 230 bis 400°) ganz oder zum Teil aufgehoben, deshalb muß auch die Warmvergütung stets vor dem Kaltverdichten erfolgen. Bei den meisten Stahlsorten ist nur eines der beiden Verfahren anwendbar. Die sogenannten naturharten Stähle haben infolge gewisser Beimengungen z. B. vom Chrom, Nickel, Wolfram eine erhöhte Härte und Festigkeit, ähnlich das Duraluminium mit seinen Legierungsbestandteilen von Kupfer, Magnesium, Mangan und Silizium. Je mehr die Härte gesteigert wird, um so mehr sinkt die Dehnung und die Formbarkeit. In Zahlentafel E S. 80 sind drei Beispiele für obige Behandlungsweise mitgeteilt, welche die verschiedensten Eigenschaften ermöglicht (z. B. Zahlentafel C). Näheres über Leichtmetalle vgl. »Schiffbau« 1919/20, S. 556.

Allerdings ist zu bemerken, daß je schwieriger die Behandlung, insbesondere bei kleinen Wandstärken ist, um so größer auch der Anlaß zu Unregelmäßigkeiten und erhöhte Aufmerksamkeit erforderlich wird. Bleche werden etwa 0,5 bis 5 mm stark, Blechprofile 1 bis 5 mm stark, Stahlrohre 0,3 bis 1,5 mm, Duralrohre 0,5 bis 2 mm stark und Stahldraht bis 4 mm stark verwendet. Bei Stäben von 1 mm Wandstärke wurden auf 4 m Länge Festigkeitsunterschiede bis zu 3,5 vH und Abweichungen in der Wandstärke bis 13 vH festgestellt.

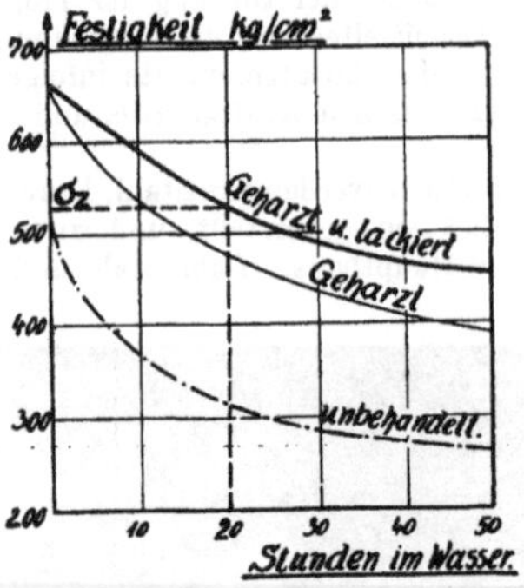

Abb. 2. Einfluß der Imprägnierverfahren auf die Festigkeit des Holzes.

Die Verbesserung des gewachsenen Holzes ist wegen zweier Nachteile geboten: Erstens sind die hellen ringförmigen Schichten gegenüber den dunklen sehr weich, nachgiebig uns spaltbar. Daraus folgt, daß die Zug- und Druckfestigkeit (Abb. 32 *a* bis *c*) in der Querrichtung des Stammes verhältnismäßig klein ist, und zumal senkrecht zum Mittelschnitt (Abb. 34 *a*, *b*) größer als senkrecht zum Umfang. Für die Scherfestigkeit gilt das Umgekehrte. Dazu kommen die bekannten sonstigen Unregelmäßigkeiten des Wachstums (krumme Faser, Harzgallen, Fäulnisstellen). Zweitens hat das Holz die große Fähigkeit der Wasseraufnahme- und Abgabe, die sich im Quellen und Schwinden des Holzes äußert (Schwindmasse s. »Hütte« 22. Aufl. I., S. 720/21), so daß es sich bei unregelmäßiger Trocknung

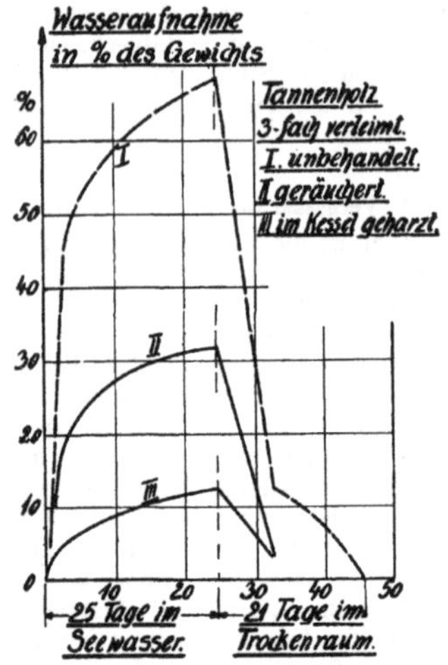

Abb. 3. Einfluß der Imprägnierverfahren auf den Feuchtigkeitsgehalt des Holzes.

oder Befeuchtung verzieht, wirft und infolge der dabei entstehenden Spannungen reißt, insbesondere innerhalb der weichen Zonen. Außerdem ist die Wasseraufnahme gleichbedeutend mit einer Gewichtszunahme und Festigkeits-Abnahme.

Alle diese Nachteile machen sich naturgemäß bei kleinen Wandstärken, wie sie im Leichtbau Bedingung sind, besonders bemerkbar. Sie werden durch fachmännische Auswahl des Holzes und durch zwei Verfahren vermieden, nämlich die Verarbeitung zu Sperrholz und durch Imprägnierung. Sperrholz besteht aus dünnen 0,5 bis 2 mm starken mit gekreuzter Faserrichtung aufeinandergeleimten Furnieren (Abb. 33). Diese werden aus langen, breiten Bändern geschnitten, in welche die Baumstämme nach genügender Vorbereitung durch Abschälung mittels eines entsprechend langen Messers, d. h. durch Abwickeln, aufgelöst werden. Vor dem Abbinden des Leimes lassen sich die Sperrholzplatten in beliebige, statisch zweckmäßige Formen pressen, da die einzelnen Lagen, besonders in feuchtem Zustande, leicht biegbar sind (Formen s. Abb. 35). Diese Formen bleiben nach dem Abbinden erhalten. Die Kreuzung der Furniere (Längs- und Querfurniere in Abb. 33) verhindert das Aufplatzen und verursacht eine starke gegenseitige Stützung der Fasern. Die Hauptkraftrichtung stimmt bei Zug und Druck mit der Richtung der Längsfurniere überein. Durch Anwendung verschiedener Holzarten, Furnierstärken usw. erzielt man verschiedene Wirkungen an Längs- und Querfestigkeit und an Abnutzbarkeit, z. B. bildet man das oberste Furnier eines begehbaren Trägers aus Hartholz (Buche, Esche).

Der Imprägnierungsprozeß erhält die günstigen Eigenschaften des Sperrholzes und hat außer den oben genannten Vorteilen noch den Zweck, den Leim wasserfest zu machen. Es zerfällt demgemäß in zwei Arten, das Harzen mit Paraffin und Räuchern mit Formaldehyd. Das Harzen erstreckt sich nur auf die Poren- und Faserwände, so daß die Poren nicht gefüllt, die Gewebe aber wasserdicht werden. Der Erfolg dieser Behandlung ist aus Abb. 2 und 3 ersichtlich. Ein guter Lackanstrich allein schützt gegen Luftfeuchtigkeit und verhindert eine Gewichtszunahme von mehr als 4 vH. Er erhöht außerdem die Festigkeit der Oberfläche (vgl. die Walzschicht bei den Metallen).

C. Bearbeitbarkeit.

Zur Formgebung eignen sich aus Festigkeitsgründen am besten die hochwertigen Bleche mit genügender Dehnung (Stahl 8 bis 13 vH, Dural 15 vH bei Krümmungshalbmessern vom 2- bis 3 fachen der Blechstärke). Blechteile sind auf Abb. 4 und 22 dargestellt.

Abb. 4. Trägerteile:

a) Strebenkreuz aus Flachstreben
b) Strebenkreuz aus Rohren
c) Einfache Flachstrebe
d) Einfache Rohrstrebe
e) Bindeblech
f) Doppel-U-Strebe aus Blech
g) Querrahmen
h) Sprosse eines Laufträgers.

Die Krümmung der härteren Profile und Rohre verlangt Halbmesser von mindestens 20 bis 30 cm. Für Niete ist ein gut fließendes Material nötig, da beim Stauchen die Härte steigt und außerdem bei Dural der Vergütungsvorgang durch solche Bearbeitung gestört wird, falls sie unmittelbar nach dem Erhitzen erfolgen soll. Stahl verträgt das Biegen im allgemeinen besser als Dural, wie z. B. aus Versuchen mit Rohren gemäß Zahlentafel F S. 80 hervorgeht. Geschmeidigkeitsproben erhält man durch das Biegeverfahren Abb. 31 *c* und das Tiefdruckverfahren Abb. 31 *b*. Die Bruchdehnung *D* im Verhältnis zur Festigkeit nach Zahlentafel A, B S. 79 gibt nur einen Anhalt für die Beurteilung.

Bei komplizierten Formen kommen z. B. für Knotenpunktsteile aus dem vollen gearbeitete Stücke, Schmiede- und Gußstücke zur Anwendung, von denen jedoch die ersten teuer, die beiden anderen auch nach Vergütung verhältnismäßig schwer sind. Zudem sind einwandfrei schweiß- und schmiedbar nur weicher und mittlerer Stahl (nicht unter 0,7 mm Stärke) und das weiche, aber nicht genügend feste Aluminium, schweißbar auch unter besonderen Bedingungen gewisse hochwertige Aluminium-Legierungen.

Der hochwertige Stahldraht (Zahlentafel A, B) wird zu Befestigungszwecken mit einem Halbmesser = der 2- bis 3 fachen Stärke, allerdings unter 30 bis 50 vH Festigkeitsverlust gebogen, der Verlust aber insbesondere durch Umwickeln und Löten wieder wettgemacht.

Zum Hartlöten eignet sich wegen seiner hohen unschädlichen Anlaßtemperatur nur Stahl, nicht die Leichtmetalle (s. Kap. B). Das Weichlöten ist zu unzuverlässig mit Ausnahme des Falls der Drahtbefestigung (Ausfüllung der Zwischenräume der Drahtwindungen).

Im Gegensatz zu den Metallen ist das Sperrholz nach dem Abbinden des Leims keiner wesentlichen Formänderung mehr fähig, abgesehen von der Querschnittsveränderung durch Aufleimen von

Abb. 5. Schweiß- und Schmiedestücke:
A, B aus Stahl
C aus Dural
D aus Aluminium.

Teilen, die etwa dem Löten entspricht, aber eine bequeme Anpassung an beliebige Formen zuläßt.

Die Bearbeitung durch Schneidewerkzeuge (Bohren, Fräsen, Stanzen) ist bei Sperrholz am einfachsten und billigsten, am teuersten bei hartem Stahl (Schneidwerkzeuge mit Diamanteinsatz), verhältnismäßig einfach bei den weniger harten Leichtmetallen. Die Härte wird durch die Kugeldruckprobe nach Abb. 31 *a* ermittelt. Stahl von $\sigma_z = 100$ läßt sich im Leichtbau noch wirtschaftlich bohren, also für Gurte genieteter Träger verwenden. Die Frage, ob noch besserer Stahl in Verbindung mit dem Löten oder Schweißen erfolgreich anwendbar ist, bleibt noch zu beantworten.

Bisher wurden die Metallträger genietet, und zwar nur die zu bohrenden und abzuschneidenden Gurte aus möglichst hartem Baustoff, die zu pressenden und zu biegenden Verstrebungsorgane aus einem biegsameren, dafür aber weniger harten und festen Baustoff gebildet. Dieser Umstand ist in den Zahlentafel A, B berücksichtigt.

D. Festigkeitsverhältnisse.

Die Anpassung des Baustoffes an die aufzunehmenden Druckkräfte ist die eigentliche Aufgabe der Ausbildung von Trägerteilen. Denn nicht die zu erzielende Zug- und Scherfestigkeit (σ_z und τ), sondern die Knickfestigkeit σ_k, welche mit wachsender Schlankheit $\frac{l}{i}$ des Stabes sinkt und von der Druckfestigkeit σ_d als Grenzfall ausgeht, erfordert eine besondere Formgebung. Dasselbe ist auch bei den auf Biegung beanspruchten profilierten Einzelstäben und aufgelösten Trägern der Fall. Im Trägerverband erfährt die Knickspannung σ_{k1} des gelenkig gelagerten Einzelstabes (gemessen zwischen zwei Stützpunkten) je nach der Wirksamkeit seiner Verbindungen, eine Erhöhung, zur Ermittelung der Knickspannung σ_{k0} des ganzen Trägers dagegen eine Verminderung, je nach dessen Schlankheit, Bauart und Befestigung, was in einfacher Weise die Tetmajer-Krohnschen Beziehungen zum Ausdruck bringen, nämlich:

$$\sigma k_0 = \sigma k_1 \cdot B \cdot C = \left(a - b \cdot \frac{l}{i} \cdot r_1\right) \cdot \left(1 - \frac{b}{a} \cdot \frac{L_o}{i_o} \cdot r_2\right) \cdot C.$$

Darin bedeutet l die Länge, i den Trägheitsradius des Einzelgurtstabes, Lo und io dasselbe für den Träger, a und b Baustoffkonstanten, C eine die Trägerbauart berücksichtigende Konstante, r_1 und r_2 Faktoren, in welchen die Befestigungsart des Einzelstabes und Trägers als Längenreduktion zum Ausdruck kommt. Bei den üblichen Trägern von etwa 5 m Länge schwankt r_1 zwischen 0,75 und 0,90, die Größe C zwischen 0,5 und 0,7. Die Gleichung findet sinngemäß auf 2 gedrückte Gurte bei gebogenen Trägern Anwendung. Für i_o ist stets der kleinste (in einer möglichen Knickrichtung liegende) Wert einzusetzen.

Für einen Träger aus Duralblech-Winkeln sind die Zusammenhänge obiger Gleichung beispielsweise in Abb. 6 dargestellt. Darin kommt der Einfluß der Schenkel-Höhe und -Stärke zur Geltung. Knickkurven verschiedener Baustoffe und Formen sind in Abb. 7 für Einzelstäbe, Festigkeitszahlen in Zahlentafel A, B, G, H wiedergegeben. Bei den Blechen ist Biegbarkeit, bei den Stahlprofilen der Zahlentafel B für Konstruktionsdaten Bohr- und Schneidbarkeit vorausgesetzt.

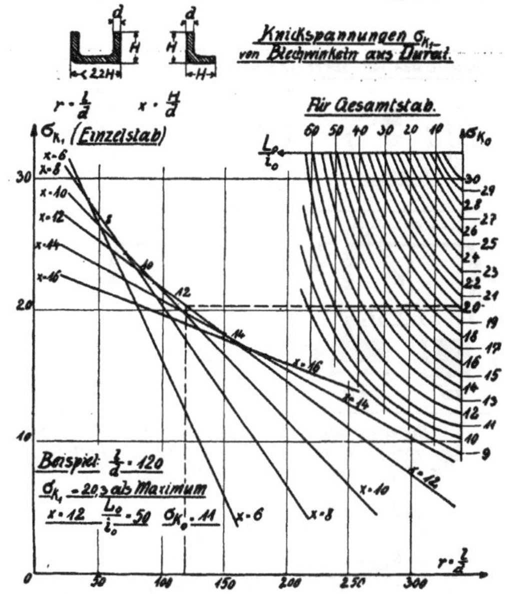

Abb. 6. Ermittlung der Knickspannung eines Trägers.

Während bei einer bestimmten Metallart die Festigkeitswerte nur wenig schwanken, wechseln sie bei ein und derselben Holzart ganz außerordentlich infolge der Eigentümlichkeiten des Wachstums. Zahlentafel G enthält Zahlenbereiche für gut gewachsenes Weich- und Hartholz. Die Stauchfestigkeit ist größer als die meist

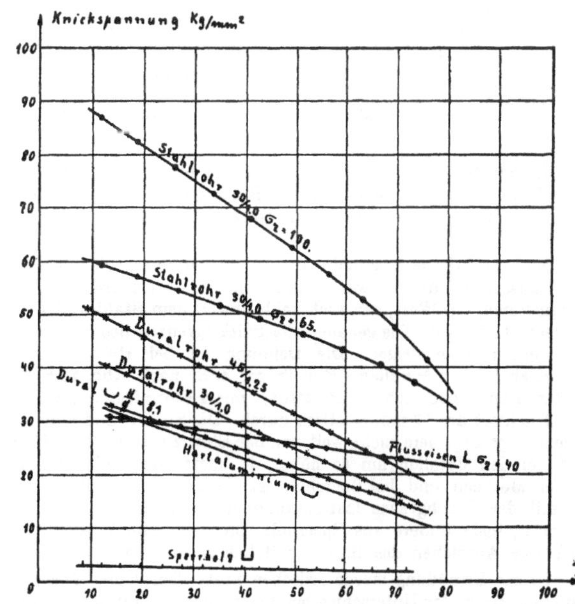

Abb. 7. Knickkurven.

angegebene Würfeldruckfestigkeit, wie sie auch in Zahlentafel H unter σ_w wiederkehrt, und tritt beim Biegevorgang als Biegungsfestigkeit σ_b in Erscheinung. Im Gegensatz zum Vollholz wird diese beim Sperrholz aber auch im Falle einer Druckbeanspruchung infolge Stützung der Fasern ausgenützt. So erklärt sich die Tatsache, daß das Sperrholz trotz Querschnittsverminderung durch das Querfurnier ungefähr die Würfeldruckfestigkeit des Vollholzes besitzt. Die Werte σ_w in Zahlentafel H sind als σ_d für Sperrholz noch etwas zu vergrößern; z. B. bei drei gleich starken Aspenholzfurnieren etwa auf $^2/_3 \cdot \sigma_b = {}^2/_3 \cdot 550 \simeq 360$ kg/cm² (σ_s wird $= {}^2/_3 \cdot 800 \simeq 530$). Die durch die Formgebung dem Vollholz gegenüber erzielte Überlegenheit bekundet sich aus dem Vergleich der Knicklasten gleich langer und schwerer Sperr- und Vollholzstäbe nach Abb. 8. Im Luftschiffbau wurde das Aspenholz wegen seiner Gleichmäßigkeit, geringen Wasseraufnahme und seines verhältnismäßig geringen

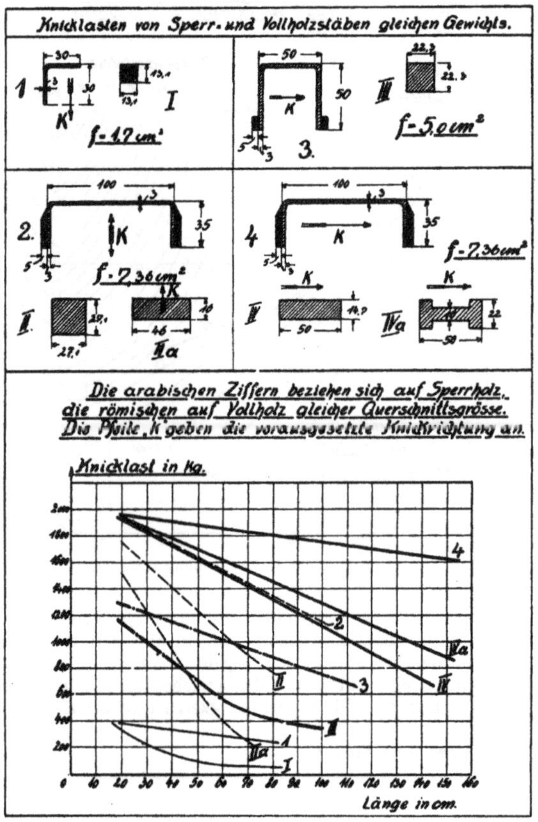

Abb. 8. Knicklasten gleich schwerer Sperr- und Vollholz-Stäbe.

spezifischen Gewichts bevorzugt. Die Daten hierfür sind mit denen vom Dural und Stahl in Zahlentafel B auf gleiche Stufe zu stellen und verhalten sich zu denen vom Duralblech etwa wie 1:9 bzw. 1:7,5.

Eine praktische Elastizitätsgrenze ist bei Sperrholz, da labil, nicht ausgeprägt und schwer bestimmbar. Sie ist oberhalb $0{,}7 \cdot \sigma_d$ anzunehmen, ein Wert, der auch bei hochwertigem Stahl und Dural überschritten wird. Die genauen Elastizitätsgrenzen liegen zum Teil ganz erheblich niedriger. Die Dehnung ist bei Holz erheblich größer als bei den Metallen. Ein Träger z. B. nach Abb. 23 *E* von 2,28 m Länge bog sich bei Belastung mit 4 Einzellasten gleich ⅔ der Bruchlast um 77 mm elastisch durch. Die Streck- und Quetschgrenze liegt allgemein nicht weit von der Elastizitätsgrenze entfernt und bei den Metallen um so höher, je härter sie sind. Bei den harten Metallen und bei Sperrholz ist sie kaum feststellbar, weil sie mit der Bruchgrenze fast zusammenfällt. Träger aus solchem Material, insbesondere aus Sperrholz, brechen beim Versuch ohne vorherige Anzeichen des Bruchs plötzlich zusammen.

In der Ermüdung wurde zwischen Stahl, Dural und Sperrholz kein nennenswerter Unterschied bei Beanspruchung mit der 0,5÷0,6-fachen Bruchfestigkeit beobachtet. Im Falle der Überanstrengung von Stäben gleicher statischer Festigkeit ist mittlerer Stahl den anderen Baustoffen überlegen (vgl. Zahlentafel F). Trockenes Holz verhält sich noch schlechter als Dural. Dauerversuche lassen sich unter möglichster Wahrung der wirklichen Einbauverhältnisse z. B. nach Abb. 29/30 anstellen.

Die Festigkeitsverhältnisse werden durch äußere mechanische Einflüsse, wie Ritzen der Walzhaut bzw. äußeren Furnierschicht, und durch chemische Einwirkungen verschlechtert. Von letzterem interessiert hier nur die Oxydation an der Luft und der Einfluß der Feuchtigkeit. Stahl oxydiert stark, die umgewandelte Schicht ist nicht beständig. Elektron oxydiert ebenfalls stark und verbrennt in Form feiner Späne intensiv bei Anwesenheit von Feuchtigkeit und Berührung mit offenem Feuer. Aluminium oxydiert an der Luft langsam, wird in Wasser gar nicht, in Seewasser nur wenig angegriffen, und die Oxydschicht ist beständig. Demgemäß sind Stahl und Elektron durch Beizen, guten Anstrich oder Metallüberzug zu schützen. Bei Alumin ist dies nicht unbedingt nötig. Die Zerstörung des Sperrholzes und Holzes in Feuchtigkeit wird, wie früher angegeben, durch Anstrich und Imprägnieren gehindert.

E. Gewicht und Gütegrade.

Ein geringes Konstruktionsgewicht, der Inbegriff des Leichtbaus, wird durch Anpassung des Baustoffs an die aufzunehmenden Kräfte (s. II. und III. Teil) erreicht. Die Beurteilung der einzelnen Baustoffe geschieht nach Gütegraden, die aus dem Verhältnis einer Belastungs- und einer Gewichtsgröße gebildet werden. Der Materialgütegrad ist $G_m = \sigma_z : \gamma$ bzw. $\sigma_d : \gamma$ = Festigkeit durch spez. Gewicht und gibt an, welche Festigkeit mit dem spezif. Gewicht 1 erreichbar ist (s. Zahlentafel D und J). Der Stabgütegrad $G_s = \sigma_k : \gamma$ = Knickfestigkeit durch spezif. Gewicht trägt der mit der Länge l veränderlichen Knickfestigkeit Rechnung. Er ist besonders wichtig und für mehrere Baustoffe und Baustoffarten in Kurven auf Abb. 9

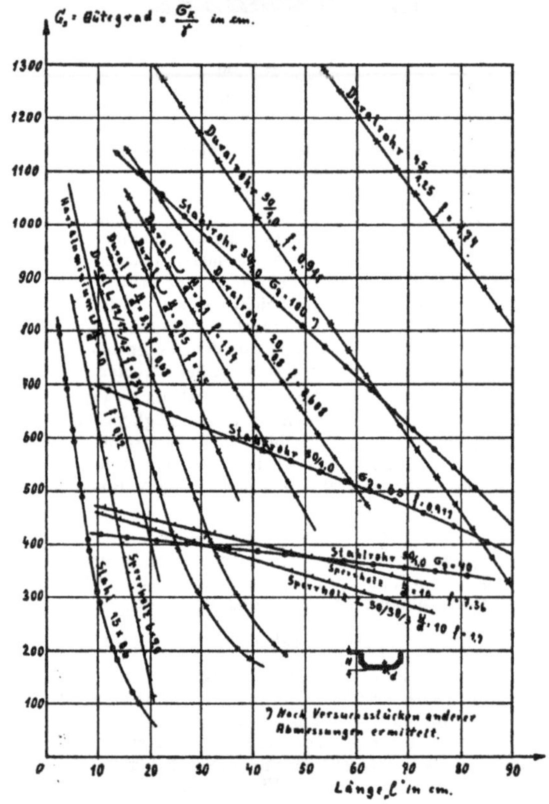

Abb. 9. Stabgütegrade.

dargestellt. Aus deren verschiedenen Verlauf ersieht man die Unzulänglichkeit von $G_m = \sigma_d : \gamma$. So erscheint nach G_m beurteilt, Stahl und Dural gleichwertig, Sperrholz kaum halbwertig, nach G_s dagegen beurteilt steigt die Güte von Stahl und Sperrholz mit wachsender Länge infolge der schwachen Neigung ihrer Kurven, z. B. wird der Gütegrad G_s eines Sperrholzwinkels von Querschnitt $f = 1{,}7$ cm² ebenso groß wie der des gleich schweren Winkels aus Duralblech günstiger Form vom Querschnitt $f = 0{,}34$ cm², sobald die gemeinsame Länge 24 cm erreicht. Darüber hinaus ist der Sperrholzquerschnitt überlegen. Ein mittleres Stahlrohr 30/1 von $\sigma_s = 65$ wird bei der Länge $l = 83$ cm einem gleichen Rohr aus Dural, ferner ein solches aus Stahl von $\sigma_s = 100$ bei einer Länge $l = 65$ cm einem gleichen Rohr aus Dural gleichwertig. Jedoch ist bei dem Stahlrohr die Knicklast im Verhältnis der spezif. Gewichte, nämlich etwa 2,8 mal größer als die des Durals, demgemäß eine Wandstärke auf $\frac{1}{2{,}8} = 0{,}36$ mm zu verringern (i und σ_k bleiben, da $i \sim ⅓$

des Durchmessers annähernd gleich). Solche dünnwandigen Rohre sind herstellbar (s. Zahlentafel C). Durch eine ähnliche Reduktion für obigen Sperrholz- und Duralwinkel kommt man für diesen auf die zu geringe Wandstärke von etwa nur 0,30 mm. Daraus erklärt sich die Überlegenheit des Sperrholzes bei kleineren Kräften. Denn eine notwendige Erhöhung der reduzierten Wandstärke ist gleichbedeutend mit einer Erhöhung der Kraft.

Die Kurven zeigen ferner, daß Rohre mit Vorteil in größeren, offene Profile dagegen in kleineren Längen Verwendung finden. Der Einfluß der Querschnittsform geht z. B. aus dem Vergleich des Dural-Profil- und Rohrquerschnitts von gleichem Querschnitt $= 1,74$ cm² hervor (Abb. 9).

Zwei Stäbe verschiedener Länge l_1 und l_2 aber gleichen Gütegrades G_s lassen sich durch ähnliche Vergrößerung des kürzeren, wobei $\frac{l}{i}$, σ_k und G_s konstant bleiben, auf die Länge l_2 bringen, indem man seinen Querschnitt f_1 bzw. seine Knicklast mit $\left(\frac{l_2}{l_1}\right)^2$ multipliziert.

Diese Umrechnung zeigt, wie groß die Knicklast (bzw. die aufzunehmende Kraft) eines kürzeren Stabes wird, der die größere Länge eines Vergleichsstabes unter Konstanthaltung des gleichen Gütegrades erhält. — Ist die Knicklast P_{k2} gegeben und hat der betrachtete Stab einen Querschnitt f_1, eine Länge l_1 und eine Knicklast P_{k1}, so kann man diese unter Konstanthaltung seines Gütegrades gleich P_{k2} machen, indem man seinen Querschnitt und seine Länge ändert in

$$f_x = f_1 \cdot \frac{P_{k2}}{P_{k1}} \text{ bzw. } l_x = l_1 \cdot \sqrt{\frac{P_{k2}}{P_{k1}}}.$$

Mittels dieser Beziehungen lassen sich die Kurvenwerte nach verschiedenen Richtungen vergleichen.

Der Gütegrad G_s gestattet nur dann eine ausreichende Beurteilung, wenn die Trägerform (Knotenpunktsform), bei welcher der Einzelstab verwendet werden soll, einigermaßen bekannt ist. Die Form hängt aber in hohem Maße von dem Baustoff und der Baustoffart ab. Deshalb werden Gütegrade für Konstruktionen aufgestellt, nämlich $G_k =$ Bruchlast dividiert durch das Gewicht der Längeneinheit z. B. eines laufenden m (evtl. auch = Bruchmoment durch Gewicht). Hierzu sind die günstigsten Abmessungen der Strebenteilung t und der Gurt- und Strebenquerschnitte für gegebene Länge, Höhe, Belastungsart und -größe, d. h. der kleinste für den Zweck mögliche Baustoff-Rauminhalt zu ermitteln. Das ist z. B. auf Abb. 10 für Rohrträger geschehen, wobei bestimmte Querschnitts-Ausmaße eingehalten sind. Hier liegt die günstigste Teilungszahl bei 13 (auf 5 m Länge), die einzelne Teilung beträgt also 38,5 cm. Das Verfahren wird für verschiedene Höhen wiederholt. Man kommt so leichter zum Ziel als durch Aufstellung von Gleichungen, die keine Kontinuität aufweisen können. Gütegrade von Trägern sind in den Zahlentafeln K, L, M, N enthalten, auf die später noch eingegangen wird. Zum Vergleich der Gütegrade zweier verschiedener Träger bringt man sie unter der Voraussetzung, daß die Querschnittsabmessungen nicht geändert werden, auf gleiche Länge. L_2 sei die größere, L_1 die kleinere Länge. Der neue Gütegrad des verkürzten Trägers wird z. B. $G_x = G_2 \cdot B_x : B_2$, worin B aus der Knickformel des vorigen Kapitels zu entnehmen und $L_x = L_1$ zu setzen ist. Näherungsweise setzt man $b:a$ für Dural $= 1:100$, für Sperrholz $= 1:200$ und $r_2 = 1$. Bei Biegungsträgern mit 2 gedrückten Gurten wird ungefähr $G_x = G_2 \cdot \frac{B_x}{B_2} \cdot \frac{L_2}{L_1}$ und bei solchen mit einem gedrückten Gurt $G_x = G_2 \cdot \frac{L_2}{L_1}$.

Ein Vergleich nach Gütegraden hat natürlich nur dann einen Wert, wenn es sich um nicht zu große Unterschiede der Metergewichte oder Knicklasten von Versuchsträgern handelt, die zum Vergleich einer dieser Größen konstruiert wurden. Bei zu großen Unterschieden erscheint der Träger mit dem größeren Gewicht bzw. mit der größeren Knicklast zu günstig, weil mit wachsendem Gewicht nicht nur der Querschnitt sondern auch die Festigkeit σ_k zunimmt und außerdem eine Änderung des Verhältnisses von Gurt- und Verstrebungsgewicht eintritt. So z. B. sind zwei Träger, deren Metergewichte

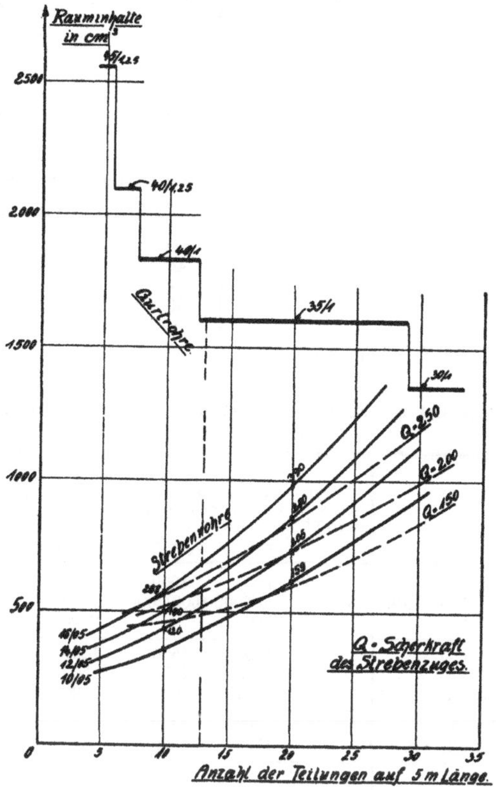

Abb. 10. Ermittlung der geringsten Baustoffmenge eines Trägers.

und Knicklasten sich je wie 1:2 verhalten, nicht ohne weiteres in obigem Sinne vergleichbar, wohl aber, wenn die Größen der einen Art nur um etwa 10 bis 30 vH voneinander abweichen und die der anderen Art beliebig sind.

Bemerkt sei, daß die angegebenen Gütegrade keine Ausnahmewerte darstellen.

Zahlentafel B. Konstruktionsdaten.

	Stahl				Dural		
	Blech	off. Prof.	Rohr	Draht	Blech	off. Prof.	Rohr
σ_z	80	100	100	160	40	42	45
σ_{str}	50	75	75	140	33	33	34
σ_d	70	100	100	—	33	38	40
D	15	10	10	3	15	10	8
τ Niete	50				24		

Zahlentafel A. Festigkeiten und Dehnungen von Metallen.

(σ in kg/mm².)

	Stahl				Dural			Aluminium		Elektron
	Blech	off. Profil	Rohr	Draht	Blech	off. Profil	Rohr	Guß	Hart	Profile Gewicht
Zerreißfestigkeit σ_z	< 90	< 130	< 160	< 220	30—45	32—50	52—55	< 11	< 45	> 30
Streckgrenze σ_{str}	< 60	< 110	< 120	< 160	24—33	24—37	24—43	—	—	≈ 19
Stauchfestigkeit σ_d	< 80	< 130	< 160	—	30—42	30—43	33—50	< 11	< 33	< 35
Dehnung D	20—10	20—5	12—5	2—6	23—10	18—8	16—2	> 9	> 3	> 3
Scherfestigkeit τ	72—130				24—37			—	—	—
Elast. Grenze σ_e¹)	0,4—0,8 σ_z				24—36			—	—	—
Elast. Modul E	$\approx 22\,000$				$\approx 7000 \div 7500$			≈ 6750	—	≈ 4500

¹) Praktische Werte für den Luftschiffbau. Die genauen Werte liegen tiefer.

Zahlentafel C. Beispiele für Material-Arten.

I. Stahl.

	Zugfestigkeit σ_z[1])	Streckgrenze σ_{str}	Dehnung D
Luftgehärtetes Rohr 40/03	160	—	3
dto. nicht gehärtet	100	—	12
dto. nicht gehärtet	64	—	4
Stahlband 0,3—0,5 mm stark	130	120	5
U-Profil	80	50	12
Sog. Konstruktionsstahl	85	73	15
	120	90	10
	105	80	13

II. Dural.

	σ_z	σ_d	D
Rohr 30/1	46	38	12
» 30/1, 25	46	43	5
U-Profil	47	35	22
dto.	40	38	12

[1]) Von σ_d wenig verschieden.

Zahlentafel D. Spezifische Gewichte und Materialgütegrade G_m (in cm).

	Spezif. Gew. in g/cm³	Materialgütegrade: nach den Höchstwerten der Zahlentafel A $G_1 = \sigma_z : \gamma$	$G_2 = \sigma_d : \gamma$	nach Zahlentafel B und H $G_1 = \sigma_z : \gamma$	$G_2 = \sigma_d : \gamma$
Stahlblech	—	1150	1000	1000	900
Stahlprofil u. Rohr	∾ 7,85	1600/2000	1600/2000	1300	1300
Stahldraht	—	2500	—	2000	—
Dural-Blech	—	1600	1500	1400	1200
» -Profil	∾ 2,8	1800	1600	1500	1300
» -Rohr	—	2000	1800	1600	1400
Gußalumin	2,65	400	400	—	—
Hartalumin Profil	2,7	1700	1200	—	—
Elektron	1,8	1600	1900	—	—
Sperrholz (Aspe)	0,6	—	—	870	600
Tragender Querschnitt etwa 70 vH	0,5	—	—	1050	700

G = Gütegrad.
σ_z = Zugfestigkeit kg/cm².
σ_d = Druckfestigkeit kg/cm².
γ = spezifisches Gewicht in g/cm² oder kg/cm².

Zahlentafel E. Beispiele für Verbesserung von Metallen.

1. Duralblech gewalzt und vergütet.
   1. Probe erhitzt auf 350° und abgeschreckt im Wasser von 100°, sofort untersucht $\sigma_z = 33$ $D = 15$ vH
   2. Probe erhitzt auf 500° sonst wie vor $\sigma_z = 23$
   3. Probe erhitzt auf 500° und abgeschreckt im Wasser von 20°, nach 6 Tagen untersucht . . . $\sigma_z = 48{,}5$ $D = 21$ vH
   4. Probe erhitzt auf 460° und abgeschreckt im Wasser von 20°, nach 4 Tagen untersucht . . . $\sigma_z = 45$ $D = 22$ vH
      dto. in Luft gekühlt . . . $\sigma_z = 44$ $D = 21$ vH

2. Duralblech geglüht bei 400° . . . $\sigma_z = 27$ $D = 17$ vH
   1. Probe kalt gewalzt . . . $\sigma_z = 36$ $D = 2$ vH
   2. Probe bei 500° vergütet und nach 4 Tagen probiert . . . $\sigma_z = 42$ $D = 22$ vH
      dann kalt gewalzt . . . $\sigma_z = 53$ $D = 2$ vH
      dann geglüht bei 400° . . . $\sigma_z = 26$ $D = 16$ vH
      dasselbe wie vor nur statt Glühung eine 2. Vergütung bei 500° . . . $\sigma_z = 41$ $D = 20$ vH

3. Chromnickelstahl-Blech.
   im Anlieferungszustand . . . $\sigma_z = 79$ $D = 13$ vH
   nach Warmvergütung . . . $\sigma_z = 160$ $D = 2$ vH
   nach Anlassen bei 250° . . . $\sigma_z = 159$ $D = 6$ vH

Zahlentafel F. Biegeproben mit 20 mm breiten, aus Rohren herausgeschnittenen Streifen.

	Winkel	Abb. 31 c	Zahl der Biegungen	Bemerkungen
1. Stahlrohr 30/1	30°	I	27	$\sigma_d = 60$, $\sigma_z = 65$ } D = 8 vH
	45°		22	
	30°	II	12	
	45°		10	
2. Duralrohr 30/1,25 Sorte A	30°	I	2	$\sigma_d = 44$, $\sigma_z = 51$ } D = 5 vH
	45°		1,5	
	30°	II	1,5	
	45°		1	
3. Duralrohr 30/1 Sorte B	30°	I	6	$\sigma_d = 38$, $\sigma_z = 49$ } D = 13 vH
	45°		3,5	
	30°	II	3,5	
	45°		3	

Zahlentafel G. Festigkeitszahl in kg/cm² für gut gewachsenes Vollholz.

Für die weicheren Hölzer (Nadelholz, Aspe) gilt überwiegend der untere, für härtere Hölzer (Esche, Buche, Akazie) der obere Bereich.

Parallel zur Faser $\sigma_d = 360$ bis 750 kg/cm².
$\sigma_z = 1{,}2$ bis $1{,}5\,\sigma_d$.
$\tau = 1/8$ bis $1/6\,\sigma_d$.
Quer zur Faser $\sigma_d' = 1/10$ bis $1/4\,\sigma_d$.
$\tau' = 0{,}3$ bis $0{,}5\,\sigma_d$.

Zahlentafel H. Festigkeitsmittelwerte in kg auf 1 cm² bei 15 ÷ 25 vH Feuchtigkeitsgehalt (15 vH = lufttrocken).

Festigkeitsarten	zur Faserrichtung	Eiche	Buche	Esche	Ulme	Tallow	Lärche	Kiefer	Fichte	Tanne	Aspe
Zug σ_z	//	1000	1300	1300	1000	1100	1100	800	750	800	800
Druck[1]) σ_w	//	360	300	500	400	630	450	280	270	300	320
Scherung τ	//	80	80	60	60	100	70	40—60	40—70	60	50
Biegung[2]) σ_b	//	600	670	850	850	1 000	600	420	430	550	550

// bedeutet parallel zur Faserrichtung.
[1]) σ_w = Würfelfestigkeit $< \sigma_d$.
[2]) σ_b = Stauchfestigkeit bei Stützung der Fasern und maßgebend bei Sperrholz.

Zahlentafel I. Raumgewichte für Vollholz und Materialgütegrade G_m.
(Die Zahlen in Klammern gelten für Sperrholz.)

	Raumgewichte[1]): lufttrocken 10 vH Feuchtigk. Mittelwert γ_1	gedarrt 110° Mittelwert γ_2	$\gamma_1 - \gamma_2$	Gütegrade[1]): G_m in cm $= \frac{\sigma_z}{\gamma^1}$ (10 vH Feuchtigkeit)	G_m in cm $= \frac{\sigma_d}{\gamma^1}$ (10 vH Feuchtigkeit)
Ahorn	0,67	0,63	—	—	—
Birke	0,64	0,61	—	—	—
Eiche	0,86	0,66	0,20	1160	420
Erle	0,53	0,43	—	—	—
Esche	0,75	0,62	0,13	1740	670 (725)
Fichte	0,47	0,44	0,03	1600 (1050)	530 (600)
Kiefer	0,52	0,51	0,01	1540 (1000)	560 (530)
Lärche	0,62	0,46	0,16	1780 (1150)	725 (630)
Linde	0,46	0,42	—	—	—
Pappel	0,45	0,37	—	—	—
Aspe	0,48	0,40	0,08	1670 (1100)	625 (725)
Pitchpine	0,70	—	—	—	—
Rotbuche	0,74	0,57	—	—	—
Ulme	0,69	0,52	0,17	1450	580
Weißbuche	0,72	—	—	1800	420
Weißtanne	0,48	—	—	1670	621

[1]) Bei Sperrholz ist das Raumgewicht und die Stauchfestigkeit größer als bei Vollholz.

II. Die Metallkonstruktion.

A. Träger.

Die folgenden Ausführungen erstrecken sich auf Duralumin-Träger, gelten aber sinngemäß auch für Träger aus Stahl und anderen Metallen.

1. Vollwandige Bauteile.

Vollwandige Bauteile (s. Abb. 37) können aus Gewichtsgründen nur bei verhältnismäßig kleinen freien Längen Verwendung finden. Bei größeren, nicht unterteilten Längen würde der Baustoffaufwand viel zu groß sein. Daher beschränkt sich ihre Verwendung fast ausschließlich auf die aufgelösten Träger. Fabrikatorisch unterscheidet man folgende Arten (s. Abb. 37):

1. Offene und gewalzte Profile (Reihe I),
2. dieselben warm gepreßt in dem Fall, daß sich der Querschnitt mit der Länge des Stabes ändert (z. B. Übergang von Nr. *g* in Nr. *c* der Reihe I),
3. offene aus dem vollen warm gezogene Profile (Reihe I u. II),
4. geschlossene aus dem vollen warm gezogene Profile (Reihe III),
5. aus Blech durch Biegen auf kaltem Wege hergestellte Profile (Reihe I u. II),
6. aus Blech durch Walzen auf kaltem Wege hergestellte Profile (Reihe I),
7. aus Blech durch Pressen auf kaltem Wege hergestellte Profile (Reihe I),
8. offene aus Blech kalt gezogene Profile (Reihe I u. II).

Die warm hergestellten Stäbe sind noch zu vergüten und kalt zu verdichten. Die aus vergütetem und gewalztem Blech hergestellten Stäbe werden durch das die Formgebung bewirkende Verfahren einer weiteren Verdichtung unterzogen und deshalb auch bevorzugt. Bei dünneren Blechen wird die Formgebung kleinerer Stücke durch einfaches Umbiegen und Pressen in Formen bewerkstelligt, ein Vorteil, der gestattet jederzeit beliebige Profile in einfacher und nicht zeitraubender Weise werkstattmäßig herzustellen (insbesondere als Verbindungsteile s. Abb. 22). Zu geschlossenen Profilen lassen sich Bleche verwenden, indem man sie nietet, schweißt oder lötet. Das Walzen oder Pressen aus dem kalten oder warmen Zustande läßt sich nicht anwenden bei den Rohren und offenen Profilen mit konvergierenden Schenkeln oder Schenkelansätzen (Reihe II). Sie müssen gezogen werden.

Demnach sind enthalten in: Reihe I walzbare, offene Profile, die auch gezogen, gebogen oder gepreßt werden können. Reihe II ziehbare, offene Profile, die auch kalt gebogen werden können. Reihe III nur ziehbare, geschlossene Profile. Reihe IV stellen Profile dar, die aus anderen durch Nieten zusammengesetzt sind. Außer den angegebenen Beispielen sind eine Menge Zwischenstufen möglich. Die konvergierenden Schenkel der Profile in Reihe II befördern nur dann die Knickfestigkeit, wenn sie in gewissen Abständen gegeneinander abgesteift sind.

Bei größeren Querschnittsausmaßen würde für Vollwandträger eine ganz erhebliche Wandstärke anzuwenden sein, um die gegenseitige Abstützung der Einzelteile gegen Ausknicken zu gewährleisten, insbesondere bei offenen Profilen. Allenfalls wären dünnwandige Rohre größeren Durchmessers (z. B. 20 cm) mit Querversteifungswänden möglich, eine Anordnung, wie sie die Natur im Bambusrohr geschaffen hat. Aber auch in dem Falle ist es zweckmäßig, den Querschnitt durch Aufnieten von Profilen oder durch wellenförmige Formgebung gurtartig zu verstärken und die Rohrwandungen mit (gebördelten) Löchern zu versehen.

Demgegenüber ergibt die Anhäufung des Baustoffes um einzelne wenige zweckmäßige Achsen eine viel bessere Materialausnutzung, wenn man die so entstehenden Einzelstäbe steif ausbildet. Fabrikatorisch erreicht man das 1. durch Verbindung gelochter Bleche miteinander, 2. durch Verbindung einzelner Gurte mittels Bindeblechen oder 3. durch Verbindung einzelner Gurte mittels Streben.

Die so entstehenden Bauteile werden im folgenden behandelt:

2. Aufgelöste Bauteile aus gestanzten Blechen.

Diese Bauteile kann man durch Stanzen der Vollwandprofile der Abb. 37 oder durch Stanzen ebener Bleche mit nachfolgender formgerechter Biegung und gegenseitiger Verbindung erzeugen. Der letztere Weg ist der gebräuchlichere. Die prinzipielle Form einer Trägerwand ist die der Abb. 38. Das Stanzen der Wände bietet den nicht hoch genug zu veranschlagenden Vorteil, daß man die Stanzlöcher gleichzeitig mit einem gebördelten Rande *c* versehen kann. Das bedeutet die Wahl eines gebördelten Winkels als Gurt *a* und eines U-Profils als Steg *b*, zwei Profile, die sich gegenseitig stützen. Wegen ihrer größeren Härte lassen sich die gestanzten hochwertigen Rohre nicht bördeln. Es ergeben sich folgende Profile der Abb. 43: Das gestanzte ungebördelte Rohr ovalen oder rechteckigen Querschnitts (1—3). Die Festigkeit ist wegen Fehlens der Bördelung und mangelhafter Stützung der Gurte verhältnismäßig gering. Das gelochte Ovalrohr bietet bei Beanspruchung in seiner großen Achse Vorteile, jedoch ist ein rechteckiger Querschnitt vorzuziehen, wenn es sich um Biegungskräfte handelt.

Die weiteren Figuren beziehen sich auf gestanzte Bleche (Abb. 43, Nr. 4 bis 15). Nr. 4 ist wenig fest und gewinnt erst in der Doppelausführung Nr. 5 zweier aufeinander genieteter Bleche (besonders als Knotenpunktswände) Bedeutung (T-Querschnitt). Nr. 7 und 8 sind aus einem Stück gebogen und durch Überlappungsnietung (nach Maßgabe der Abb. 41*a*) verbunden. Nr. 6 und 9 zeigen einen zweiteiligen, Nr. 10 und 11 einen vierteiligen Querschnitt, Nr. 12 einen Querschnitt mit Bindeblechen (16). Die kastenförmigen Querschnitte 6, 7 und 9 bis 12 sind bei größeren Ausmaßen in den Ecken nur steif genug bei verhältnismäßig großen Wandstärken, da ohne diese die Rechteckform leicht in die eines schiefwinkligen Paralellogramms übergeht, ein Nachteil, unter dem Nr. 8 nicht zu leiden hat. Zur Behebung desselben dient z. B. die Anordnung 13 eines vierteiligen Querschnittes, bei dem sich die Winkelgurte ganz übergreifen. Die Gesamtstärke der Gurte wird dadurch groß, aber die der Stege klein; die Bördelung macht weniger Schwierigkeiten, und man kann das richtige Verhältnis der Steg- und Gurtstärke annähernd treffen. Dafür ist größere Nietarbeit nötig, die aber nur ins Gewicht fällt, wenn sie mit der Hand geschieht. Eine weitere Möglichkeit der Versteifung besteht nach Nr. 15 durch Einsetzen von Querwänden, die ein erhebliches Mehrgewicht erfordern. Nr. 6 bedeutet einen zweiteiligen Querschnitt mit Löchern in nur zwei Ebenen und ist aus zwei Querschnitten 4 zusammengesetzt, ist breiter als hoch und daher auf engere Stützung in senkrechter als in wagerechter Richtung angewiesen. Alle diese Träger mit drei- und viereckigem Querschnitt eignen sich zunächst als Knickträger. Ihre Stege können dabei wegen der geringen Scherkräfte klein bemessen sein. Bei Biegungsträgern der Art werden durch größere Scherkräfte neben stärkeren Stegen (die Momente und Scherkräfte erhalten) auch große Deformationen bedingt. Der Träger ist also sehr nachgiebig und erleidet schon bei kleineren Biegelasten große elastische Durchbiegungen, ein Verhalten, das unter Umständen sehr erwünscht ist. Ist dies nicht der Fall und sind die Scherkräfte zu groß, so sind die Bleche nach Abb. 40 in Form gekreuzter Strebenzüge mit Bördelung zu stanzen. Die Kreuzung bewirkt eine Unterteilung der Gurt- und Verstrebungslängen und daher eine größere Knickfestigkeit.

Alle diese aus gestanzten Blechen hergestellten Träger haben den Nachteil größeren Materialverschnitts.

3. Aufgelöste Bauteile aus Einzelgurten und Bindeblechen.

Bei diesen wird der große Materialverschnitt der Bauteile des vorigen Absatzes vermieden (s. Abb. 39 und 44). Die Trennung zwischen Gurt- und Querverbindungsteilen bietet außerdem den großen Vorteil, daß man als Gurte die hochwertigen gewalzten oder gezogenen Profile und zur Verstrebung die biegsamen Bleche geringerer Festigkeit und Stärke verwenden kann. Die Querverbindungen werden als **steife Rahmen** aus einem Blech gebogen, als **Querwände** oder als **einzelne Bindebleche** gestanzt. Der **steife Rahmen** besteht entweder aus einem u-förmig gebördelten und an einer Stelle zusammengenieteten verhältnismäßig breiten Blech nach Abb. 44, 1, 2 und Abb. 42 g oder aus einem winkelförmigen Blech nach Abb. 44, 3, dessen einer Schenkel an den Ecken unterbrochen und mit dem anderen nach Umbiegung durch Überlappung vernietet ist. Die **Querwände** in Abb. 44, 4 werden nach Abb. 43, 4 oder besser Nr. 5 hergestellt. Die Auflösung der Querverstrebung in **einzelne Bindebleche** ist aus Abb. 44, 5 bis 8 zu ersehen. Die Rahmen in 1 sind sehr leicht und von guter Wirkung, insbesondere da sie bei enger Folge und größerer Breite (s. Abb. 11) eine gute Einspannung der Gurte und damit eine größere Längs- und Quersteifigkeit erzeugen, wie durch Abb. 42 erläutert. Die Formänderung des Trägers ist immerhin erheblich, besonders bei größeren Längen und größerer Querkraft. Bei ausreichender Breite bringt das Lochen und Bördeln der freien Rahmenwände eine Gewichtsverminderung

Abb. 11. Träger mit Querrahmen.

und Steifigkeitserhöhung. Der Rahmen nach Abb. 44, 3 ist bei u-förmigem Querschnitt erheblich wirksamer als bei winkeligem. Die Querwand nach 4 findet besonders Anwendung an Punkten, wo größere Scherkräfte eingeleitet werden (z. B. auch bei Knotenpunkten) und erfordert größeres Gewicht.

Besteht die Verbindung der Gurte aus einzelnen Bindeblechen nach Abb. 44, 5 bis 8, und Abb. 12, so müssen zur Erzie-

Abb. 12. Bindeblech-Träger.

lung genügender Quersteifigkeit die Gurte selbst steif sein und die Bördelungen der Bindebleche bis auf die Schenkel der Gurte reichen. Abb. 41 b stellt ein solches gelochtes und gebördeltes Blech dar. Bei geringen Abmessungen lohnt sich das Lochen nicht (Abb. 44, 7 bis 8). Bestehen die Gurte aus Rohren, so ergeben sich in Abb. 44 als Abarten der Nr. 1 und 2 die Nr. 9 und 10; als Abarten der Nr. 3 die Nr. 11 und 12, wobei die steife Eckverbindung durch besondere Winkel oder besondere Bördelung geleistet wird. Abarten der Nr. 4 sind die Nr. 14 und 15 und eine Abart von 5, 6 ist Nr. 13.

Für den Entwurf der in diesem und im vorigen Kapitel behandelten Träger bedient man sich der Kurventafeln nach Art der Abb. 6. Hier ist auf der rechten Seite eine Kurvenschar für Schwerpunktsspannungen des Trägers σ_{k0} in Abhängigkeit vom Verhältnis $L_0 : i_0$ und den Spannungen σ_{k1} des Einzelgurtstabes aufgetragen. Diese σ_{k1} ergeben sich aus der linken Kurvenschar unter Berücksichtigung der durch die einhüllende Kurve gegebenen günstigsten Werte für $H:d$ und $l:d$. Bei gegebenen σ_{k0} kann man $L_0 : i_0$ wählen und findet über σ_{k1} das günstigste $l:d$ und $H:d$, natürlich unter Berücksichtigung der Ausbildung, wie früher angegeben. Bei quadratischen Trägern (mit zweiseitiger Festigkeit) ist unter Berücksichtigung der Abb. 38 und 39 die Teilung t etwa 1,1—1,5 H, bei rechteckigen Trägern (einseitiger Festigkeit) steigt sie bis auf 2,5 H (z. B. bei Abb. 44, 7 bis 8).

Der Anteil des Gewichts der Querverbindungen ist je nach der Querkraft 0,25 ÷ 0,40 des Gesamtgewichts. Bei Knickträgern nach Abb. 4 kann die Wandstärke der Querverbindungen etwa ein Drittel der Gurtstärke betragen.

Alle die besprochenen Träger mit aus Viereckrahmen gebildeten Seitenwänden sind für Übertragung größerer Querkräfte und für größere Längen (etwa 3 bis 5 m) weniger geeignet. So z. B. hält der Träger der Abb. 11 aus Duralblech nach Zahlentafel K 2 und 2a bei 1,2 m Länge, 7 cm Höhe und 1,5 mm Gurtstärke eine Knicklast von 4000 kg entsprechend einem $\sigma_{k0} = 24$ und einem verhältnismäßig hohen Gütegrad $G_k = P_k$: Gewicht 1 lfd. m = 4000 : 0,77 = 5200. Unter Erhöhung der linearen Abmessungen auf das 3,5 fache ergibt sich eine Länge von 4,25 m und Höhe von 25 cm, wie sie normalerweise im Luftschiffbau vorkommen können. Unter Beibehaltung der gleichen günstigen Verhältnisse $L_0 :{}_0$, $l:d$, $H:d$ (vgl. Abb. 6) bleibt σ_k^0 etwa dasselbe und die Knicklast steigt auf 4000 · 3,55 · 3,55 = 52000 kg, wobei der Gütegrad 5200 bleibt (Zahlentafel K 2, 2a), während man z. B. mit dem Strebenträger 7 etwa denselben Gütegrad schon bei der viel kleineren Bruchlast von 9000 kg bei gleicher Länge erreichen kann. Für solche kleinere Knicklasten würde also ein Bindeblechträger entweder ungünstigere Verhältnisse $l:d$, $H:d$ oder ein größeres Gewicht der Querverbindungen annehmen, weil diese sehr eng gesetzt werden müßten.

4. Träger aus Einzelgurten und Streben.

Nach vorigem kommen diese Träger bei größeren Längen fasausschließlich in Frage. Sie bestehen angenähert aus Dreieckfachwerken mit mehr oder weniger steifen oder aus praktischen Gründen in Längs- und Querrichtung exzentrischen Strebeanschlüssen (Querschnitte s. Abb. 46, 47). Man hat also ein Mittelding zwischen dem im vorigen Kapitel behandelten und den theoretischen Dreieckfachwerkträgern. Demgemäß haben die Streben in der Quer- und vor allem in der Längsebene außer ihrer Axialkraft Momente aufzunehmen. Der exzentrische Anschluß ist auf die Festigkeit der Gurte nur von unbedeutendem, nicht nachteiligem Einfluß. Es sollen Zwei- und Mehr-Gurtträger betrachtet werden.

a) Zweigurtträger. Sie werden angewendet, wenn in der Ebene ihres kleineren Widerstandes die Möglichkeit öfterer Unterstützung von festen Punkten aus vorliegt, z. B. nach dem Schema der Abb. 45 *a* und *b* in Punkten *a* durch Abspannung nach Knotenpunkten anderer Träger. Querschnitte der Träger sind in Abb. 46 angegeben. Wegen ihrer Schmalheit müßte die Torsionssteifigkeit größtenteils von dem Strebenzuge selbst geleistet werden. Das wäre aber nur bei großem Gewichtsaufwand oder einer sehr häufigen, in der Praxis selten möglichen seitlichen Abspannung durchzuführen. Daher sind diese Träger bei gegenseitiger Entfernung der Abspannungen vom z. B. 4- bis 10 fachen der Trägerhöhe nicht besonders günstig. Als Gurt- und Strebenprofile werden Querschnitte der Abb. 37, 43 und 44 mit wenigen Ausnahmen verwendet (siehe Abb. 46). Als Streben eignen sich am besten Abb. 44, 7 bis 8 und Abb. 12 *b* ÷ *d*, wobei die Endteilung der Strebe wegen ungünstiger Lage der Knicklinie gleich oder kleiner als die Hälfte der Mittelteilung sein muß und die Nähe eines Bindebleches am Gurt dessen Steifigkeit vergrößert (46 *b*). Als Gurte kleinerer Abmessungen dienen die unvollständig aufgelösten Profile 14 und 6 in Abb. 43, sowie Nr. 7 und 8 der Abb. 44 (entsprechend Nr. *a*, *b* der Abb. 46), für größere Abmessungen die ganz aufgelösten Querschnitte nach Abb. 43, Nr. 7, 9 bis 13 und 15, sowie Abb. 44, Nr. 1, 5 und 6 (entsprechend 46 *d*), ferner die vollwandigen Querschnitte 37 *p* bis *r* und *u* bis *y*; von den letzteren sind die ovalen oder rechteckigen Rohre entsprechend Nr. 46 *c* und *e* am geeignetsten. Da die Teilung der Abspannung im allgemeinen größer ist als die der Streben, so sind die Gurtquerschnitte nach einer großen und einer kleinen Achse auszubilden, wobei die große in Richtung der seitlichen Abspannung zu leigen kommt. Ähnliches gilt von den Streben aus Gründen der Quersteifigkeit.

Vergleichsweise seien die Gütegrade der 1,2 m langen Träger Abb. 46 *d* und *c* bei gleichartigen und gleich schweren Streben, gleich schweren Gurten und gleicher Teilung betrachtet. Der Rechteckgurt (s. Abb. 11) wiegt 770 g/m (mit Querverbindungen) und hat ein $\sigma_{k0} = 24$, $P_k = 4000$, $F = 1{,}68$ cm². Das ovale Duralrohr, das ebenfalls pro m ungefähr 770 g wiegt, ist aus einem Rohr 60/1,5 mit einer Wandstärke von 1,5 mm gezogen, besitzt ein $\sigma_{k0} = 27$ beim Bruch, ein $F = 2{,}75$ cm² und eine Bruchlast $P_k = 7400$ kg. Nimmt man das Strebengewicht pro lfd. m beider Träger nach praktischen Ausführungen mit 0,33 der Gurtgewichte also 0,33 · (2 · 0,77) kg ≅ 0,51 kg/m an, so werden die Gütegrade der Träger $G_k = 4000 : (1{,}54 + 0{,}51) = 1950$ und $7400 : (1{,}54 + 0{,}51) = 3620$. Die Gütegrade der Träger verhalten sich also etwa wie 1,85. Bei kleineren Gurtquerschnitten sinkt dies Verhältnis.

Der Anteil des Verstrebungsgewichtes am Gesamtgewicht ist etwa $^1/_5$ bis $^1/_3$ je nach der Querkraft und Abspannungsweise.

Diese Träger machen eine Menge Niet- und Stanzarbeit bei Gurten und Streben erforderlich. Statt der genieteten Streben ließen sich auch einfache gestanzte Bleche nach Art der Abb. 43, 4 oder gelochte Rohre (Abb. 43, Nr. 1 bis 3 gemäß 46 *f*) verwenden, jedoch sind die einfachen Bleche zu weich, die gelochten Rohre aber nur bei sehr großen Scherkräften und abnorm langen Streben mit Erfolg anwendbar.

b) Drei- und Viergurtträger. Die Dreigurtträger haben infolge annähernd dreieckigen Querschnitts eine große Quersteifigkeit und bei annähernd gleichen Querschnittswinkeln (60°) eine sehr große Verdrehungssteifigkeit. Querschnittsformen einschließlich Lage der Streben finden sich in Abb. 47, *a* bis *e*, Ansichten in Abb. 13 ÷ 16. Abb. 48 *a* bis *e* stellt schematisch den Verlauf der Strebenzüge bei verschiedenen Anordnungen dar, wobei die Seitenwände in die Zeichenebene heruntergeklappt zu denken sind, so daß die Gurtachse I zweimal erscheint. Anordnung *a* bildet den Übergang zu Trägern mit Bindeblechen und ist nur anwendbar, wenn in der einen Wand, nämlich wo die Bindebleche liegen, kleinere Scherkräfte wirken. (Auf Abb. 4 *e* ist ein Bindeblech wiedergegeben). Nach Anordnung *b* der Abb. 48 sind außer den Streben *s* noch Pfosten *p* eingebaut zur Schaffung dreieckiger Querrahmen 4, 5, 6, 4 zwecks Erzielung größerer Quersteifigkeit, wie sie z. B. bei Biegungsbeanspruchungen in zwei Richtungen nötig ist. In Anordnung *c* fehlt dies geschlossene Dreieck, und die Steifigkeit des Querschnittes 7, 8, 10, 7 ist von der des Gurtstabes II bei 9 abhängig, daher im allgemeinen wohl für Knick-, nicht aber für Biegungsträger ausreichend. Statt der Pfosten und Streben in der einen Wand bei Anordnung *b* kann man gemäß *d* mit dem gleichen oder einem kleineren Gewichtsaufwand in derselben Ebene II ÷ III Strebenkreuze

Abb. 13. Träger aus offenen Profilen mit Flachstreben.

vorsehen, wobei auch geschlossene Querdreiecke nämlich 11, 12, 13, 11 entstehen (Strebenkreuze s. Abb. 4*a*). In Anordnung *e* sind durchweg solche Strebenkreuze, d. h. also zwei sich kreuzende Strebenzüge verwendet, durch welche sowohl die freie Länge jeder Einzelstrebe als auch die der Gurte halbiert und deren Knickfestigkeiten

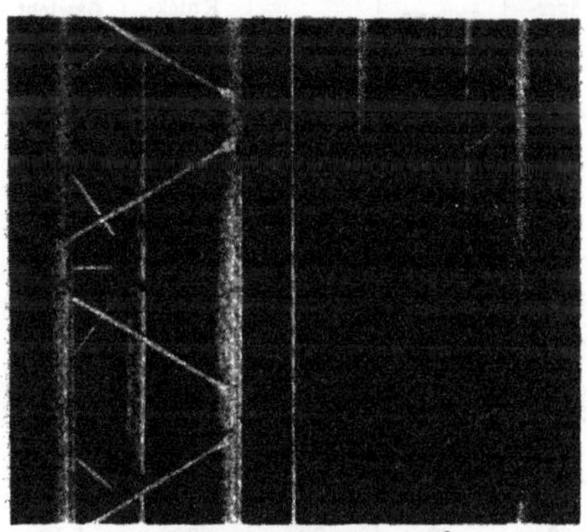

a *b*

Abb. 14. Träger aus Rohren:
a) ohne Querkreuzung der Streben
b) mit Querkreuzung der Streben.

erhöht werden. Diese Tatsache ist nach Früherem gerade bei offenen Profilen sehr erwünscht und gibt den aus solchen hergestellten Trägern erst ihren Hauptwert. Bei rohrförmigen Streben (Abb. 4*b*) und Gurten ist der Vorteil der Kreuze nicht so ausschlaggebend und hat nur kleinere Vorteile.

Als Gurte dienen vorzugsweise die Profile Abb. 37*e*, *i*, *k*, *m* bis *p*, *s*, *t*, *z*, als Streben *g*, *p* bis *r* (einfache Streben) und 44, 6 bis 8 (zusammengesetzte Streben). Die letztgenannten Doppel-U-Streben eignen sich hauptsächlich für Rohrgurte (Abb. 49) und ergeben infolge ihres Anschlusses in zwei Ebenen eine große Steifigkeit.

Die gepreßten Blechstreben nach Abb. 37*g* sind sehr einfach herstellbar und für offene Gurtprofile das Gegebene, aber auch bei Rohrgurten anwendbar. Der gewellte Querschnitt in der Mitte der Strebe (s. Abb. 4*c*) läuft nach den Enden zu mehr und mehr in eine gebördelte Fläche aus, wodurch sowohl der Forderung der Knickfestigkeit als auch der des Anschlusses Rechnung getragen wird.

Diese Streben lassen sich sehr leicht kreuzen und durch Aneinanderlegen mittels Nieten verbinden (Abb. 4*a*). Der Anschluß der einen Strebe an einen Gurt offenen Profils geschieht z. B. an dessen Innenwand, der der anderen an der Außenwand mit dem Vorteil, daß die Gradlinigkeit der Schwerachsen besser zu wahren und für beide Kreuzarme dieselbe Strebe zu verwenden ist, während bei einseitigem Anschluß beides unmöglich ist (Abb. 13). Eine Trägeranordnung derart wird z. B. vom Luftschiffbau Zeppelin bevorzugt. Die flache breite Form der Strebenarme bedingt eine größere Knick- und Biegefestigkeit in der Längs- und eine kleinere in der Querebene des Trägers, d. h., sie ist zur Aufnahme größerer Zusatzmomente in der Seitenwandebene geeignet und befördert daher die Längssteifigkeit des Trägers; der Hauptvorteil der Kreuzung zweier Flachstreben aber ist ihre gegenseitige Unterstützung in Querrichtung wegen ihrer geringen Steifigkeit in dieser Richtung.

Die Rohrstreben sind für Rohrgurte am geeignetsten, da beide wegen ihrer großen Eigensteifigkeit größere Knicklängen zulassen und einer gegenseitigen Einspannung weniger bedürfen. Die Rohrträger werden vom Luftschiffbau Schütte-Lanz bevorzugt. Der Anschluß von Rohrstreben (s. Abb. 4*d*) wird ermöglicht durch Flanschen (Breitdrücken) der Enden, nachdem sie angelassen sind. Bei kürzeren Streben wird die durch das Flanschen infolge Formverschlechterung erzeugte Schwächung mit Hilfe von eingelegten und mitgepreßten kurzen Röhrchen behoben. Strebenkreuze aus Rohren kann man herstellen, z. B. durch Unterbrechung der einen Strebe

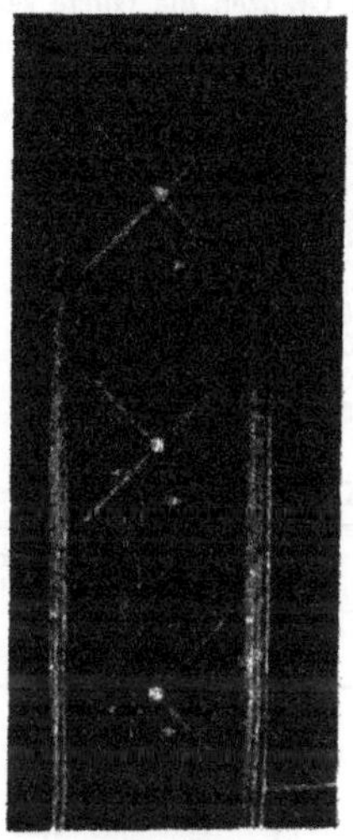

Abb. 15. Träger aus Rohren mit Strebenkreuzen.

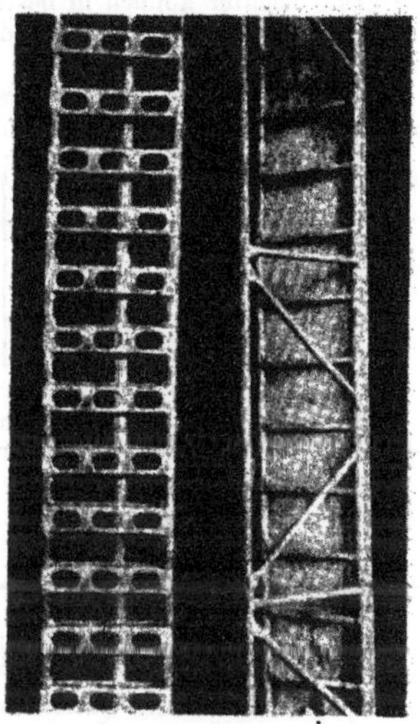

a *b*

Abb. 16. Begehbare Träger aus Rohren:
a) mit Blechsprossen
b) mit Sperrholzplatte.

und Stoßen gegen die andere unter Verwendung von kreuzförmigen Schellen (Abb. 4*b*) oder kreuzförmigen Einlegestücken. Die Anwendung gekreuzter Rohre lohnt sich nur bei großen Scherkräften (Abb. 15). Es ist zweckmäßig, daß sich die Flansche der Streben an die Gurte anschmiegen, damit eine Drehung der Strebe um die Verbindungslinie der beiden Anschlußnieten verhindert wird. Dazu muß aber eine genügende Quersteifigkeit der Strebe vorhanden sein.

Bisweilen ist es erwünscht, daß die Verstrebung aus der äußeren, die Gurte berührenden Seitenwandebene nicht mehr herausragt. Das ist nach Abb. 14*b* gemäß Abb. 47*c* und *e* leicht zu erreichen und bedingt eine Versetzung der Streben bzw. Strebenkreuze in Längsrichtung, ähnlich wie in Abb. 49 angegeben. Eine Versetzung ist aber sowieso anzustreben, um bei großen Zugbeanspruchungen der Gurte deren Schwächung durch Niete möglichst kleinzuhalten. Bei einer solchen Anordnung lassen sich je drei in der Querebene des Trägers gekreuzte Strebenkreuze zu einem Körper vereinigen, mit dem Vorteil, daß die Fabrikation vereinfacht und die Steifigkeit des Trägers erheblich gesteigert wird.

Die bisher besprochenen Dreieckträger sind durch ihre Form in der Querrichtung steif genug, besitzen drei tragende Ebenen im Raum und sind daher die geeignetsten Knickträger. Dagegen müssen quer zu einer Symmetrie-Ebene des Trägers wirkende Scherkräfte in einer einzelnen Seitenwand weitergeleitet werden, und es macht sich der exzentrische Anschluß der Streben in dieser Wand (infolge Abstandes von den Gurtachsen) bei großen Scherkräften unangenehm bemerkbar. In diesem Falle ist der Viergurtträger günstiger.

Auch aus Konstruktionsgründen ist er bisweilen erwünscht. Solch ein Träger macht eine besondere Querversteifung nötig, die zweckmäßigerweise zur Herstellung eines fortlaufenden Dreieck-Verbandes in den durch die Seitenwandverstrebung gebildeten Querebenen liegt. Das Schema Abb. 50*a* bis *b* zeigt die Seitenwandverstrebung mit und ohne Kreuzung. Der durch Pfosten und Streben gebildete Linienzug 1 ÷ 4 ÷ 1 liegt in einer schrägen Querebene, welche in Abb. 52*a* bis *b* in der Ansicht wiedergegeben ist. Streben, welche in solche Ebenen fallen, gehören einem fortlaufenden Strebenzug an. Für viele Zwecke genügt es, die Streben zur Längsachse senkrecht zu legen, wobei sich als Strebenkreuze wegen verschiedener Lage der Anschlußebene am besten Rohrkreuze eignen. Abb. 51 und 52*c* stellt den Fall dar, daß Seiten- und Querverstrebungen zu schrägen Querwänden vereinigt sind, welche nach Früherem ausgebildet werden. Die Linien 1, 2, 3, 4, 1, bedeuten die Durchdringungsgrade der Seiten- und schrägen Querwände. Falls die Scherkraft in einer Richtung parallel zu den Wänden I bis II und III bis IV klein ist, genügt die Anordnung 51*a*; bei größeren Kräften sind nach *b* in diesen Wänden Streben oder Strebenkreuze einzuziehen. Eine Querwand oder ein Rahmen kann natürlich an Stelle einer Querstrebe eintreten, eine Querwand insbesondere da, wo größere Kräfte eingeleitet werden.

Nach Früherem hängt die Festigkeit der Gurte mehr oder weniger von der Ausbildung der Verstrebung ab. Beide stehen in einer Wechselwirkung zu einander, was auch in den Gewichten seinen Ausdruck findet. Je enger die Verstrebung, desto schwerer ist sie und desto leichter können in bestimmten Grenzen die Gurte sein. Große Steifigkeit der Streben und ihrer Anschlüsse hat denselben Erfolg für die Gurte.

Der Gewichtsanteil der Verstrebung am gesamten Trägergewicht ist in folgender Zahlentafel enthalten:

		Einfache Streben	Strebenkreuze
		ca.	ca.
Dreigurtträger:	Knickung.	19—25 vH	28—35 vH
	Biegung .	19—30 »	28—44 »
Viergurtträger:	Knickung.	22—30 »	32—40 »
	Biegung .	22—35 »	32—49 »

Die Gütegrade von Trägern sind aus Zahlentafel K und L zu ersehen. Wie nach Früherem zu erwarten, stehen die Rohrträger an erster Stelle. Die günstigsten Trägerabmessungen können bei gegebener Belastung, Länge und Höhe etwa nach Abb. 10 ermittelt werden, die für Rohrträger gilt (s. oben). Die Teilung schwankt bei geschlossenen Profilen zwischen dem 1,5- bis 2fachen der Höhe. Bei offenen Profilen ist etwa die Hälfte dieser Zahlen einzusetzen. Zur Dimensionierung werden Kurvenzahlentafeln verwendet, die für jede Profilart und -größe die Knicklasten in Abhängigkeit von verschiedenen Teilungslängen enthalten.

Aus Zahlentafel K ist ersichtlich, daß sich die Gütegrade der Träger 4, 5 und 6 wie 1 : 1,26 : 1,77 oder wie 0,80 : 1,00 : 1,41 verhalten. Der aus offenen Profilen bestehende Träger 5 ist also dem aus geschlossenen Blechprofilen und Rohrstreben bestehenden Nr. 4 überlegen (infolge von Eigentümlichkeiten der Formen und Materialien), dagegen dem Rohrträger 6 unterlegen. Zum Vergleich der Träger 7 und 8 ergibt sich der Gütegrad des letzteren bei einer auf 423 cm vergrößerten Länge zu:

$$G_x = 6800 \cdot \left(1 - \frac{1}{100} \cdot 21 \cdot \frac{423}{253}\right) : \left(1 - \frac{1}{100} \cdot 21\right) = 6800 \cdot \frac{0{,}65}{0{,}79} = 5500.$$

Der Träger 8 ist also noch hochwertiger als Träger 7. Im übrigen wird auf Teil I Kapitel E verwiesen.

B. Verbindungen.

1. Verbindungsverfahren.

Von den möglichen Verbindungsverfahren wie Löten, Schweißen, Nieten und Schrauben kommt zurzeit das Schweißen nur für kleinere Stücke (s. Abb. 5), das Löten bei der Drahtbefestigung und das Schrauben nur ausnahmsweise, z. B. zur Befestigung der Schweißstücke, in Frage, dagegen bildet das Nieten die Hauptbefestigungsart. Es geschieht aus Gründen der Festigkeit und der Einfachheit auf kaltem Wege, erzeugt daher ein gutes Anliegen der Niete an der Lochleibung und bedingt nicht die Reibung der zu verbindenden Flächen aufeinander sowie eine bestimmte Kopfform in dem Maße wie das Warmnieten. Der gegenseitige Nietabstand ist 2,5 ÷ 3 mal

Zahlentafel K. Gütegrade von Duralträgern. Knickträger (Kugellagerung).

Nr.	Bezeichnung	Nach Abbildung	Ges. Gurtquerschnitt F_o cm²	Trägerhöhe und Breite h, b cm	Trägerlänge L_o cm	Teilung t cm	$\frac{L_o}{i_o}$	Knicklast P_k kg	Gewicht pro lfd. Meter kg/m	Gütegrad G_k kg/kg/m
1	Strebe mit Bindeblechen . . . . . . Endteilung = ∾ ½ Mittelteilung . . .	12 c 43,8	0,44	42 18	31	9 4	39	880	0,148	5900
2	4-Gurtholm mit Querrahmen	11	1,68	7 7	120	10	40	4000	0,77	5200
2 a	dto. . . .	11	21,00	25 25	425	35	40	52 000¹)	10,00	5200
3	2-Gurtträger mit 2 seitlichen Abspannungen	46a, b	0.88	24 6	240 = 3 × 80	37	22	1400	0,52	2700
4	3-Gurtträger aus geschlossenen Blechgurten und Rohrstreben	47 d	2,70	22 25	260	58	22	3000	0,97	3100
5	3-Gurtträger mit U-Gurten und Flachstreben-Kreuzen	47 a 13	2,66	23,3 27,0	256	27	21	4500	1,16	3900
6	3-Gurtträger mit Rohrgurten und Rohrstreben.	47 b 14	2,73	22,5 20,0	256	42	22	6200	1,12	5500
7	dto.	47 b 14	4,44	22 25	423	58	36	9000	1,71	5300
8	dto.	47 b 14	4,44	22 25	253	58	21	12 000	1,76	6800

¹) Knicklast durch Rechnung auf Grund anderer Versuche ermittelt.

Zahlentafel L. Gütegrade von Duralträgern. Biegungsträger¹) (Schneidenlagerung). (Einzellast P_b in Trägermitte.)

Nr.	Bezeichnung	Nach Abbildung	Querschnitt des Druckgurts F cm²	Trägerlänge L_o cm	Trägerhöhe h und Breite b cm	$\frac{L_o}{h}$	Bruchlast P_b kg	Gewicht pro lfd. Meter kg/m	Gütegrad G_k kg/kg/m
9	2-Gurtträger mit 2 seitlichen Abspannungen	46 b	0,88	250	24 5	10,4	470	0,66	700
10	4-Gurtholm mit Querrahmen	11 41,1	0,84	100	10 7	10	600	0,80	750
11	3-Gurtträger mit Rohrgurten und Rohrstreben	47 b 14	3,00	423	22 25	18,5	1300	1,80	720

¹) Biegeversuche zur Beurteilung der Verstrebung, Beurteilung der Gurte in erster Linie nach Knickversuchen, weil einfacher.

Nietdurchmesser, der Abstand vom Blechrand mindestens die Hälfte, besser ⅔ davon. Die Nieten werden geschlagen oder gepreßt, und zwar einzeln oder gruppenweise. Das Schlagen verursacht im Gegensatz zum Pressen kleinere Gegendrücke, aber bisweilen unliebsame Erschütterungen. Man unterscheidet Hohl- und Vollnieten. Die ersteren finden Verwendung zur Verringerung des Lochleibungsdruckes und werden bei Blechen fast ausschließlich als Augen zur Einleitung großer Kräfte (z. B. bei Drähten) verwendet. Das Nieten offener Profile und Bleche ist allgemein bekannt und bedarf keiner weiteren Erörterung. Dagegen dürfte das Nieten von geschlossenen Profilen kurz behandelt werden müssen. Man unterscheidet hierbei folgende 5 Methoden:

1. Einführung der Niete durch das Rohrende und Kopfbildung außen. Mechanische und pneumatische Nieteinführung durch das Rohrende. In Abb. 55 ist 1 das Rohr für Drucklufteinführung unter Ausnutzung der Fliehkraft, 2 dient zur Vervollständigung der Einführung und zum Festhalten des Nietes mittels verschiebbarer Feder 3, die Aussparung 4 zum Festklemmen des Nietkopfes nach Drehung des Kolbens 5 (s. Querschnitt *b*). Übertragung der Stauchkräfte über eingeführten Kolben auf die gegenüberliegende Rohrwandung und von dieser auf einen äußeren Gegenhalter.

Keine Schwächung der Rohre.

2. Einführung des Nietes (Abb. 56*a*) durch ein dem Nietloch gegenüberliegendes Hilfsloch (größer als der Kopfdurchmesser), Schwächung des Rohres bis 10 vH; Einführung eines Gegenhalters durch das Hilfsloch.

Bei 1 und 2 ist die Nieteinführung umständlich, die äußere Kopfbildung zwar kontrollierbar, aber schiefe Nietstellung möglich.

3. Einführung des Nietes durch das Nietloch selbst und Kopfbildung innen mittels eines durch ein großes Hilfsloch (s. 2) gesteckten Gegenhalters (ähnlich wie 56*a*).

4. Einführung und Kopfbildung wie vor, letztere mittels einer durch das Ende eingeführten wie ein Keil wirkender Vorrichtung, welche unter gleichzeitigen Drücken oder Schlagen von außen gestattet, den Abstand zwischen Nietschaft und gegenüberliegender Wand der Stauchlänge entsprechend zu vergrößern (Abb. 57). Keine Schwächung des Rohres. Ein ähnliches Verfahren wird von der Firma: Flugzeugwerke Junkers, Dessau, verwendet.

5. Einführung des Nietes wie vor, Einführung des Gegenhalters durch ein kleines, etwa 2,5 bis 3,5 mm breites gegenüberliegendes Hilfsloch, Übertragung der Kraft des Gegenhalters durch Kolben auf den Niet, Schwächung des Rohres 2 bis 3 vH (s. Abb. 56*b*).

Bei den Schließköpfen ist eine flachzylindrische Form ausreichend; die Methode 2, 3 und 5 hat den Vorteil der Beobachtung der inneren Nietköpfe bei Innenbeleuchtung; bei den übrigen Methoden dient dazu ein durch das Rohrende einzuführender Spiegelapparat. Die Methoden 4 und 5 haben sich als sehr einfach erwiesen und besonders bei Maschinenanwendung nach Güte und Schnelligkeit die Ergebnisse der offenen Nietung erzielt.

2. Trägernietung.

Jedes Strebenende ist mit mindestens 2 Nieten anzuschließen mit Ausnahme unwichtiger Träger. Es ist darauf zu achten, daß die Masse des Gegenhalters in der verlängerten Nietachse liegt. Bei maschineller Nietung ist zweckmäßig der Träger verschieblich und das Werkzeug ortsfest. Der Träger wird dazu in Hilfsschablonen gelagert, z. B. auf einen der Länge nach durchgesteckten Balken mit Scheiben, welche die Gurte fixieren (s. Abb. 54 *a* und *b*). Auf dem Balken 1, der bei dreieckigen Trägern z. B. auch dreieckigen Querschnitt haben kann, werden die Streben 2 (nach Maßgabe ihrer Anzahl auf die Trägerlänge und der Exzentrizität) in einzelne verschiebbare Schablonen 3 verteilt und federnd gegen die Gurte 4 gedrückt, welche jetzt nach den in den Streben bereits vorher gestanzten Nietlöchern gebohrt werden. Nachdem das eine Ende der Strebe als Bohrschablone gedient hat, wird es nötigenfalls mit Stiften festgelegt und danach durch das zweite Ende gebohrt. Das Bohren mehrerer Löcher kann durch mehrere Bohrer zugleich erfolgen. Die Nieten werden zunächst durch Klammern gehalten oder erst kurz vor dem Nietvorgang eingesteckt, bevor der Träger bis zur Nietstelle verschoben worden ist. Das Nieten selbst geschieht durch Betätigung eines Fußhebels. Eine gänzliche Ausschaltung der Handarbeit ist nicht zu empfehlen, weil man sonst an eine gleichmäßige Teilung oder an eine gleichmäßig wiederkehrende Teilungsgruppe gebunden wäre, wie sie im Luftschiffbau im allgemeinen nicht vorkommt. Andernfalls kann man auch die Verschiebung des Trägers beim Lochen und Nieten und die Nieteinführung maschinell bewerkstelligen. Die Kosten der Nietarbeit an Luftschiffträgern spielen übrigens eine verhältnismäßig geringe Rolle. Bei den Trägern mit innenberührenden Streben tritt nach Abb. 53*a* noch besonders für Rohrgurte eine Vereinfachung hinzu: Der Gegenhalter 1 in *a* braucht nach Erledigung einer Nietung in Rücksicht auf die Streben 2 nicht ausgeschwenkt zu werden, wie in Abb. 53*b*.

Das Nieten krummer Rohre erfolgt nach Methode 3 und 4, wobei das eingeführte Werkzeug der Krümmung durch Gelenke oder biegsamen Welle angepaßt wird.

3. Stoßverbindungen.

Die Kraftübertragung zwischen den zu stoßenden Teilen soll ohne Moment erfolgen, d. h. jeder Querschnittsteil muß möglichst nach Maßgabe seiner Größe durch verbindende Glieder angeschlossen werden. Bei offenen Profilen verwendet man entweder ein oder zwei profilähnliche oder für jeden Profilschenkel ein oder zwei besondere Laschen, wie üblich; bei rohrförmigen Profilen entsprechend Einsteck- oder Überschiebrohre. Handelt es sich um den Stoß langer Rohrträger, so erhalten die Rohrenden wie die Stoßrohre durchgebohrte große Hilfslöcher zwecks Nietung (Abb. 17*E*). Trotz

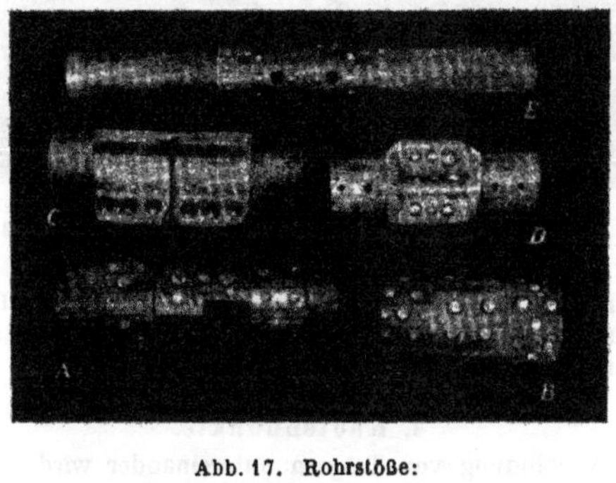

Abb. 17. Rohrstöße:
A (B) mittels Laschung tangentialer Ansätze
C, D mittels Laschung radialer Ansätze
E durch Überschiebrohr.

der Schwächung durch die Löcher läßt sich durch geeignete Nietanordnung ein vollwertiger Stoß erzielen. Er hat wegen seiner Länge den Nachteil, daß die Endstreben zur Vermeidung einer übergroßen Exzentrizität auf das Stoßrohr genietet werden müssen und

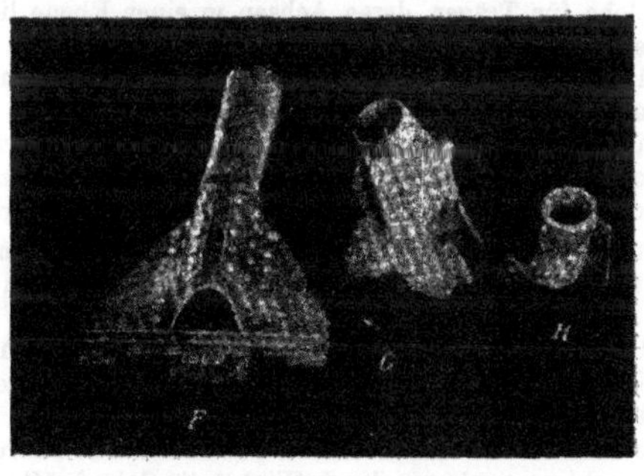

Abb. 18. Übergang eines Rohres in ein Blech.

daher auch an ihrem anderen Ende ein (im voraus durch eine gelochte Platte zu verstärkendes) großes Hilfsloch nötig machen, durch welches beim Annieten der Strebe 2 Niete bzw. 1 Gegenhalter eingeführt werden etwa nach Abb. 56*a*. Dabei ist sehr genaue Arbeit Bedingung. Die Schwierigkeit des Strebenanschlusses und der Nietung durch Hilfslöcher vermeidet man nach Abb. 17 *A* bis *D* durch Überführung der Rohrenden in einzelne radiale oder tangentiale (*A*, *B*) Ansätze mittels Schellen (C), Formstücken (D) oder Rohrstücken (*A*, *B*) und, wie bei gewöhnlicher Stoßdeckung, durch Verbindung je zweier Ansätze mittels Laschen von Streifen- bzw. Profilform. Dadurch wird ein kurzer aber vollwertiger Anschluß und geringstes Gewicht erreicht. Die Nietung erfolgt wie bei offenen oder halboffenen Profilen, und der Träger kann vorher wegen der Kürze des Stoßes fertig genietet sein.

Bei den Anwendungen von Strebenkreuzen kann man übrigens auch zwei von den vier Armen bei der Trägerherstellung, die beiden anderen erst gleichzeitig mit dem Stoße nieten, ohne daß inzwischen die Gefahr des Abbrechens in dem Maße besteht, wie bei einfachen Streben wegen ihres großen Hebelverhältnisses von Länge und Nietabstand eines Nietpaares.

An Knotenpunkten und Zusammenführungen kommt bisweilen der Fall vor, daß ein Profil mit einem Blech gestoßen wird, wobei natürlich möglichst keine Momente entstehen sollen. Solche Anschlüsse sind in Abb. 58 dargestellt für offene und geschlossene Profile. *c* ist ein exzentrischer Anschluß und daher nur für untergeordnete Zwecke geeignet. Es ist entweder das Blech auszusparren (*a*) und deshalb genügend steif zu machen oder das Profil zu schlitzen (*b*) oder beides anzuwenden. Das Rohr läßt sich auch mit einem Flansch versehen (*e*), der einfach anzunieten ist. In gleicher Weise kann man auch offene Profile mit Verstärkungseinlage pressen. In den Abbildungen bezeichnet 1 das zu stoßende Profil, 2 das Blech, 3 Anschluß-Schellen. Auf Abb. 18, *F* bis *H* sind Ansichten wiedergegeben.

hinderung einer Verdrehung und zur Übertragung der Scherkräfte von einem Gurt auf den anderen erforderlich ist, wenn nötig unter Durchbrechung der Knotenbleche, wie bei 1 geschehen.

Zu 2 und Abb. 63: Die Trägerachsen sind versetzt und gestatten eine gleiche Höhe der Träger ohne Unterbrechung. Im übrigen liegt die Anordnung der Abb. 60 zugrunde.

Zu 3 und Abb. 62: Die Anordnung ist ähnlich der der Abb. 61. Die beiden Knickpunkte jedes Gurtes (in Wirklichkeit durch Bögen von etwa 20 bis 30 cm Radius dargestellt) liegen an den Stellen der Kreuzung mit den Gurten des anderen Trägers, so daß die durch die Richtungsänderung entstehenden Kraftkomponeneten sich den Streben mitteilen können. Ein Knotenblech für Diagonalen ist nur

Abb. 19. Gondelträger aus Stahlrohren.

Die Anordnung 58*e* ist nach Abb. 19 zur Verbindung der Rohrstäbe eines räumlichen Fachwerkträgers (Gondelgerüst) untereinander mit Hilfe von Schmiede- oder Schweiß-Stücken verwendet.

4. Knotenpunkte.

Die Verbindung von Trägern untereinander wird im wesentlichen durch Laschen, Wandbleche, gerade- und gekrümmte Verbindungswinkel und sonstige Verbindungsbleche oder Formstücke bewerkstelligt und dabei von der Bördelung und Buckelung der Bleche zu ihrer Versteifung weitgehend Gebrauch gemacht (Knotenpunktsteile s. Abb. 22). Die Ausbildungsarten der Knotenpunkte sind je nach den Zwecken so mannigfaltig, daß nur verhältnismäßig wenig Ausführungsbeispiele besprochen werden können. Man kann 4 Arten von Knotenpunkten unterscheiden, nämlich:

1. solche für Träger, deren Achsen in einer Ebene liegen,
2. deren Achsen in zwei parallelen Ebenen liegen,
3. für Träger, die in zwei zueinander geneigten Ebenen und parallel zur Schnittlinie beider liegen und
4. für Träger bzw. Kraftanschlüsse, die sich außer wie unter 3 noch in einer weiteren dritten Ebene erstrecken, zu der die Schnittlinie der beiden anderen unter einen Winkel geneigt ist.

Schneiden sich die Achsen gleich hoher Träger in einem Punkte, so kann nur ein Träger durchlaufen, die anderen müssen gestoßen werden.

Zu 1 und Abb. 59: Die Laschen 1 dienen als Anschlußbleche für die Diagonalen 2 (in der Pfeilrichtung). Als Drucklaschen werden sie bei nicht genügend häufiger Unterstützung gebördelt, die nicht unmittelbar von der Lasche berührten Gurtteile werden durch Winkel an sie angeschlossen, ebenso durch Winkel die Scherkräfte von einer Seitenwand auf die andere übertragen. Bei größerem Scherkraftsunterschied an der Trenn-Stelle sind zur Fortführung des unterbrochenen Trägers Querwände in den durchgehenden Trägern einzuziehen.

Zu 1 und Abb. 60 *a* bis *b*: Die gekreuzten Träger liegen nicht bündig, sondern sind der eine innerhalb des anderen durchgeführt, daher keine Stoßlaschen, sondern reine Knotenbleche 1 für Diagonalen 2 nötig. Die Bleche werden mit dem einen Träger vernietet und mit dem anderen durch Winkel 3 verbunden. Sind die durch diese Winkel übertragenen Kräfte groß, so müssen versteifende U-Profile 4 eingebaut werden. Der Stoß der Träger erfolgt außerhalb oder innerhalb des Knotenpunktes.

Zu 1 und Abb. 61: Eine Kreuzung zweier Dreieck-Träger analog der Abb. 60. Es sind 5 Befestigungspunkte vorhanden, von denen der obere mit den 4 unteren durch 4 eine Pyramide bildende Streben 6 verbunden sind. Die Knotenbleche 1, 2 können an dem einen Träger 3, weil es sich um u-förmige Gurte handelt, nur durch Vermittlung von Winkeln 4 und 5 befestigt werden, während das bei Rohren nicht unbedingt nötig sein würde. Im Grundriß *b* ist das Knotenblech 2 nicht gezeichnet. Die Gurte werden miteinander etwa nach den Abb. *c* und *d* durch Schellen u. dgl. verbunden, was insbesondere wegen der exzentrischen Strebenanschlüsse zur Verhinderung einer Verdrehung und zur Übertragung der Scherkräfte erforderlich ist.

an der unteren Seite vorhanden, dafür in der Grundebene der Streben-Pyramide eine Strebe eingezogen. Die gekrümmten Gurte erhalten, da es sich nicht um den theoretischen Schnitt von Kräften in einem Punkte handelt, gegenüber den anschließenden Trägergurten unter Umständen eine Verstärkung, z. B. größere Wandstärke. Die Stöße der anschließenden Trägergurte außerhalb der Knotenpunkte gestatten allgemein diese stärkere Ausbildung, was u. a. auch bei Biegungsträgern mit großem Stützmoment sehr erwünscht ist. In der Praxis stellt man die Knotenpunkte tunlichst für sich her und fügt die Träger beim Zusammenbau des Schiffes ein (s. Stoßverbindungen). Eine andere Art der Ausführung, nämlich mit nur einem Bogen der Gurte, zeigt Abb. 64. Zur Aufnahme der Krümmungskomponeneten sind hier zwei Seitenwände und ein oberes Strebenfachwerk eingezogen. Wählt man statt der Krümmer Eckstücke (z. B. Guß- oder Schmiedestücke), so bleibt, abgesehen von den Krümmern, die Abb. 64 bestehen. Statt der Wände können auch die Pyramidenstreben und zwei seitliche, die Knicke aussteifende Streben benutzt werden, wie in Abb. 65 dargestellt ist.

Zu 4 und Abb. 66, *a* bis *d*: *b* ist ein Querschnitt, *d* ein Grundriß, *a* und *c* sind Seitenansichten. Die Seitenwände 5 übertragen die Kräfte des Trägers 3 (oder von Verspannungen) der dritten Ebene auf die Gurte des mit einem Knick versehenen Trägers 1 und bilden zugleich die Fortsetzung der Strebenzüge der Träger 1 und 2. Die Gurte der Träger 1 sind an der Knickstelle durch Preßstücke 4 und 12 gestoßen, von denen das oberste 4 gleichzeitig zur (gelenkigen) Befestigung des Trägers 3 dient. An vier weiteren, auf die unteren Gurte von 1 genieteten Preßstücke 6 greifen die Kräfte der Diagonalen 13 an, deren Aufnahme und Überleitung auf den unteren Gurt von Träger 2 die Gurtversteifungen 7, Streben 14 und Hilfskonstruktion 8 ÷ 9 bewerkstelligen. Die drei Gurtversteifungen 7 verhindern eine gegenseitige Verdrehung der unteren Gurte von Träger 1 durch exzentrische, an die Lage der Bleche und der Preßstücke gebundene Kraftangriffe. Die oberen Gurte des Trägers 2 werden mittels u-förmigen Blechs 10 an die abgebogenen Flansche der Seitenwände 5 angeschlossen, versteifen diese gegeneinander und ermöglichen die Verwendung ein- und desselben u-Bleches bei verschiedenen Neigungswinkeln des Trägers 2 gegen die senkrechte Symmetrie-Ebene des Trägers 1. Träger 3 ist mittels Reiters aufgesetzt, der als Formstück oder aus vernieteten Blechen hergestellt wird und einen punktförmigen Anschluß bezweckt. Einen biegungsfesten Anschluß zeigt Abb. *c*. Statt oder neben Träger 3 werden Drahtverspannungen mittels ähnlicher Reiter z. B. nach *a* befestigt.

In dem Falle, daß sich zwei Ebenen in einem spitzen Winkel schneiden, läßt sich neben der vorigen Anordnung auch die der Abb. 67 verwenden, in der auf die Verwendung von Krümmern wegen ihrer bei spitzen Winkeln großen Länge verzichtet wurde. In dem Querschnitt *a* der Seitenansicht *b* und der Ansicht von unten *c* sind Nr. 12 Seitenwandbleche des gerade durchlaufenden Trägers 18. In oder annähernd in ihrer Ebene liegen die oberen Gurte der am Knotenpunkt gestoßenen Träger 17. 13 sind zwei kreuzförmige, geschmiedete, gepreßte oder gegossene Formstücke, welche die Kräfte der Gurte auf die Seitenwandbleche 12 übertragen und gleichzeitig Augen für die Diagonalen enthalten, wenn nicht die hierbei auftretenden Zusatzmomente die Verlegung des entsprechenden Auges unmittelbar an die Wände 12 nötig machen. Der Anschluß der unteren Gurte der Träger 17 geschieht durch die Bleche 16, welche ebenfalls Augen für Diagonalen enthalten. Ihre wagerechten Kräfte sind durch Abwinkeln mittels der Wand 12 auf die Gurte des Trägers 18

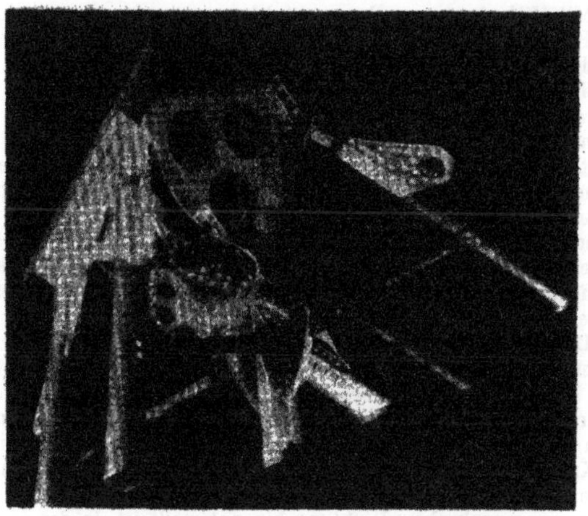

Abb. 20. Knotenpunkt des Laufgang-Obergurts.

und ihre in senkrechter Ebene liegenden Komponenten, soweit sie nicht durch die Gurte des Trägers 17 und die Diagonalen 20 ihren Ausgleich gefunden haben, mittels Winkel 23 auf die Querwand 15 übertragen. Zu dem Zweck durchdringen die Winkel 23 die Wände 12. Die Diagonalen sind mit 19 und 20 und die Anschlüsse der Träger 17 mit 21/22 bezeichnet, welche etwa nach Abb. 58 erfolgen. Sämtliche Bleche sind nach Früherem weitgehend mit Erleichterungslöchern und Bördelrändern versehen. Es läßt sich erreichen, daß sich die Systemlinien sämtlicher Träger und Diagonalenpaare in einem Punkte

gabe des größten Neigungswinkels von der Höhe des Trägers 1 abhängig.

Demgegenüber bedeutet Abb. 21 eine Anordnung, diesmal für Rohrgurte, bei der innerhalb des Knotenpunktes die untere Wandebene des gekrümmten Trägers zur Achse des geraden parallel ist. Bei veränderlichen Neigungswinkeln kann die Knotenpunktskonstruktion die gleiche bleiben, außer daß die Krümmer parallel zur dritten Ebene gedreht und daß die beiden unteren gegen den oberen Krümmer in der Richtung des geraden Trägers um ein geringes (durch Rechnung genau bestimmbares Maß) verschoben werden müssen, damit der Querschnitt des gekrümmten Trägers unmittelbar neben der Krümmung trotz der Drehung unverändert bleibt. Die Drehung der Rohre hat auf die Form der Verbindungsstücke,

Abb. 21. Knotenpunkt eines verspannten Rings.

wenigstens in weiten Grenzen, keinen Einfluß. Bei allen anderen Querschnittsformen der Gurte ist das nicht der Fall. Des weiteren sind die verbindenden Teile von Rohren (Abb. 22) einfacher als bei offenen Profilen, dagegen das Nieten etwas umständlicher, da besondere Vorrichtungen notwendig werden. Die Kräfte der dritten Ebene werden auf die Seitenwände durch Drähte unter Zuhilfenahme eines dazwischen gesetzten Distanzrohres übertragen. Die Diagonalen sind hier an einem Knotenblech befestigt, dem wegen seiner Krümmung die Gurtversteifungen als Unterstützung dienen.

Abb. 22. Knotenpunktsteile (Dural):
1. gebuckeltes Knotenblech. 2. Schellen zur Verbindung zweier Rohre; 3.-5. zur Verbindung von Rohr und Blechwand. 6. Blecheinbau eines Trägers zur Aufnahme großer Lasten. 7. aus dem Vollen gearbeitetes Auge.

schneiden. Die Kräfte der dritten Ebene werden am Auge 24 angeschlossen, können aber auch in entgegengesetzter Richtung an dem Formstück 13 oder an einem neben diesen auf die Seitenwände 12 gesetzten Reiter angreifen. (Statt des Formstücks 13 verwendet man auch mit Vorteil ein in der Ebene der Abb. 67*a* oder parallel dazu liegendes, auf den Seitenwänden 12 mittels Winkeln reiterförmig befestigtes Blech, in dessen Ebene sich außer den Gurten des Trägers 17 noch andere Trägerteile bzw. Verspannungen anschließen lassen.) Eine weitere Ausführungsart des Knotenpunkts zeigt die Abb. 20 mit dem hauptsächlichsten Unterschied, daß die Träger 17 um 180° gedreht und statt der Formstücke sich gegenseitig nach Art zweier gefalteten Hände durchdringende Bleche größerer Dicke verwendet sind.

In Abb. 66 war der gekrümmte Träger 1 so gelegt, daß seine Symmetrie-Ebene mit der dritten Träger-Ebene (des Trägers Nr. 3) zusammenfiel. Infolgedessen konnten sich bei beliebiger Lage dieser Ebene im allgemeinen die Gurte der beiden Träger 1 und 2 nicht unmittelbar berühren und die Höhe des einen (2) war, wenn sie bei verschiedenen Neigungswinkeln konstant bleiben sollte, nach Maß-

Unter Umständen gibt man dem Blech statt der Krümmung ein oder zwei Kanten (s. Abb. 68) und vernietet es mit dem gebogenen Rohre unter Benutzung von Buckeln verschiedener Höhe.

Im Anschluß hieran soll die punktförmige Zusammenziehung eines Trägers erörtert werden, wie sie z. B. für den Anschluß des Trägers 3 in Abb. 66 nötig und zur Bildung eines Gelenkes und wegen Einfachheit des Anschlusses erwünscht ist.

Abb. 69*a* und *b* gibt eine solche Zusammenziehung im Prinzip wieder. Die Krümmungen der Gurte werden durch Bleche 1 gestützt. Die Vereinigung der drei Gurte und ihre Überführung auf das Auge 5 geschieht durch eine weitere Blechkonstruktion 2, die gemäß $b \div d$ eine Pyramide bildet. Die Gurte sind nach *d* unmittelbar, nach *b* und *c* mit Schellen 3 an die Pyramide angeschlossen. Die eingesetzten Querwände 4 tragen unten die Augen 5. Nach *b* bedingen sie das Schlitzen des einen Gurtes. Nach Abb. *c* greifen die Gurte außerhalb der Pyramide an. In Abb. *e*, *f* sind statt der Pyramide zwei senkrecht aufeinander stehende Bleche verwendet, wobei die eine Seitenwand des Trägers nicht, wie bei *a*, gekrümmt, sondern die Krümmung in das Blech verlegt ist (s. *f*). Das Auge liegt in der Achse des Trägers; alle Bleche sind doppelwandig und gebördelt.

Wie die Ausführungen über Knotenpunkte an Hand von Abbildungen zeigen, werden zur Verbindung von Trägern miteinander erhebliche Ansprüche an die Formbarkeit der Bleche gestellt. Ergänzend sei noch auf die Stücke der Abb. 22 verwiesen, auf der 1 ein Knotenblech, 2 Verbindungsschellen zweier Rohre, 3, 4 und 5 Verbindungsstücke von Rohr und Blech darstellen. Bemerkt sei noch, daß nur kleine auf einem Winkelschenkel senkrecht gerichtete Kräfte durch die Biegekante auf den anderen Schenkel ohne Auf- oder Zubiegen des Winkels übergehen können. Bei größeren Kräften sind starke, scharfkantige Winkel oder besser Preß- und Schmiedestücke zu verwenden, durch deren Kante ein größeres Moment übertragen wird.

Der Anschluß der Diagonalen (Bänder oder Drähte, ev. auch Seile) erfordert nur einfache Bleche, die, wenn es sich um Drähte handelt, ein durch Auflegen von Augblechen verstärktes und mit einem Stahlhohlniet versehenes Auge erhalten. Verschiedene Anschlußarten sind in Abb. 73 dargestellt. *a* zeigt den Anschluß durch eine Spiralöse aus hochwertigem Stahldraht, die zur Verhinderung des Gleitens möglichst nahe an das Auge herangeschoben werden muß, *b* eine ähnliche Verbindung durch Umwicklung eines dünnen Stahldrahtes, deren Rillen mit Lötmaterial ausgefüllt wird, *c* zeigt die Befestigung eines Drahtseiles an einem zwischen 2 Blechen nach Art der Hohlniete befestigten Röhrchen durch Spleißen unter Einschaltung einer Kausche. Für das Luftschiffgerippe kommen als Diagonalen die gewöhnlichen Drahtseile wegen zu großer Dehnung nicht in Frage, wohl aber bei großen Kräften die wenig dehnbaren Bowdenkabel (mit starker Steigung der Einzeldrähte). Die Herstellung von Drahtverbindungen macht insofern Schwierigkeiten, als die Drähte zur Erzielung einer Vorspannung angespannt und gleichzeitig umgebogen und befestigt werden müssen; ähnliches gilt auch von den Seilen und bis auf das Umbiegen auch für die Blechbänder. Das Anziehen erfolgt mittels Flaschenzuges oder Hebels. Die Vorspannung ist nötig wegen Ungeradheit der Drahtachse, Deformation der Umbiegung, Nachgiebigkeit des Gerippes, um ein Schlaffwerden zu verhindern, und aus statischen Gründen, um von vornherein ein System unter Spannung zu versetzen. Die Stahlbänder werden an ihrer Anschlußstelle zur Ergänzung der durch Anschlußniete oder Bolzen bewirkten Querschnittsverminderung verbreitert und zur Vermeidung von Momenten mittels zweier Laschen an das Knotenblech angeschlossen. Eine Verbindung von Drähten mittels Schraubengewindes (an einem Ende Rechts-, am anderen Ende Linksgewinde), wie sie teilweise im Flugzeugbau angewandt wurde, findet beim Luftschiffgerippe keine Anwendung wegen der großen Unterschiede der Längen. Wo diese nicht vorhanden sind, etwa in gleich großen Seitenwandfeldern der Kabinen oder auch der Ruder, kann man die Gewindedrähte mit großem Nutzen verwenden, besonders bei kleinen Längen und großen Stärken, um das Einziehen und Vorspannen sowie evtl. das Nachspannen zu erleichtern, eine Aufgabe, die im übrigen bei Seilen und Drähten evtl. auch Bändern den Spannern zufällt.

III. Die Sperrholzkonstruktion[1]).

A. Träger.

1. Konstruktionsquerschnitte.

Die Querschnitte der Konstruktionsteile wurden hauptsächlich aus den in Abb. 35 dargestellten Grundelementen ähnlich denen des Metallbaus gebildet und zwar sind in Reihe I unter Nr. 1 bis 7 Streifen, Rinnen, Winkel, V- und U-förmige Stäbe aus Sperrholz, dagegen in Reihe II unter Nr. 8 bis 13 Vollholzquerschnitte wiedergegeben, welche zum Verstärken oder Verbinden von Sperrholzteilen dienen. Durch Vereinigung der Teile der Reihen I und II entstehen die als Konstruktionsteile verwandten Profile der Reihen III bis IX Nr. 14 bis 35. Dabei sind die Leistenquerschnitte Nr. 8 und 10 für die Querschnitte der Reihen III bis V verwendet und bilden eine Verstärkung der Schenkel gegen Ausknicken. Die Teile 8 und 9 dienen zur Verbindung gemäß Reihe VII und die Teile 8, 12 und 13 zur Herstellung von Verstrebungen gemäß Reihe IX Nr. 32 bis 34.

Reihe III enthält T-Querschnitte, die aus Streifen, Winkeln und Leisten gebildet, Reihe IV Rinnenquerschnitte, die aus Rinnen, gelochten (gestanzten) Streifen 2 und Leisten 8, 10 zusammengesetzt sind, Reihe V U-Querschnitte in Verbindung mit Leisten, Reihe VI zeigt U-Querschnitte, die aus Profilen 6, 7 und gelochten (gestanzten) Streifen 2 vereinigt sind. Reihe VII enthält Kastenquerschnitte, die aus Sperrholzstreifen und Vollholzleisten bestehen, Reihe VIII geschlossene Querschnitte aus Sperrholz, Reihe IX gibt Querschnitte von Verbindungsteilen wieder (Wände oder Streben), die zur Verbindung von Stäben nach Art der Reihe III bis VIII dienen. Die aufgeführten Querschnitte werden zum Teil als selbständig tragende Teile vornehmlich aber durch Zusammensetzung zur Ausbildung aufgelöster Träger verwendet.

2. Ausbildung der Träger.

Mit Hilfe der besprochenen Stabformen werden die verschiedenen Konstruktionsteile, insbesondere die Träger gebildet und wird die Möglichkeit geschaffen, eine große Widerstandsfähigkeit für die verschiedensten Zwecke bei kleinstem Gewicht zu erreichen. Man unterscheidet Hauptträger und untergeordnete Träger; erstere sind nur aufgelöste Träger größerer Abmessungen, letztere solche aufgelöster und nicht aufgelöster Formen von geringeren Breitenabmessungen, dienen zur Aufnahme kleiner Kräfte und werden für kleinere Spannweiten (s. Reihe III, VI, VII) verwandt. So z. B. dienen die Stäbe der Reihe VI als Auflager für Fußboden-Sperrholzplatten (auch auf Metallträgern der Abb. 16*b*), die der Reihe VII als Pfosten von Wänden und Nr. 32 der Strebenreihe IX als leichte Rippen (vgl. Abb. 15 Seite 19).

Die Hauptträger sind allgemein in parallel verlaufende Gurtungen und in die sie verbindende Verstrebung in Gestalt von Streben, Pfosten oder durchbrochenen Wänden ähnlich wie Metallträger gegliedert und werden verschieden ausgebildet, je nachdem, ob sie in der Hauptsache auf Biegung nach einer oder zwei Richtungen, auf Knickung oder auf Knickung und Biegung zugleich beansprucht werden, oder ob ihre freie Länge durch einseitige Abstützung oder Abspannung nach einer Richtung hin unterteilt ist, in der anderen Richtung aber voll zur Geltung kommt.

Im folgenden sind die Querschnittsformen der hauptsächlichsten Träger behandelt und unter *A* bis *K* in der Abt. 36 wiedergegeben. Die obere Figur kennzeichnet jedesmal einen Schnitt quer durch die Gurtung, die eine oder zwei unteren Figuren Schnitte senkrecht durch die Verstrebungen. Die Bezifferung der Elemente

Abb. 23. Sperrholzträger (vgl. Bezeichnungen der Abb. 35 u. 36).

ist dabei die der bereits besprochenen Abb. 35. Abb. 23 gibt Längsansichten von Trägern *A* bis *K* wieder. Die Pfeilrichtung gibt die Ebene geringeren Widerstandes an.

Träger	*A*	ist	ein	Doppel-T-Träger	mit	Kastenstreben 34.
»	*B*	»	»	» »	»	geschweiften Streben 35.
»	*C*	»	»	» U-Träger	»	durchlochten Seitenwänden.
»	*D*	»	»	» U-Träger	»	Doppel-T-förmigen Streben 32.
»	*E*	»	»	» Rohrträger	«	Flachstreben 38 und Querwänden 32.
»	*F*	»	»	» »	»	durchlochten Seitenwänden 37.
»	*G*	»	»	» »	»	durchlochten Streben 33.
»	*H*	»	»	»Dreikantträger	»	durchlochten Seitenwänden 37 und an den Stegen derselben verleimten Querwänden 32.
»	*I*	»	»	» Vier-T-Träger	»	schrägen durchlochten Strebenwänden 32, 2 durchlochten Seitenwänden 37.
»	*K*	»	»	» Vier-Rohrträger	mit	Strebenwänden 33 und mittels Querleisten 8 verstärkten Seitenwänden 37.

[1]) Vgl. Abschnitt 2, Starrluftschiff Bauart »Schütte-Lanz«, Seite 10ff.

Die Träger *A* bis *G* sind für eine geringere Belastung in der Pfeilrichtung ausgebaut, dagegen für eine große Belastung in der Richtung der Verstrebungsebene, und zwar gilt dies mehr für die Träger *A* bis *B* als für die *C* bis *G*. Die Widerstandsfähigkeit in der Pfeilrichtung kann man (wie bei den Metallträgern) bis zu der in der Hauptrichtung vorhandenen durch Abspannungen vergrößern. Das geschieht z. B. bei den Längsträgern *L* und den Zwischenringen *Z* Abb. 24 und den Laufgangpfosten (vgl. Abb. 7 bis 10 Seite 15 und 16).

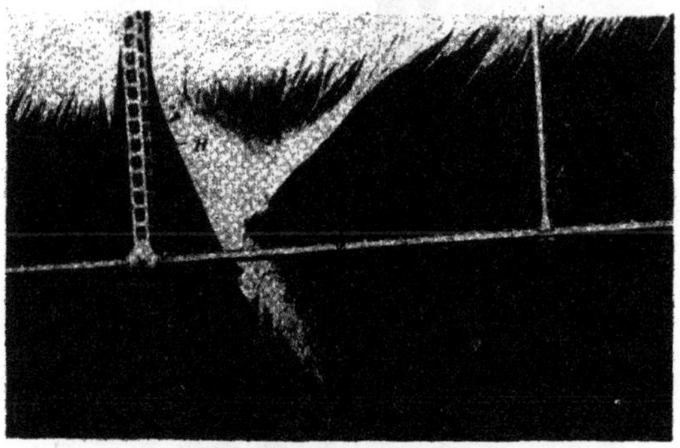

Abb. 24. Gerippeteil ohne Hülle:
H Hauptring (verspannt).
L Längsträger.
Z Zwischenring.
V Knickverspannung.

Die Wirksamkeit der Träger *E* bis *G* nähert sich bereits bei genügender Breitenausführung den Verhältnissen der Träger *H* bis *K*. Diese fanden u. a. Verwendung für die (verspannten) Hauptringe *H* des Schiffes in Abb. 24 und 28 und als Gurtungen des Laufganges *O* und *L*. Sie haben eine gedrungene Form und eignen sich besonders für Knick- und Biegungsbeanspruchungen in zwei aufeinander senkrecht stehenden Richtungen. In bezug auf den Unterschied zwischen Streben- und Rahmenausbildung der Trägerwände und auf Vor- und Nachteile der Dreieck- und Rechteckformen der Träger bei Übertragung von Biegungskräften gilt das bei den Metallträgern Gesagte. Im Gegensatz hierzu müssen bei Dreikantträgern wegen der Weicheit der Sperrholzwinkel in verhältnismäßig enger Folge Querwände eingezogen werden, welche auf den Stegen der gelochten Seitenwände verleimt sind.

Zur sachgemäßen Herstellung der Träger erfahren die oben angeführten Teile stellenweise eine Erweiterung oder auch eine Ergänzung durch kleine Verbindungsteilchen, z. B. werden bei Trägern *D* die Schenkel eines U-Profils in gewissen kurzen Abständen durch Aufleimen von Stegplättchen (*s*) zusammengehalten (s. *D2* Abb. 23). Die Streben erhalten stellenweise eine verbreiterte Anschlußfläche je nach den Kraftwirkungen und der Haftfestigkeit des verwendeten Leims. Dasselbe gilt von den Gurtungen, wie z. B. in Abb. 23 bei Träger *A* und *B* und in Abb. 35 bei den Leisten 9 ersichtlich. Bei *D1* werden zur Verbindung von Verstrebungsorganen mit den Gurtungen besondere Laschen angeordnet. Auf genügend groß ausgebildete und richtig bemessene Anschlußflächen, welche man durch solche Mittel erreichen kann, kommt es sehr an, zumal da durch die Leimverbindung auch Momente übertragen werden müssen, die in und quer zu den Flächen wirken.

Was Sperrholzträger zu leisten vermögen, zeigen die Zahlentafeln M und N, in denen Abmessungen, Bruchlasten und Gütegrade verschieden geformter Träger wiedergegeben sind. Man sieht u. a. daraus, daß bei Knickbeanspruchung die T-Träger 1 an letzter, dagegen die Vierkant-Träger 4 an erster Stelle stehen. Bei den auf Biegung beanspruchten Trägern rangieren die Doppel-U-Träger 6 und 7 an erster, die Doppel-T-Träger 1 an letzter und die Vier-T-Träger 8 an vorletzter Stelle. Dazu ist zu bemerken, der U-Träger ist verhältnismäßig steif und sehr breit, daher wird der gedrückte Gurt von dem gezogenen gegen Ausknicken besonders gut gehalten. Beim Doppel-T-Träger ist das, da nur eine Strebenwand vorhanden, nicht in dem Maße der Fall. Der Vier-T-Träger hat zwar eine große Steifigkeit, aber seine Verstrebung ist nicht für größere Querkräfte konstruiert (Knickträger). Im übrigen gilt das bei den Metallträgern über Konstruktion und Gütegrad Ausgeführte sinngemäß.

B. Verbindungen.

Als Verbindungsmittel zwischen Holz und Holz dient der Leim, besonders die wasserfesten Erzeugnisse. Nicht wasserfeste können nach Früherem auf lange Zeit wasserfest gemacht werden. Eine Leimfläche wird beim Abreißen in ihrer Ebene auf Abscheren je nach der Leimart mit 20 bis 40 kg/cm², senkrecht dazu nur bis etwa 3 bis 7 kg/cm² beansprucht. Die zu verbindenden Hölzer müssen zur Vermeidung von Hohlräumen und zwecks guten Eindringens

Zahlentafel M. Gütegrade von Sperrholzträgern. Knickträger (Kugellagerung).

Nr.	Bezeichnung	Nach Abbildung	Ges. Gurtquerschnitt F_0 cm²	Trägerlänge L_0 cm	Trägerhöhe und Breite h, b cm	Knicklast P_k kg	Gewicht pro lfd. Meter kg/m	Gütegrad G_k kg/kg/m
1	2-Gurtträger mit T-Gurten und 2 seitlichen Abspannungen an jedem Gurt	36 A 23 A	13	259 = 3 × 86	24 6,50	2400	1,011	2380
2	2-Gurtträger mit U-Gurten und 1 seitlichen Abspannung an jedem Gurt	36 D 23 D	11,90	262	24 10	4500	1,118	4025
3	3-Gurtträger	36 H 23 H	16,56	259	20 23	3460	1,34	2580
4	4-Gurtträger mit T-Gurten	36 J 23 J	25,30	411	23 23	6620	1,95	3400

Zahlentafel N. Gütegrade von Sperrholzträgern.
Biegungsträger (Schneidenlagerung) (Einzellast *P* in der Mitte; außer bei Träger 6.)

Nr.	Bezeichnung	Nach Abbildung	Querschnitt des Druckgurts F cm²	Trägerlänge L_0 cm	Trägerhöhe b und Breite h cm	$\frac{L_0}{h}$	Bruchlast Pb kg	Gewicht pro lfd. Meter kg/m	Gütegrad G_k kg/kg/m
5	2-Gurtträger mit T-Gurten und 2 seitlichen Abspannungen an jedem Gurt	36 A 23 A	7,5	250	24 6,5	10,4	510	1,52	340
6	2-Gurtträger mit U-Gurten, Last gleichmäßig verteilt	36 D 23 D	8,4	356	24 10	15,2	720	1,52	472
7	dto. Einzellast in der Mitte	36 D 23 D	7,5	250	24 10	10,4	1100	1,53	722
8	4-Gurtträger mit T-Gurten (keine Biegungsstreben)	36 J 23 J	11,75	250	23 23	10,9	746	2,03	368
9	2-Gurtträger mit Rohrgurten	36 E 23 E	10	220	19,2 5	11,6	630	1,50	422

des Leims fest aufeinander gepreßt sein. Stoßverbindungen werden ähnlich wie die der offenen Metallprofile hergestellt und brauchen nicht erörtert zu werden. Zu bemerken ist nur, daß alle Laschen und Verbindungswinkel zwecks Anpassung an die allmähliche Kraftaufnahme an den Enden schneidenartig auslaufen, ein Gewichts- und Festigkeitsvorteil, der bei Metallen nicht so einfach zu erreichen wäre. Bei Trägerbrüchen läßt sich das schadhafte Stück leicht herausschneiden und ein Ersatzstück durch Anschiften (s. schräge Fuge Abb. 72) ohne Festigkeitsverlust einleimen, zumal, da sich beim Holz wegen seiner hohen Elastizität die Überbeanspruchung und Zerstörung meist auf eine einzige schwache Stelle beschränkt. Die Verstärkung von Trägern durch Aufleimen von Leisten oder Furnierstreifen und Winkeln auch außerhalb der Werkstätte geht sehr leicht vonstatten.

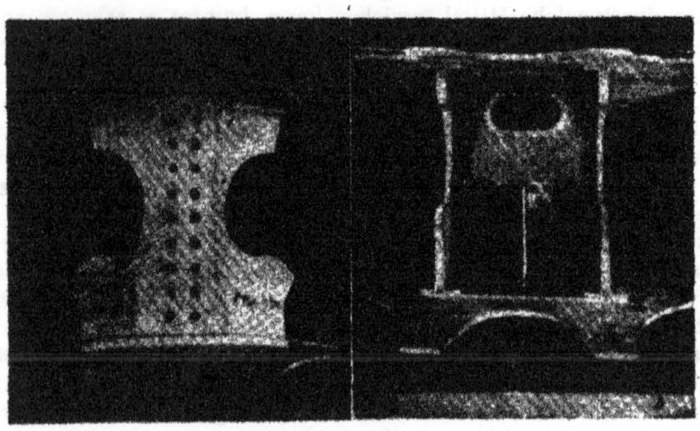

Abb. 25. Knotenpunkt eines Hauptrings (verspannt).

Die Ausbildung von Knotenpunkten geschieht ebenfalls in ähnlicher Weise wie bei der Metallkonstruktion, jedoch sind 2 Umstände zu beachten:

1. Man kann Profilstäbe aus Holz (Abb. 35) wohl von vornherein mit einer Krümmung versehen, aber nicht nach Bedarf in der Konstruktionswerkstatt biegen und vor allem keine räumlich gebogene und sich den Profilwandungen gut anschmiegenden Verbindungsglieder nach der Art der Blechteile der Abb. 22 herstellen, sondern muß sich auf gerade oder schwach gebogene Stücke beschränken. Dafür lassen sich aber die bei Knotenpunkten entstehenden Hohlräume ohne erheblichen Gewichtsaufwand mit Holz leicht ausfüllen und auf die Art gute und leichte Anschlüsse ermöglichen, wobei solche Knotenpunkte ein weniger aufgelöstes Aussehen erhalten als die aus Metall.

Abb. 26. Knotenpunkt des Laufgang-Untergurts:
L Längsträger
Z Zwischenring
P Pfosten des Laufgangs.

2. Große punktförmige angeschlossene Kräfte, z. B. der Diagonalen, kann man nicht unmittelbar auf das Sperrholz, etwa mittels eines als Auge dienenden Hohlnietes übertragen, sondern sie müssen zunächst an ein Blech oder eine Blechkonstruktion und durch diese an das Sperrholz mittels Hohlnieten als Scherkräfte abgegeben werden, weil sonst Leibungsdruck und Scherwirkung für das Holz zu groß und die Anschlußfläche zu klein sein würde. Der Abstand der Hohlniete von 7 bis 20 mm Außendurchmesser ist

Abb. 27. Knotenpunkt von 5 Trägern des Gerippes.

gleich dem dreifachen von Niet zu Niet, gleich dem zweifachen Durchmesser von Niet zur Holzwand anzunehmen. Als Blechmaterial eignet sich seiner Vermittlerrolle entsprechend am besten das Dural mit Stahlhohlnieten als Augen, weil es den Angriff einer großen Kraft an einen Punkt und eine große Verteilungsfläche bei verhältnismäßig kleinem Gewicht ermöglicht. Solch ein Blech

Abb. 28. Knotenpunkt des Laufgang-Untergurts:
H Hauptring (verspannt)
L Längsträger (Untergurt)
P Pfosten des Laufgangs.

ist unbequem, wenn es beiderseits mit Holzflächen in Berührung kommt, da die Holzkonstruktion auf diese Weise unterbrochen wird.

Der allgemeine bei der Metallkonstruktion besprochene Fall der Lage der Achsen in drei Ebenen mit übereinander geführten Gurten bei gleichen Trägerhöhen erfordert z. B. eine Anordnung nach Abb. 70, bei der ein Viergurt- und ein Doppel-U-Träger gekreuzt sind und eine Verspannung (oder ein Träger) unter einer gewissen Neigung zur Schnittlinie beider Trägerebenen angreift.

Der Träger 1 erhält innerhalb des Knotenpunkts Wände 3, über beide greift das geflanschte und mit einem Auge versehene Doppelblech 7. Die beiden Wände 3 sind an den Wänden 4 des Trägers 2 mittels Winkel angeschlossen, durch die untere Knotenlasche 6 durchgeführt und am unteren Gurt von 1 angeleimt, Lasche 6 liegt an 2 an, ist mit dem unteren Gurt von 1 durch Winkel 8 verbunden und trägt 4 Verspannungsbleche 9 für Diagonalen. Die Wände 3 und 4 setzen gleichzeitig die Strebenzüge der Seitenwände fort, in denen sie liegen. Die Lasche 5 ist zur Aufnahme und Übertragung der aus dem Blech 7 herstammenden Kraftkomponenten in ihrer Ebene bestimmt. Das Blech gibt diese Kräfte durch abgebogene Flansche 10 bzw. durch Vermittlung von Winkeln an die Lasche ab. In ähnlicher Weise läßt sich auch die Kreuzung nicht gestoßener andersartiger Träger bewerkstelligen und für die größten Kräfte ausbilden.

Einfacher und leichter und daher bevorzugt ist der Stoß zweier gleich hoher bündig liegender Träger nach Abb. 25 (*a* und *b*). Zwei Viergurt- und zwei Doppel-U-Träger werden in der Hauptsache an zwei parallel liegende Laschen angeschlossen, und zwar dienen ihre hervorstehenden Doppellappen zur Verleimung zweier T-Gurte des Viergurt-Trägers, die einfachen breiteren Lappen zur Befestigung der U-Profile des anderen Trägers. Dieser hat eine gerade, jener, was aus der Krümmung der Laschen hervorgeht, eine gekrümmte Achse. Die Trägergurte werden nach Einführung zwischen die beiden Laschen und Verleimung mit diesen zwecks vollen Anschlusses der Gurt-Querschnitte noch mit Winkeln an die Laschen bzw. an das innerhalb des Knotenpunktes durchgeführte Viergurt-Profil angeschlossen, und die Scherkräfte der Strebenzüge ebenfalls durch Winkel auf die in *b* ersichtlichen Seitenwände des Knotenpunktes übertragen, welche selbst durch eine Blechkonstruktion miteinander zur Weiterleitung der Scherkräfte verbunden sind. Dieser Blecheinbau dient zum Anschluß der Kräfte der dritten Ebene und hat zu dem Zweck ein durch die obere Lasche durchgestecktes Auge, welches hier in der Mittelebene des Viergurt-Trägers liegt und durch seitliche Blechwinkel Kräfte in Richtung des Trägers an die Lasche abgeben kann. Auf der Außenseite der Knotenlaschen liegen die Knotenbleche für die Diagonalen (Augen sichtbar). Aus den Abb. 31—37 und 38, Tafel II, S. 20 ist der Knotenpunkt mit vier anschließenden Trägern ersichtlich. Eine weitere Abbildung 13 daselbst gibt einen ähnlichen Knoten mit 5 angeschlossenen Trägern wieder, von denen der fünfte (Laufgangpfosten) stumpf aufgesetzt ist. In Abb. 26 der gegenwärtigen Arbeit entspricht dem Viergurt-Profil ein Doppel-T-Profil, den zwei Knotenpunktswänden eine einzige Querwand, auf die sich der Träger *P* der dritten Ebene aufsetzt. Dessen Anschlußlaschen sind zwecks Durchführung der Verbindungslaschen der beiden anderen Doppel-T-Träger geschlitzt und das darauf ruhende Knotenblech ausgespart, damit die Scherkräfte beider Träger durch Holzwinkel angeschlossen werden können; denn ein solcher Anschluß ist viel fester als der durch aufgenietete Blechwinkel. Das ausgesparte Blech dient zur Befestigung von Verspannungen in einer Ebene, die durch den gerade durchlaufenden (*L*) und den in der dritten Ebene liegenden Träger (*P*) gebildet wird.

Die Abb. 27 zeigt die Zusammenführung von 5 Trägern, die in 3 Ebenen I, II, III liegen. In einer vierten Ebene greifen Drahtverspannungen an.

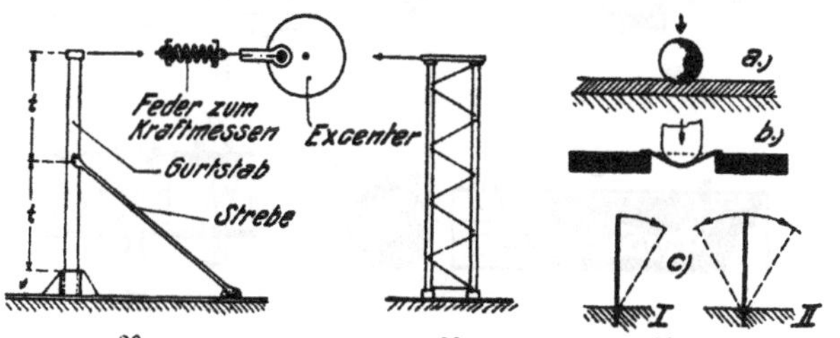

29 30 31 a—c

Abb. 29—31. Versuchsanordnungen.

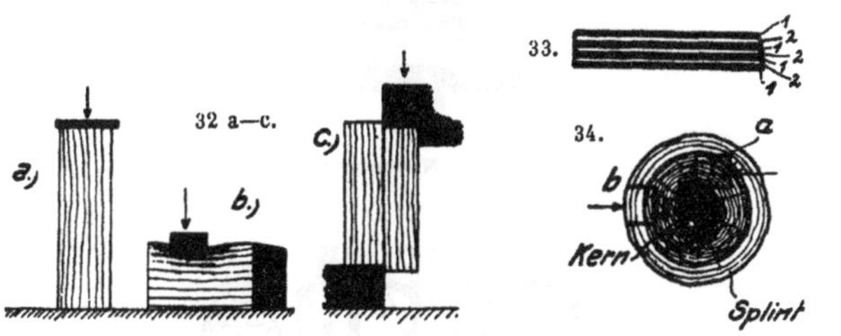

Abb. 32—34. Aufbau des Holzes.

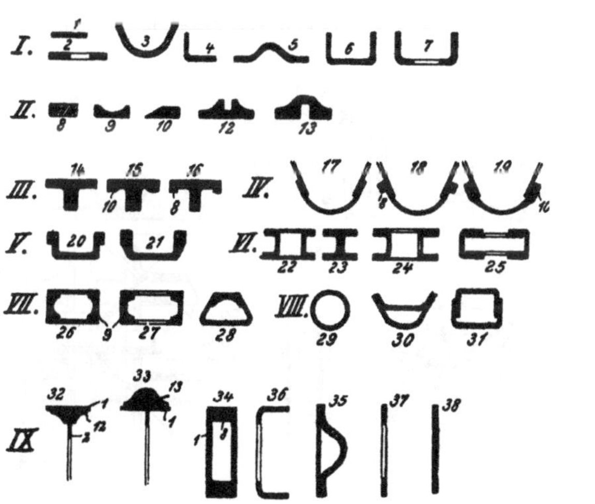

Abb. 35. Konstruktionselemente des Sperrholzes, Reihe I—IX.

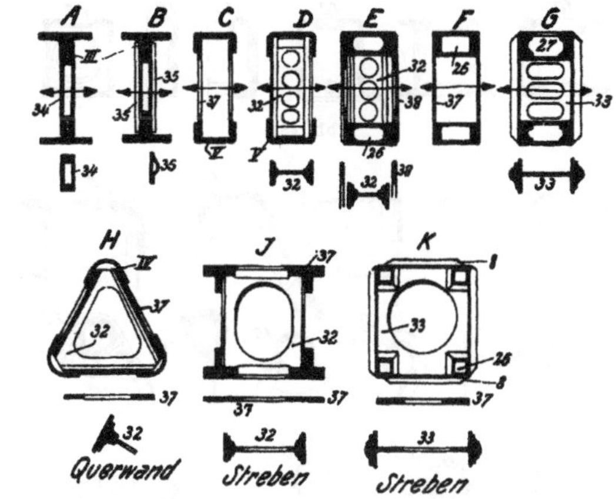

Abb. 36 A—K. Sperrholzträger.

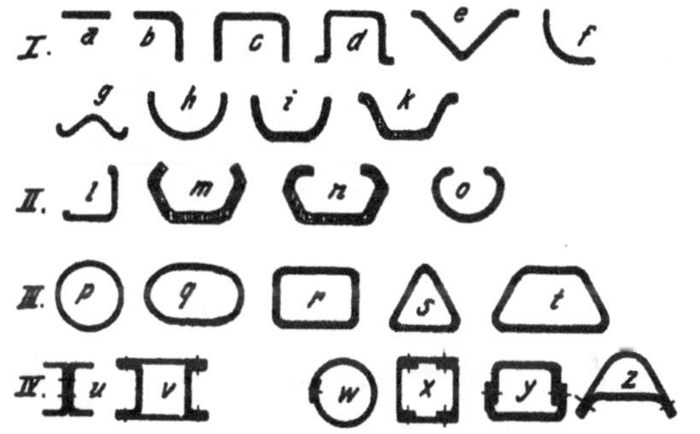

Abb. 37. Konstruktionselemente des Durals, Reihe I—IV.

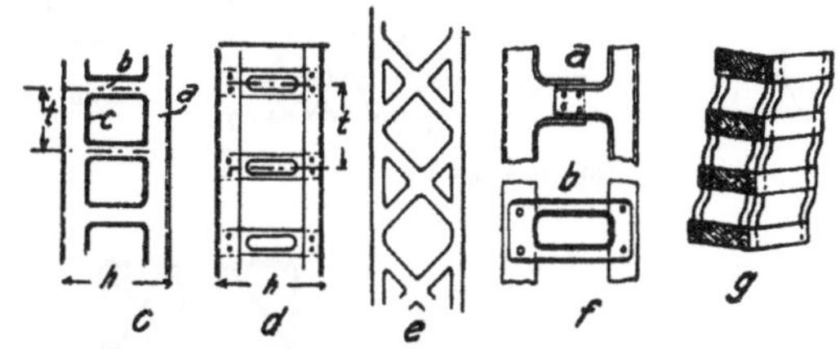

Abb. 38—42. Träger aus Dural.

Eine hiervon abweichende ältere Konstruktion ist aus Abb. 28 ersichtlich. Die sich kreuzenden Träger führen aneinander vorbei, so daß sie eine dazwischen gelegte Knotenlasche berühren. Sie muß zur Anbringung der Knotenbleche ziemlich weit hervorragen. Das Auge für die Drähte der dritten Ebene, welches in dem Knickpunkt des Trägers *H* herausragt, ist mittels einer in der Trägermittelebene liegenden Blechwand an zwei Querwänden aus Blech angeschlossen, die ihre Kräfte mittels abgebogener Schenkel und Hohlhölzer 5 an die Kraft aufnehmende Querwand 3 angeschlossen ist, ohne die Winkel 4 zum Aufbiegen zu veranlassen.

Im Holzbau, insbesondere im Knotenpunktsbau, machen Ungenauigkeiten in der Fabrikation oder nachträgliche Änderungen nicht solche Schwierigkeiten wie im Metallbau. Denn, wie schon früher erwähnt, läßt sich die gewünschte Form durch Aufleimen von entsprechenden Holzstücken jederzeit unter verhältnismäßig geringem Gewichtsaufwand erreichen.

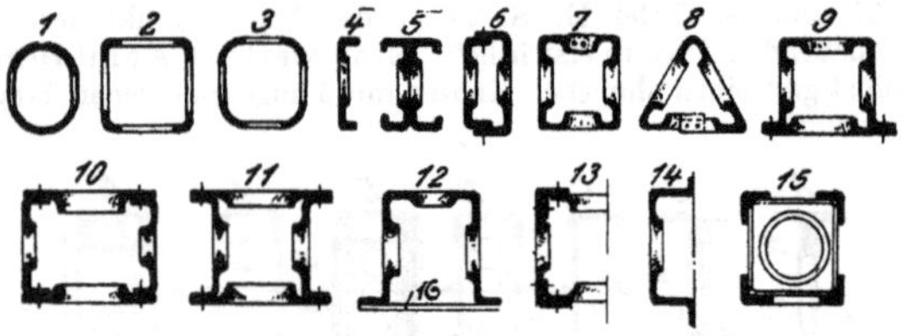

Abb. 43.

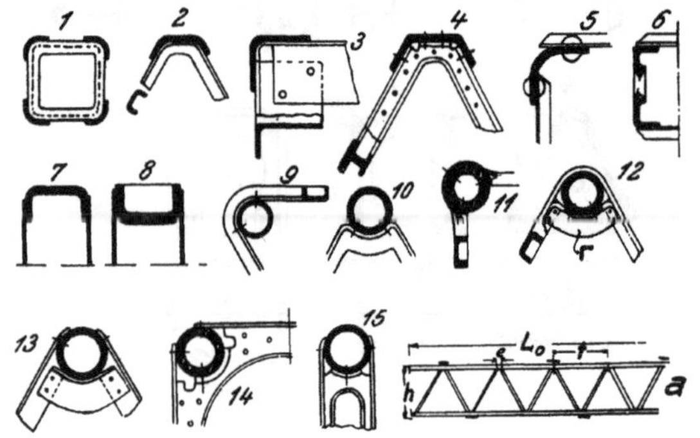

Abb. 44 (1—15). Abb. 45.

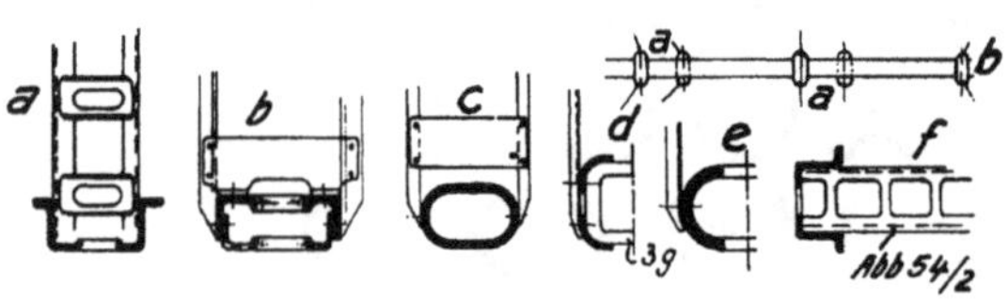

Abb. 46 a—f.

Abb. 47 a—e.

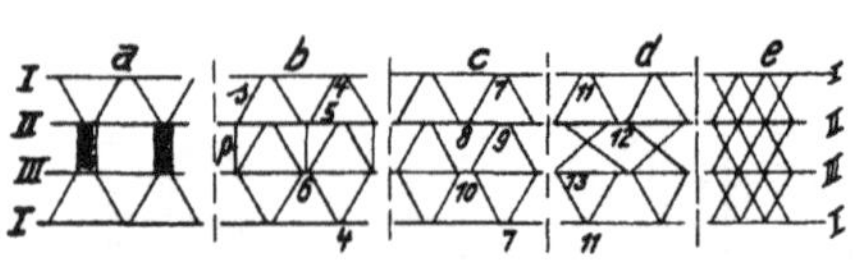

Abb. 48 a—e.

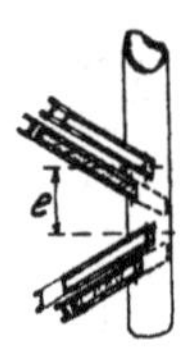

Abb. 49.

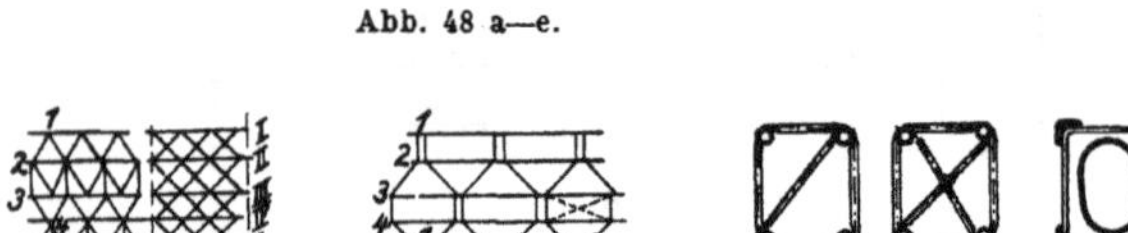

Abb. 50—52.

Abb. 43—52. Träger aus Dural.

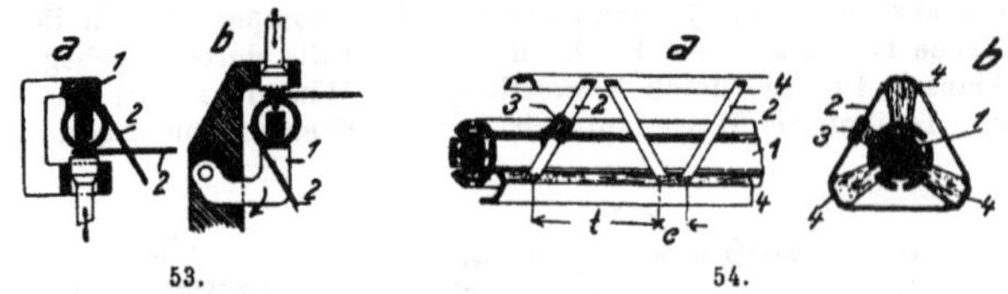

53. 54.

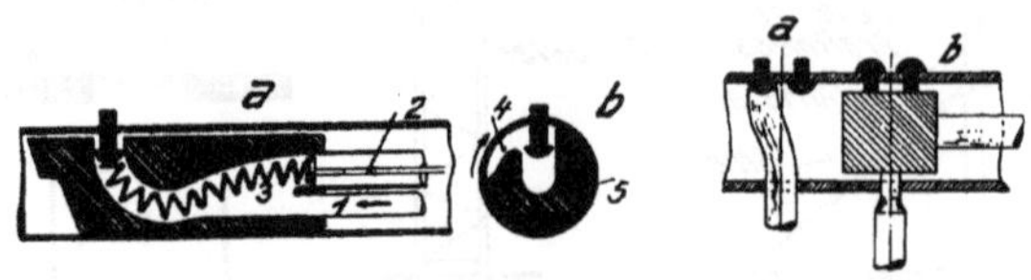

55. 56.

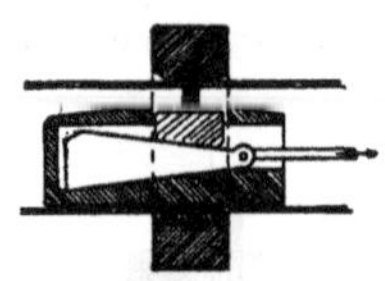

57.

Abb. 53—57. Nietung von Rohren.

Abb. 58 a—e. Übergang eines Bleches in ein Profil.

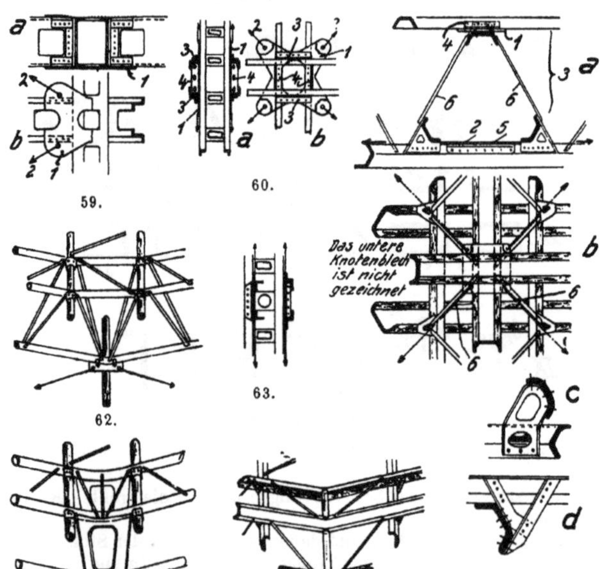

59. 60. 61 a—d. 62. 63. 64. 65.

Abb. 59—65. Knotenpunkte der Duralkonstruktion.

nieten (Abb. 28) auf die Seitenwände des Trägers übertragen. Der Blecheinbau wird bei Bedarf in den unteren Träger hinein fortgesetzt, um etwa große Auflagerkräfte desselben aufzunehmen. Für gewöhnlich genügt die einfache Verleimung des unteren Trägers an den Knotenlaschen und seine Aussteifung mit Holzquerwänden wie üblich; auch die Sicherung der Leimfläche der Lasche durch Mutterschrauben aus Duralumin kommt zur Anwendung. Einzelkräfte, die vom Metall in das Holz oder von Holz zu Holz, z. B. von Träger zu Träger im Falle der Abb. 28 nicht als Scher-, sondern als Zugkräfte übertragen werden müssen, machen ebenfalls eine Verschraubung nötig, etwa nach Abb. 71, wobei die Platte 1 biegefest ausgebildet und mittels ausreichender Leimfläche 2 und Futter-

Ebenso kann man nach der Fertigstellung der Holzknotenpunkte Aussparrungen vornehmen, insbesondere solche, die man vorher wegen der Möglichkeit der Konstruktionsänderung beim Entwurf fortfallen lassen mußte. Bei Metallträgern dagegen würde ein solches Verfahren unzweckmäßig sein, weil eine nachträgliche Bördelung Schwierigkeiten macht.

IV. Schlußbemerkung.

Zum Schluß sei erwähnt, daß die verwendeten Lichtbildaufnahmen, soweit sie nicht vor oder im Kriege gemacht waren, von Versuchsstücken herrühren, da alle eingebauten oder für den Einbau bestimmten Teile auf Grund des Versailler Vertrages vernichtet werden mußten. Ferner war aus Gründen der Geheimhaltung eine gewisse Auswahl der dargestellten Gegenstände Bedingung.

Im vorstehenden sind Baustoffe und Ausführungsarten der Metall- und Sperrholzkonstruktion des Starrluftschiffes unter dem Gesichtspunkte der konsequenten Anpassung der Baustoffe an die

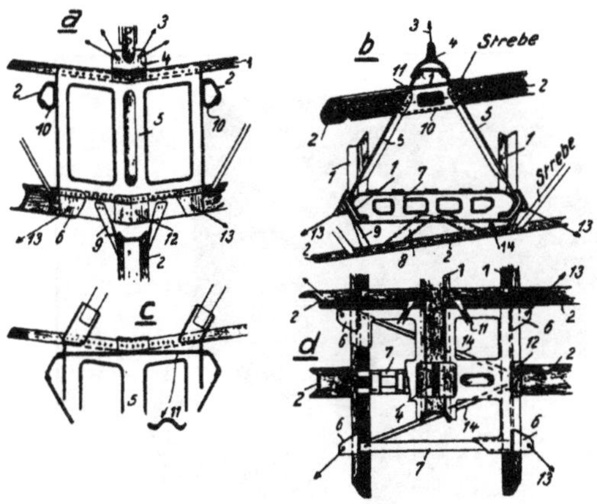

66 a—d.

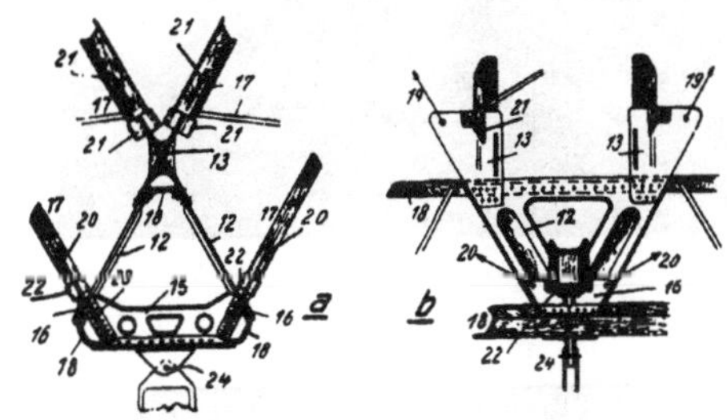

67 a—c.

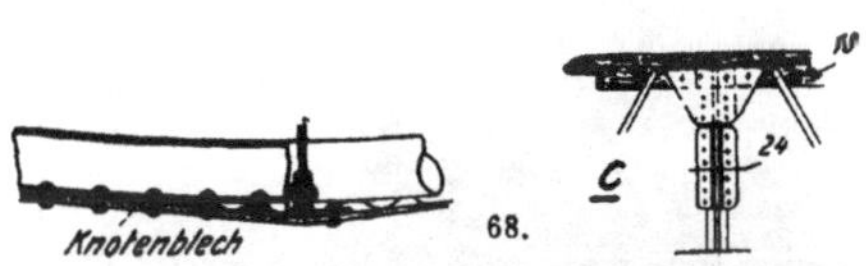

68.

Abb. 66—68. Knotenpunkte der Duralkonstruktion.

wirkenden Kräfte behandelt worden. Wie ersichtlich, bilden (gemäß der Größensteigerung der Luftschiffe und Kräfte) die Baustoffe Sperrholz, Dural, Stahl eine aufsteigende Reihe, ebenso die Konstruktionen aus offenen und geschlossenen Profilen. Eine weit schwierigere Aufgabe als die der Anpassung ist die der Ermittlung der Axialkräfte des Gesamtsystems. Sie bildet ein Gebiet für sich und kann daher im Rahmen dieser Arbeit nicht erörtert, sondern nur kurz angedeutet werden[1]). Die Berechnung des Gerippes als ein einziges, quer versteiftes, kuppelartiges Raumfachwerk erfordert wegen des hohen Grades seiner statischen Unbestimmtheit mehr Zeit und Mühe, als in der Praxis zu Gebote steht. Daher zerlegt man für die Praxis vorteilhafterweise das ganze Gebilde in Einzeltragwerke, wie Haupttragwerk oder äußeres Gerippe, Querversteifungswände (Hauptringe), Laufgang und Leitwerk, stellt auf Grund vereinfachender bewährter und kontrollierter Annahmen über die Steifigkeitsverhältnisse die Kräfte und Deformationen des Haupttragwerks fest und berechnet mit deren Hilfe und aus den jeweils angreifenden Kräften die Stabkräfte des Einzeltragwerks. Die gewonnenen Resultate kann man zur Berichtigung der ursprünglichen Annahmen verwenden und den ganzen Rechnungsvorgang wiederholen; jedoch erübrigt sich das in den meisten Fällen, da jene Resultate genau genug ausfallen. Der Umfang der Rechenarbeit ist immerhin noch erheblich, weil einmal die Einzelgebilde noch vielfach (z. B. 20fach) statisch unbestimmt und sodann die verschiedensten statischen und dynamischen Belastungsfälle des Schiffes zu berücksichtigen sind. Dazu kommt noch die Ermittlung der Biegungsbeanspruchungen der verschiedenen Trägerteile, wie eingangs erwähnt.

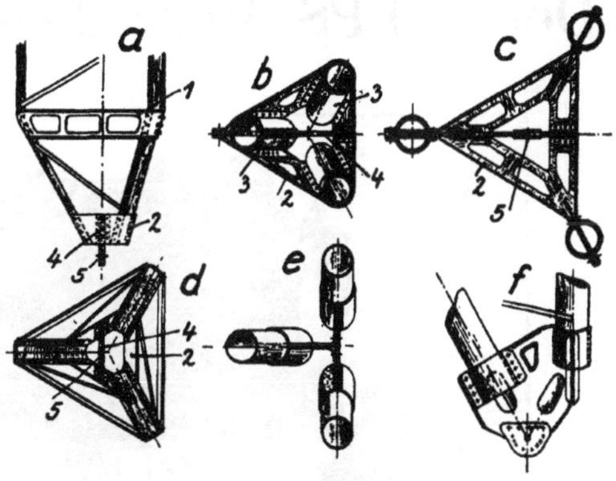

Abb. 69 a—f. Knotenpunkte der Duralkonstruktion.

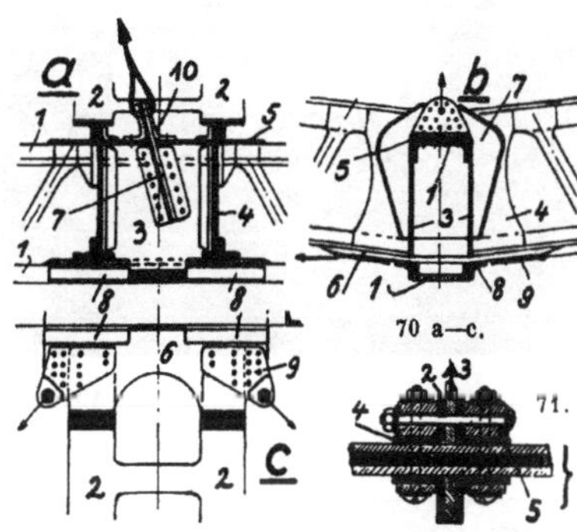

70 a—c.

71.

72.

Abb. 70—71. Knotenpunkte der Sperrholzkonstruktion.
Abb. 72. Anschiftung von Sperrholz.

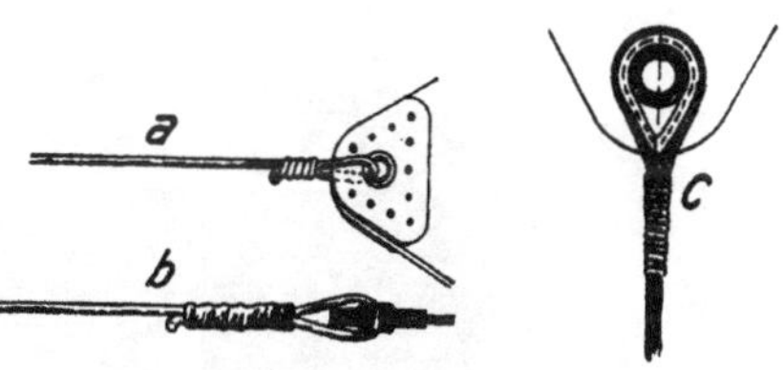

Abb. 73 a—c. Drahtbefestigung.

---

[1]) Vgl. Abschnitt 4 Festigkeitsrechnungen der Schütte-Lanz-Luftschiffe, Seite 48 ff.

Der 240 PS-Mercedes-Luftschiff-Motor, Typ J 8 L.

Abb. 1. Auspuffseite (rechts).

(Abb. 2. Vergaserseite (links).

Beschreibung.

Bei der folgenden Beschreibung sind die Ausdrücke rechts oder links, vorn oder hinten stets von einem Standpunkt des Beschauers hinter dem Schwungrad zu verstehen (vergl. Abb. 1 und 2).

Der Mercedes-Luftschiffmotor, welcher 1911 in zwei Exemplaren in das erste Schütte-Lanz-Luftschiff den »S.L. 1« eingebaut worden ist, hat acht hintereinander in einer Reihe senkrecht stehende Zylinder aus Grauguß von 175 mm Bohrung und 165 mm Hub.

Die Umlaufzahl der Kurbelwelle beträgt 1100 Umdr./min, der Brennstoffverbrauch ungefähr 220 g/PSh.

In dem aus Aluminiumgußstücken, einem Kurbelgehäuseoberteil und einem Kurbelgehäuseunterteil gebildeten Kurbelgehäuse ist die achtfach gekröpfte Kurbelwelle an 6 Stellen in Weißmetallschalen gelagert. Je 2 Zylinder bilden ein gemeinsames Gußstück mit gemeinsamem Wassermantel. Die Zylinderpaare sind durch 12 Schrauben am Kurbelgehäuseoberteil befestigt.

Jeder Zylinder besitzt zwei Auslaßventile und ein Einlaßventil im Kopf hängend. Die Ventile werden durch Stoßstangen von einer auf der linken Motorseite angeordneten Nockenwelle aus gesteuert, und zwar die beiden Auslaßventile eines Zylinders durch die eine Stoßstange mittels eines Gabelhebels, das Einlaßventil durch einen einfachen Hebel, der von der zweiten Stoßstange bewegt wird.

Der Auspuff des Motors ist auf der rechten Seite, die Gaszuführung auf der linken Seite angeordnet. Der Auspufftopf ist wassergekühlt. Zur Bereitung des Gemisches, das den Zylindern zugeführt wird, dient ein Daimler-Doppelvergaser. Der eine Vergaserteil versorgt die Zylinder 1, 2, 7 u. 8, während der andere Teil die dazwischenliegenden Zylinder 3, 4, 5 und 6 bedient. Die Beeinflussung des Vergasers geschieht durch einen in einem Segment hinter dem ersten Zylinder beweglichen Handhebel, außerdem ist noch ein besonderer Schwungregler, der durch eine Kette von der Kurbelwelle aus angetrieben wird, vorhanden, dessen Aufgabe es ist, durch Verstellen der Regulierkolben am Vergaser die Umlaufzahl konstant zu halten.

Zur Ingangsetzung des Motors sind an den Zylindern 1 u. 2 besondere Anlaßventile vorgesehen, die aus einem kleinen Hilfsvergaser unter Vermittlung einer Handpumpe zündfähiges Gemisch in die beiden hinteren Zylinder leiten. Durch Drehen einer Anlaßzündvorrichtung wird das Gemisch in diesen beiden Zylindern gezündet und der Motor so in Gang gesetzt.

Jeder Zylinder weist 2 Zündkerzen auf. Diese empfangen ihren Strom durch zwei Zwillings-Eisemann-Magnete, die durch elastische Kupplungen von den Wellen zweier an der linken Seite des Motors eingebauter Schleuderpumpen mit doppelten Flügelrädern angetrieben werden.

Die Zündfolge beim Steuerbordmotor, räumlich betrachtet, ist 1, 4, 2, 3, 8, 5, 7, 6 und beim Backbordmotor 1, 3, 2, 4, 8, 6, 7, 5.

Das Kühlwasser wird aus dem auf der dem Schwungrad abgekehrten Seite des Motors angeordneten Kühler durch die zwei doppelt wirkenden Kühlwasserpumpen an der linken Motorseite abgesaugt und von diesen aus durch gebogene Rohrleitungen, die sich oben gabeln, zwischen dem 1. und 2. und dem 3. und 4. Zylinderblock den Wassermänteln und dem Zwischenraum der Doppelwandung des Auspufftopfes zugeführt. Von hier aus gelangt das erwärmte Wasser zum oberen Teil des Kühlers, um in diesem nach unten zu sinken. Auf dem Ende der Kurbelwelle, zwischen Kühler und Zylinder 8, ist mittels einer Rutsch-Kupplung ein großer Windflügel angeordnet, der die Luft durch die Kühlerlamellen durchsaugt.

Die bewegten Teile des Motors werden mit Frischöl geschmiert, zwei Kolbenpumpen mit Schiebersteuerung sind zu diesem Zweck leicht zugänglich auf der rechten Seite des Motors am Kurbelgehäuseoberteil angebaut, die Lager der Kurbelwelle und der Nockenwelle werden unmittelbar von einer der beiden Ölpumpen, die je zwei Zylinderblocks bedienen, geschmiert, wobei für jede Lagerstelle eine besondere offen verlegte Schmierleitung vorgesehen ist. Die Kurbelwelle ist mit Ölfangringen versehen, die das ihnen von Spritzdüsen von den Ölpumpen her zugeführte Öl den Pleuelstangen zuführen.

Die Kolben sind aus Grauguß, die Pleuelstangen aus zähem Chromnickelstahl gefertigt.

Am Motor ist auf der linken Seite ein Umlaufzähler, in die Kühlwasserleitungen sind zwei Thermometer eingebaut.

Die Länge des Motors ohne Kühler beträgt 1975 mm, die größte Höhe ohne Kühler 1200 mm, die Breite des Motors samt Kühler 1560 mm.

U.-T. 8. Juni 1925.

Daimler-Motoren-Gesellschaft Stuttgart-Untertürkheim.

Dipl.-Ing. Wilhelm Hillmann
geb. 20.5.1886
hier als Fahringenieur auf S-L-Luftschiffen,
später Chef-Konstrukteur für den S-L-Flugzeugbau.

H. ist Bundesbruder von Jan Schütte und mit mit 98 Jahren heute noch aktiver Segelflieger.

Der Großflugzeugbau des Luftschiffbaus Schütte-Lanz.

Von Dipl.-Ing. WILHELM HILLMANN.

I.

Die Anfänge des Flugzeugbaus Schütte-Lanz.

Schon Anfang 1913, als die Allgemeinheit das Heil einer zukünftigen Kriegs- und Verkehrsluftfahrt fast nur in der Entwicklung der Starrluftschiffe sah, hatte Geheimrat Schütte erkannt, daß sich in kurzer Zeit das Flugzeug einen mindestens gleichwertigen Platz an der Seite des Luftschiffes errungen haben würde. Er beschloß deshalb, neben dem nunmehr in Mannheim-Rheinau in vollem Gange befindlichen Luftschiffbau auch den Flugzeugbau aufzunehmen. Da aber die anderen Gesellschaftsteilhaber des Luftschiffbaus Schütte-Lanz wegen der auflaufenden Kosten von einem solchen Ausbau des Betriebes vorläufig noch nichts wissen wollten, so mußte dieser Plan zurückgestellt werden. Als im Herbst 1913 die Widerstände immer noch nicht überwunden waren, weil das Luftschiff »Schütte-Lanz 2« noch nicht fertig war, beschloß Geheimrat Schütte auf eigene Faust und Verantwortung zu handeln, um nicht noch mehr kostbare Zeit zu verlieren. Er verpflichtete den Dipl-Ing. W. Hillmann von der Technischen Hochschule zu Danzig, der sich bereits seit längerem theoretisch mit dem Flugwesen und der Flugzeugkonstruktion befaßt und im gleichen Jahre das Fliegen erlernt hatte, für den Luftschiffbau Schütte-Lanz. Da der junge Ingenieur sich erst an die Eigenart des Betriebes gewöhnen sollte, wurde er dem Luftschiffbau als Betriebsassistent für das Motorenwesen zugeteilt. Er erhielt gleichzeitig den Auftrag, sich, wenn sein naturgemäß nicht allzu umfangreicher Dienst an den Maschinen es irgend gestattete, in einem eigens dazu bestimmten abgesonderten Bureau mit der Flugzeugkonstruktion zu befassen. So entstand anfangs 1914 ein Flugbootentwurf mit dem damals stärksten deutschen Flugmotor, dem gerade vollendeten 150-PS-Benz. Ein Flugzeug dieses Entwurfs sollte zu dem August 1914 angesetzten Wasserflugzeug-Wettbewerb in Warnemünde gemeldet werden.

Als jedoch im Frühjahr 1914 die deutsche Marine zwei englische Wasserflugzeuge in Auftrag gab, zu deren Baubeaufsichtigung und fliegerischer Abnahme ein konstruktionstechnisch vorgebildeter Flieger benötigt wurde, stellte Schütte, in der richtigen Erkenntnis, daß das Studium des anerkannt sehr weit vorgeschrittenen englischen Wasserflugzeugbaues an Ort und Stelle für den Luftschiffbau Schütte-Lanz nur von großem Vorteil sein könne, für den angegebenen Zweck seinen Flugzeugkonstrukteur dem Beauftragten der Marine zur Verfügung. Die in England gesammelten wichtigen Erfahrungen hatten zur Folge, daß der vor der Englandsreise fertiggestellte Entwurf als zu klein zurückgestellt werden mußte. Ein neuer, in Ermangelung stärkerer deutscher Motoren mit zwei 150 PS-Benzmotoren ausgerüsteter Entwurf entstand.

Da die Reise des Konstrukteurs nach England, einschließlich der für das Einschulen von deutschen Seefliegern in Kiel angesetzten Zeit, weit länger als veranschlagt gedauert hatte, konnte man nicht mehr hoffen, rechtzeitig für Warnemünde fertig zu werden. Es wurden deshalb auch keine dahin zielenden Anstrengungen mehr gemacht, die durch Überstürzung vielleicht mehr geschadet als genützt hätten. Geheimrat Schütte entschloß sich vielmehr, zumal da die für Warnemünde gemeldeten Typen durch die englischen Erfahrungen sämtlich als überholt gelten mußten, gleich mit einem gut durchkonstruierten, den englischen möglichst überlegenen Wasserflugzeug vor das Reichsmarineamt zu treten. Hinzu kam noch, daß der von Geheimrat Schütte im Winter 1913/14 vorbereitete Ostmarkenflug im Juni 1914 seinen Anfang nehmen konnte, und daß einigen Herren des Luftschiffbaus Schütte-Lanz Gelegenheit gegeben wurde, auch hier weitere Erfahrungen zu sammeln.

Während der Arbeiten an diesem Wasserflugzeug brach der Krieg aus.

Nunmehr ließen sich durch das vom Reichsmarineamt an den Tag gelegte große Interesse für einen Flugzeugbau Schütte-Lanz auch die bisher widerstrebenden Herren der Gesellschaft bewegen, ihre Zustimmung zur Gründung einer gesonderten Flugzeugbauabteilung zu geben. Leider war viel Zeit verlorengegangen, auch mußte der Verfasser dieses Artikels sofort eintreten und konnte erst Ende August 1914 aus der Front reklamiert werden.

Er wurde sogleich mit der Konstruktion eines den Wünschen des Reichsmarineamtes entsprechenden Wasserflugzeuges betraut. Diese Wünsche gingen in der Hauptsache dahin, ein stärkeres als das mit einem 200-PS-Salmsonmotor ausgerüstete englische Wasserflugzeug zu erhalten, deckten sich also mit dem vom Konstrukteur bereits verfolgten Prinzip. Allerdings hatte merkwürdigerweise das englische Sopwith-Flugboot bei den Marinefliegern nicht den Anklang gefunden, wie das Zweischwimmerflugzeug von White. Es wurde daher der Wunsch geäußert, kein Flugboot, sondern ein Zweischwimmerflugzeug zu liefern. Die Entwicklung in dieser Richtung war an und für sich sehr zu bedauern — sind doch die heute weitaus erfolgreichsten Wasserflugzeuge die Wal-Flugboote —, damals aber war der Wunsch Befehl, und es mußte umkonstruiert werden.

Es entstand so der Urtyp des Schütte-Lanz-Großflugzeuges, das in der folgenden Abhandlung noch näher beschrieben wird, und das den Ruhm für sich in Anspruch nehmen kann, das erste deutsche Großflugzeug mit zwei Motoren gewesen zu sein. Die Schwimmer, die der dem R. M. A. eingereichte Entwurf noch hatte, mußte der Konstrukteur nach kurzen Verhandlungen abmontieren und durch ein Landfahrgestell ersetzen. Das Flugzeug sollte neuerdings nur als Bombenschlepper über den Kanal Verwendung finden, da man inzwischen in Belgien eine Flugbasis gewonnen hatte. Das R.M.A. wollte für dies Flugzeug die beiden ersten derzeit noch im Bau befindlichen 160-PS-Mercedesmotoren — sie hatten ein fest angebautes Getriebe und eigneten sich für die Konstruktion ganz besonders — zur Verfügung stellen. Dadurch aber, daß kurze Zeit nach Inangriffnahme des Baues die Heeresverwaltung in den Vertrag des R.M.A. mit dem Luftschiffbau Schütte-Lanz eintrat, verschob sich das gesamte Programm und die nötigen Motoren, nicht die angekündigten, sondern getriebelose, trafen erst im Februar 1915 beim Luftschiffbau ein. Inzwischen war im Januar eine erste und im Februar eine zweite Kommission der Inspektion der Fliegertruppen in Rheinau gewesen und hatte verschiedene Änderungswünsche vorgebracht. Diese Änderungen, die trotz Widerratens des Konstrukteurs vorgenommen werden mußten, verbesserten das Flugzug nicht nur nicht, sondern schoben auch den Fertigstellungstermin hinaus. Als dann die Erprobung des Flugzeuges Ende Mai so weit gediehen war, daß man zu einer gleichzeitigen Herstellung mehrerer Flugzeuge hätte schreiten können, äußerte sich auf Veranlassung der Front die Jdflieg. dahin, daß Flugzeuge mit seitlich liegenden Motoren wegen eventuellen Ausfalls eines Motors unzweckmäßig seien, was den Baueifer natürlich lähmen mußte. Als dann Geheimrat Schütte im Großen Hauptquartier vom damaligen Inspekteur der Fliegertruppen selbst die gleiche Ansicht vertreten hörte, kam ihm der Entschluß, diesen Typ lieber fallen zu lassen. Dieser Entschluß wurde bei ihm endgültig, als wenige Tage nach seiner Rückkehr aus dem Großen Hauptquartier Dipl.-Ing. Hillmann, der aus Ehrgeiz, allerdings auch mangels Gestellung eines anderen tüchtigen Einfliegers durch die Jdflieg., selbst der Einflieger seiner Konstruktion sein wollte, bei einem Probefluge das Flugzeug restlos verbrauchte und selbst schwere Verletzungen davontrug. Daß es auch damals seitens der maßgebenden Behörde wohl richtiger gewesen wäre, nicht allzuviel auf die Meinung einzelner Frontflieger zu geben, ehe wirkliche Erfahrungen mit dem neuen Typ vorlagen, hat die spätere Zeit

Abb. 1.

Abb. 2.

bewiesen: Zwei Jahre später haben Großflugzeuge fast genau der gleichen Anordnung recht beachtliche Frontleistungen erzielt und sind gefürchtete Gegner gewesen. Der dann auf direkte Veranlassung der Jdflieg. in kürzester Zeit herausgebrachte Kampflugzeugtyp, dessen Entwurf mit großem Beifall aufgenommen worden war, wurde bei seinem Erscheinen ebenfalls als nicht mehr von der Front gewünscht bezeichnet. Der gleichzeitig von Schütte-Lanz herausgebrachte kleine einsitzige Jagd-Doppeldecker, der erste seines Typs in Deutschland, wurde bei seiner Vorführung vor der Inspektion in Adlershof trotz seiner guten Flugleistungen abgelehnt, da »einsitzige Doppeldecker zum Luftkampf gänzlich ungeeignet« seien. Sechs Wochen später kam Fokker mit einem fast genau gleichen Flugzeug heraus, und seitdem war bis gegen Ende des Krieges der einsitzige Doppeldecker das Jagdflugzeug.

Das waren die Anfänge des Flugzeugbaus Schütte-Lanz. Für den weitschauenden Gründer, Geheimrat Schütte, sowohl wie für seinen Konstrukteur wirklich nicht ermutigend! Dem zähen Durchhalten des ersteren jedoch und der mit verdoppelten Kräften weitergeführten Verfolgung seiner Pläne ist es zu danken gewesen, daß sich der Flugzeugbau Schütte-Lanz seinem älteren Bruder, dem Luftschiffbau allmählich hat zur Seite stellen können.

II.

Das Kampf-Großflugzeug Schütte-Lanz.

Unter I ist geschildert worden, wie es zur Konstruktion des vorliegenden Großflugzeuges gekommen ist. Nicht unerwähnt bleiben sollen aber auch an dieser Stelle die Schwierigkeiten, die die Entwicklung eines in jeder Beziehung neuen Typs mit den verhältnismäßig geringen Mitteln, die anfänglich zur Verfügung gestellt werden konnten, bot. Daß diese Schwierigkeiten, die zunächst vor allem der Personal- und der Raummangel bereiteten, auf die Konstruktion nicht ohne Einfluß blieben, dürfte wohl jedem einleuchten. Es soll ohne weiteres zugegeben werden, daß auch zu damaliger Zeit diese oder jene konstruktive Lösung etwas eleganter hätte ausfallen dürfen, man möge aber bei der Beurteilung des Entwurfs an sich wie, auch der konstruktiven Einzelheiten in Berücksichtigung ziehen, daß dem Konstrukteur des Flugzeugs, Dipl.-Ing. Hillmann, umfangreichere praktische Konstruktionserfahrungen noch fehlten, und daß die gesamte konstruktive, d. h. zeichnerische und rechnerische Arbeit, sowie diejenige der Leitung und Überwachung des Baues selbst von ihm allein hat geleistet werden müssen. Daß jedenfalls die Grundgedanken der Konstruktion durchaus den richtigen Weg gegangen waren, beweist der Umstand, daß dieses erste deutsche Zweimotoren-Großflugzeug in späterer Zeit in ganz ähnlicher Form wiedererstanden ist und Schule gemacht hat.

Die vom ersten Besteller, dem R.M.A., geäußerten Wünsche bezüglich der Leistungen waren für damalige Verhältnisse schon recht hoch gespannt. So sollte das Flugzeug bei den zur Verfügung stehenden 300 bis 320 PS eine Nutzlast von 1500 kg tragen, möglichst nicht mehr als 20 bis 22 m Spannweite haben, 125 km Stundengeschwindigkeit erreichen und dabei eine Landegeschwindigkeit von nicht viel mehr als 70 Stundenkilometern besitzen. Die Bedingung der geforderten Nutzlast wurde von der in den Vertrag sodann eingetretenen Heeresverwaltung auch als zu scharf anerkannt und auf Vorschlag des Konstrukteurs bis zum Vorliegen von Versuchsergebnissen mit Flugzeugen dieser Größe und Bauart auf 1250 kg ermäßigt.

Die Nutzlast sollte sich zusammensetzen aus folgenden Gewichten:

Besatzung (3 Mann)	270 kg
Betriebsstoffe für mindestens 6 Stunden	480 kg
Maschinengewehr und Munition	80 kg
Frei zur beliebigen Verwendung (Panzerung, F.-T.-Einrichtung, 1 weiteres Masch.-Gew., Bomben usw.)	420 kg
	1250 kg

Aus diesen Zahlen geht hervor, daß das Flugzeug in der Hauptsache der Beobachtung und dem Bombenabwurf dienen, aber angegriffen, sich auch wirksam verteidigen sollte. Es war daher nötig, zunächst eine tadellose Verständigungsmöglichkeit zwischen Führer und Beobachter und beiden ein möglichst großes Gesichtsfeld zu schaffen, dem obligatorischen Maschinengewehr ein umfassendes Aktionsfeld zu geben und möglichst alle leichtverletzlichen, vitalen Teile zu konzentrieren, um mit einem Minimum an Panzerung auszukommen. Um die nötige Wendigkeit zu erhalten, wurde diese Konzentration, vor allem der veränderlichen Gewichte, der Betriebsstoffe, Bomben und M.-G.-Munition, in nächster Nähe des Gesamtschwerpunktes vorgenommen.

Die Gesamtanordnung geht aus den Abbildungen hervor. Diese veranschaulichen den Typ von 1914. Der verbesserte Typ von 1915 weicht aber nur wenig davon ab.

Bei der Durchbildung der Konstruktion waren auf Grund der damaligen Anschauungen die drei, heute nur noch teilweise geltenden Grundsätze leitend:

1. Am Flugzeug selbst muß jedes Gramm gespart werden, um es der Nutzlast zugute kommen zu lassen. Diesem Grundsatz wurden die beiden folgenden zugeordnet:
2. Die Konstruktion soll in allen Einzelheiten möglichst die gleiche Sicherheit aufweisen. Sie wurde gegenüber der Bruchbelastung 6fach angenommen. Im Bereich des Führersitzes wurde die Konstruktion jedoch etwas stärker bemessen, da man dadurch, wie die Erfahrung gezeigt hat, bei Stürzen einen gewissen Schutz für den Führer erreicht.
3. Das Kräftesystem soll keine Biegungsbeanspruchung bei Druckstäben hervorrufen, außer bei den Flügelholmen, bei denen sie sich nicht vermeiden lassen. Infolge der damals noch mangelnden Erfahrung war es schwer, die tatsächlichen Beanspruchungen der Stäbe festzustellen, trotzdem mußte auch hier eine unnötig starke, oder gefährlich schwache Ausbildung dieser Stäbe, oder der anschließenden Knotenpunkte vermieden werden.

In damaliger Zeit war es noch durchweg üblich, aus Holz zu bauen, es lag sogar bei dem guten Ausfall der Versuche, die bis dahin der Luftschiffbau Schütte-Lanz mit den verschiedensten Sperrholzträgerkonstruktionen gemacht hatte, außerordentlich nahe, eine dem Holzluftschiffbau ähnliche Konstruktion zu versuchen. Bei der Neuartigkeit des ganzen Typs aber und unter Berücksichtigung der beim Kriegsflugbetriebe zu erwartenden Unterbringungsschwierigkeiten erschien der reine Sperrholzbau dem Konstrukteur als riskant. Der übliche Holzbau ergab zu große Dimensionen und sah konstruktiv daher unrentabel aus; es blieb also der Metallbau übrig. Das heute mit so großem Erfolge verwendete, wenn auch noch recht teure Duraluminium hatte damals noch keinen so hohen Grad der Vervollkommnung erreicht, auch war es, weil für den Aluminiumluftschiffbau reserviert, schwer zu erhalten. Dagegen bot der Stahlbau in Blechen und Rohren erhebliche Vorteile, es lagen zuverlässige Festigkeitszahlen vor, es waren nicht so leicht Ermüdungserscheinungen des Materials infolge der Vibrationen des Systems zu befürchten, es konnte daher leicht gebaut werden, kurz, der Konstrukteur entschied sich für Stahlbau. Nur die Teile, die selbst in der leichtesten Stahlkonstruktion noch zu schwer geworden wären, wie die Flügelrippen oder die Spannleisten unter der Stoffverkleidung wurden aus Holz, wie es aus der Abb. 1 gut zu ersehen ist, welche das Flugzeug im Rohbau zeigt. (Um das Bild übersichtlicher zu machen, ist der rechte Unterflügel fortgelassen.) Der Zusammenbau erfolgte aber nicht durch autogene Schweißung der Knotenpunkte, ein Verfahren, das vom Verfasser auch bei dem heutigen Stande der Schweißtechnik, als zu unkontrollierbaren Spannungen Anlaß gebend, durchaus nicht gebilligt wird, sondern nach einem kombinierten Schweiß- und Nietsystem.

Es kamen dem Konstrukteur dabei die im Bau der Luftschiffmaschinengondeln gemachten Erfahrungen im Pressen von Stahlrohrenden sehr zustatten. Die Schweißungen beschränkten sich im wesentlichen auf das Verschweißen von durch Schlitze in den Längsträgern des Rumpfes oder dergleichen durchgesteckten Knotenpunkt-Eckblechen, oder auf Punktschweißung von Rohrschellen gegen deren Verschieben. So sind auch die aus je zwei Stahlrohrlängen verschiedenen Durchmessers bestehenden Flügelholme lediglich durch Ineinanderschieben in warmem Zustande und nachfolgende Punktschweißung als Sicherung hergestellt worden und haben sich gut bewährt.

Für gewisse Teile hatte auch die Verwendung sehr dünner gedrückter Bleche Vorteile. So sind z. B. Vorder- und Hintersteven des Rumpfes, auch einige Träger und Stützen im vorderen M.-G.-Stand und im Führersitz solche Blechkonstruktionen; auch die Motorenfundamente sind aus Blech gebaut worden.

Im nachstehenden sollen noch die einzelnen Teile des Flugzeuges in ihrer Anordnung und Konstruktion beschrieben werden.

Der Rumpf, ganz aus Stahlrohren mit Stahldrahtverspannung in den einzelnen Feldern, hatte fünfeckigen Querschnitt (Abb. 1 bis 3). Dieser wurde aus drei Gründen gewählt: Erstens sollte bei nicht breiter als nötig gebautem Obergurt ein möglichst solider Unterstützungsbau für das Fahrgestell geschaffen werden, der gleichzeitig eine gerade Kräfteführung über den Spannturm bis zu den Oberflügel-Ansatzpunkten ermöglichte, zweitens sollten die durch die Motorengewichte bei der Landung und bei der ursprünglichen Konstruktion des Fahrgestells auf Knickung belasteten Unterflügelholmfelder möglichst kurz werden, und drittens sollte zur besseren Beweglichkeit des M.-G.-Schützen die Fußbodenfläche seines Standes möglichst groß werden. Der weit nach vorn herausgebaute M.-G.-Stand (Abb. 2) gewährte ein ausgedehntes Bestreichungsfeld des M.-G., 70° in vertikaler und 200° in horizontaler Richtung. Ein fest mit dem versenkbaren Sitz verbundener Drehpivot ermöglichte schnelles Schwenken des Gewehrs während des Feuerns ohne Zuhilfenahme der Hände. Der M.-G.-Stand war zur leichten Anbringung eines Boden- und Seitenpanzers eingerichtet. Die M.-G.-Munition wurde hinter dem Stande dicht vor der Ebene der vorderen Spannturmstreben untergebracht.

Gleich dahinter war der Hauptbenzinbehälter aufgehängt, der für 5½ Stunden Betriebsstoff faßte; der Fallbenzinbehälter war oben im Spannturm zwischen den Holmverbindungsstücken eingebaut; er faßte Betriebsstoff für ¾ Stunden und hatte ein automatisches Überdruckventil. Durch dieses wurde er mittels des durch beide Motorluftpumpen und bei deren Versagen durch Handpumpe im Hauptbehälter erzeugten Überdrucks ständig selbsttätig gespeist, so daß stets mit Fallbenzin geflogen werden konnte. Die erste Ausführung zeigte dieselbe Anordnung, jedoch infolge des spitzen Spannturmes eine freie Aufhängung des Fallbenzinbehälters (Abb. 4).

Der noch innerhalb des Spannturmes liegende Doppelsitz für Führer und Beobachter war mit der damals üblichen Militär-Handradsteuerung ausgerüstet. Bei der ersten Ausführung lagen die Sitze noch hinter dem Spannturm dicht vor der Propellerebene, sie boten daher erstens bessere Sicht direkt nach unten, zweitens einem hinter dem Beobachtersitz anzubringenden M.-G. einen größeren Bestreichungswinkel. Diese Anordnung wurde aber auf Wunsch der Kommission unter Fallenlassen der Vorteile zugunsten eines angeblich geschützteren Sitzes, besserer Sicht voraus — man konnte jetzt beim Rollen 5 bis 6 m vor den Rädern den Boden sehen

Abb. 3.

Abb. 4.

— und leichterer Panzerung abgeändert, obgleich dadurch auch die zuerst fast im Gesamtschwerpunkt anzubringende Bombenlast dicht hinter den Doppelsitz verlegt werden mußte.

Der Panzerschutz konnte sich bei dieser Anordnung bei verhältnismäßig geringem Gewicht durchgehend auf den ganzen Rumpfvorderteil erstrecken, so daß die drei Insassen, der Hauptbehälter und die Bomben gedeckt waren.

Das Fahrgestell bestand aus zwei Teilen und bildete von der Seite gesehen ein Trapez (Abb. 1), dessen untere Seite durch einen Radachsträgerkasten aus Stahlblech mit je sechs innen liegenden Druckfedern gebildet wurde. Gegen Verschiebung war das Viereck durch eine Diagonalstrebe gesichert. Es waren zwei Räderpaare auf je einer kurzen Achse vorhanden (Abb. 4), deren Verbindung bei der ersten Ausführung durch eine gelenkig mit den Achsen verbundene Blindachse hergestellt war. Bei dieser Ausführung waren auch die beiden Federkästen noch durch Distanzrohre verbunden und das entsprechende Trapez durch Kabel ausgekreuzt. Um das durchweg kräftiger gebaute Fahrgestell der zweiten Ausführung nicht schwerer zu machen und den Luftwiderstand zu verringern, wurden die Distanzrohre, die Blindachse und die Diagonalkabel fortgelassen und dafür je ein Strebenpaar von jedem Federkasten zur unteren Fünfeckkante des Rumpfes geführt. Die beiden seitlichen Strebenpaare hatten den Zweck, beim Landen einen Teil der durch die Gegenkabel der Flügelverspannung ja nur federnd aufgenommenen Motorengewichte abzufangen und dabei gleichzeitig die Knickgefahr der Flügelholme ganz erheblich zu verringern (Abb. 5).

Die damals eigentlich geforderte Bremse war wegen der geringen Landegeschwindigkeit nicht vorhanden. Außerdem wirkte der stahlabgefederte Sporn (Abb. 3) durch seine ziemlich bedeutende Belastung stark bremsend.

Die Maschinenanlage bestand aus zwei 150/160-PS-Daimler-Mercedes-Motoren. Da die beiden vom R.M.A. zugesagten ersten 160-PS-Mercedes-Motoren sowieso mit fest angebautem Kegelradgetriebe versehen sein sollten, hatte der Konstrukteur zunächst eine zentrale Maschinenanlage mit zwei seitlichen Druckpropellern ins Auge gefaßt. Er entschloß sich aber dann doch zur Verlegung der Motoren auf die Flügel. Die Gründe dafür waren folgende: Durch diese Anordnung wurde die Motorlast besser auf die Flügel verteilt, so daß die Tragkonstruktion leichter werden konnte, sodann bestand unter den Fliegern wegen der Gefährdung bei Kopfstürzen eine Abneigung gegen die hinter dem Rücken der Flieger angeordneten Motoren. Ferner wäre bei der gegebenen Flugzeuggröße die Wartbarkeit der Motoren doch nur eine ziemlich begrenzte gewesen, Vergaserbrände konnten bei Innenlage der Motoren leicht verhängnisvoll werden und, schließlich waren Kegelradgetriebe damals im Flugzeugbau noch zu wenig erprobt, um diesen ersten Versuch gleich mit solchen zu wagen. Es war zwar der Einbau von Untersetzungsgetrieben geplant, die Luftschrauben von 3,8 m Durchm. antreiben sollten, aber da die Getriebe nicht rechtzeitig fertig wurden, mußten statt der gegenläufigen Schrauben gleichläufige mit nur 2,8 m Durchm. verwendet werden. Die erste Ausführung des Flugzeuges hatte neben dem viel Widerstand bietenden Rohr- und Duraluminwinkel-Fundament Seitenkühler alter Art, die zweite erhielt ein Blechfundament und Stirnkühler, so daß eine glatte Verkleidung mit geringem Luftwiderstand möglich wurde. Die Motoren der ersten Ausführung erhielten je ein sehr leichtes Schwungrad, weil die Schwungmasse des großen Getriebe-Zahnrades wegfiel. Von den Druckpropellern aber sollte wegen des besseren Gesamtwirkungsgrades nicht abgegangen werden. Die Motorregulierorgane waren durch die Unterflügel verlegt.

Die Flugzeugflügel waren leicht gestaffelt und hatten 5° Pfeilform, die Oberflügel 0°, die Unterflügel 2,5° V-Form, der Anstellwinkel betrug oben 3,5°, unten 4,5°. Das Profil war sehr schlank, aber verhältnismäßig stark gewölbt, so daß bei geringem Widerstand trotzdem ein guter Auftrieb erzeugt wurde. Bis auf die aus Sperrholz geschnittenen gitterförmigen mit Fichtengurten versehenen Rippen (Abb. 1) war die gesamte Flügelkonstruktion aus Stahlrohr, zuerst Rund-, dann Tropfenrohre für alle dem Winde ausgesetzten Stiele und Streben. Die Verspannung war durchweg, auch im Flügelinnern, aus geschlagenen Stahldrahtkabeln ohne Hanfseele. Die ersten großen Querruderhebel, die bei der zweiten Ausführung auf das heute noch übliche Maß beschränkt wurden, mußten auf Wunsch der Kommission gebaut werden, da noch keine Erfahrungen über die Beanspruchung der Querruder beim Aussetzen eines Seitenmotors vorlagen und man sicher gehen wollte.

Die Ruder waren aus Stahlrohrrahmen mit Holzrippen und beide als Balanceruder ausgeführt. Wegen des verhältnismäßig langen Rumpfes und des dadurch sich ergebenden langen Hebelarmes konnte das Seitenruder ohne Leitflosse gebaut werden. Das Seitenruder stand frei, das tiefliegende einteilige Höhenruder war abgestützt. Die eigenartige Wölbung der Höhenleitflosse hatte erstens den Zweck das Höhenruder unbeeinflußt zu lassen und zweitens eine gewisse Führung statt der fehlenden Seitenleitflosse zu geben. Da alle Ruderbetätigungsorgane, die Seilrollen und die Ruder selbst in Kugellagern liefen, war der Kraftaufwand minimal.

Abb. 5.

Zum Schluß seien noch die Hauptdaten des Flugzeugs gegeben:

Spannweite oben	22 m
Spannweite unten	18 m
Flügeltiefe	2,5 m
Tragende Fläche	100 m²
Größte Länge	12 m
Größte Höhe	4,2 m
Größte Rumpfbreite	1,8 m
Eigengewicht	1850 kg
Nutzlast	1250 kg
Fluggewicht	3100 kg
Spez. Flächenbelastung	31 kg/m²
Spez. Leistungsbelastung	10 kg/PS
Geschwindigkeit	125 km/h
Abfluggeschwindigkeit	75 km/h
Landegeschwindigkeit	68 km/h.

SLI – Knotenpunkt mit Ringverspannung

Aus der Geschichte des deutschen Starrluftschiffes.

Von Dr.-Ing. ROESER, Essen-Rellinghausen.

Teil A: Der Luftfahrtgedanke eine ständige Sehnsucht der Menschheit.

Teil B: Das Starrschiff.

I. Zeit von der Erfindung des Grafen Zeppelin bis zum Unglück bei Echterdingen.

II. Entwickelung des Starrluftschiffes unter dem Einfluß des als Mitbewerber auftretenden Schütte-Lanz.

III. Entwickelung während der Kriegszeit, die Angleichung beider deutschen Starrluftschiffsysteme.

IV. Die Nachkriegszeit.

Teil C: Zusammenfassung und Schlußbetrachtung, Literatur, Gutachten, Luftschifftafeln.

Solange Menschen auf dieser Welt leben, haben sie es als ihr Recht betrachtet, andere Lebewesen sich untertan zu machen, und als ihre Aufgabe, die Kräfte der Natur zu meistern, ihre Schätze zu heben, die Berge zu bezwingen, die Meere zu befahren und siegend das Luftreich zu erobern. Jedes Ding will seine Weile, und so war es erst unserem Zeitabschnitt vorbehalten und unserem Geschlecht, diesen Sieg über die Lüfte zu erringen, sie in physikalischem und chemischem Sinne zur Hörigkeit zu zwingen und zu einem starken, wenn auch eigenwilligen Diener der Menschheit bei der Bewältigung des immer riesiger werdenden Verkehrs der Völker, Länder und Erdteile untereinander zu machen. Heute wissen wir, daß Luftschiffe den Ozean überqueren und damit in wenigen Tagen Entfernungen zurücklegen können, die zur Zeit des Kolumbus fast nur in ebensoviel Monaten und zu Anfang des vorigen Jahrhunderts nur noch in ebensoviel Wochen überwunden werden konnten. Die »Eroberung der Luft« ist das Schlagwort unseres Jahrhunderts geworden und zur Tat gediehen, nachdem sie Jahrhunderte und Jahrtausende lang der Traum der auf das Festland gebannten Menschheit gewesen. Die Wetterkunde, die gründliche Erforschung der Atmosphäre, eine genaue Kenntnis ihrer physikalischen und chemischen Wandelbarkeit, die beispiellose Entwicklung des Nachrichtenwesens, das alles sind Wissensgebiete, die von größter Fruchtbarkeit für die menschliche Kultur geworden und, soweit sie nicht Vorbedingung für die sachgemäße Ausübung der Luftfahrt sind, mindestens mit ihr gleichzeitig gepflegt und weitergebildet werden müssen.

Aber die Tatsache darf nicht außer acht gelassen werden, daß es vor allem erst die sich fortentwickelnde Technik in weitgefaßtem Sinne war, die die Eroberung der Luft ermöglichte. Die Technik des Leichtbaues und die Technik des Maschinenbaues mußten zunächst einen hohen Grad der Vollkommenheit erreichen, um überhaupt der Verwirklichung des Gedankens einer für wirtschaftliche und militärische Zwecke brauchbaren Luftfahrt einige Wahrscheinlichkeit zu verleihen.

Abb. 1 veranschaulicht die wichtigsten Marksteine aus der Geschichte des Luftschiffes bis zum Jahre 1905 und die beigefügte Zahlentafel bringt die nötigsten Erklärungen dazu. Giffard konnte, obschon sein Versuch damals eine große Tat war, natürlicherweise keine großen Erfolge mit der viel zu schweren, unwirtschaftlich arbeitenden Dampfmaschine ältester Bauart erzielen, und wenn auch Hänlein sowie Renard und Krebs Fortschritte zu verzeichnen hatten, dadurch, daß sie bereits andere Antriebsmaschinen wählen konnten, so waren natürlich auch ihre »Luftschiffe« nicht so, um sich damit zufrieden geben zu können. Da erschien neben Santos Dumont, Lebaudy und Parseval, den Vertretern der ersten brauchbaren Luftschiffe des unstarren oder halbstarren Systems ein neuer Mann uf dem Plan, der deutsche Graf Zeppelin, der die Frage der Luftschiffahrt in ganz neue Bahnen lenkte.

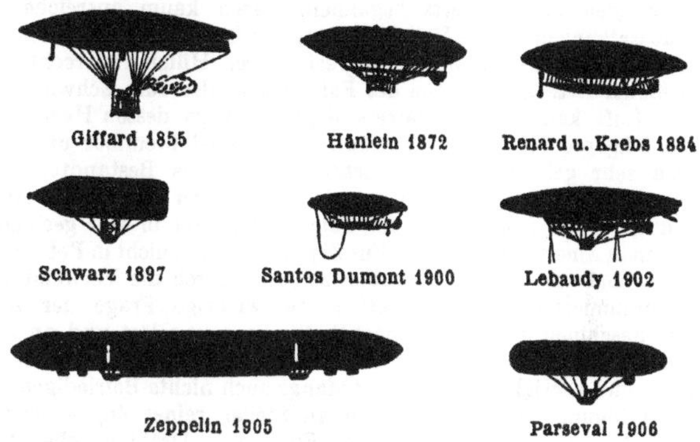

Abb. 1.

Ferdinand Graf v. Zeppelin, geboren 8. Juli 1838, stammte aus alter mecklenburgischer Familie, von welcher gegen Ende des 18. Jahrhunderts sein Großvater nach Württemberg gekommen war und — vom württembergischen König in den Grafenstand erhoben — nach glänzender militärischer Laufbahn als Gesandter in Wien starb.

Dreißig Jahre lang beschäftigte den Grafen der Gedanke, ein Luftschiff zu bauen, mit dem er das bis dahin auf diesem Gebiet Hervorgebrachte übertraf. Nur dann war ja ein Luftschiff zu gebrauchen, wenn es dank seiner baulichen Beschaffenheit und Fortbewegungskraft starken Winden trotzen konnte und ausreichenden Auftrieb hatte zur Beförderung mehr kostbarer als gewichtiger Frachten, zur Mitnahme genügender Brennstoffmengen, der erforderlichen Bedienungsmannschaft und Ausrüstung. Für die mitzuführende Brennstoffmenge mußte die verlangte Fahrtweite bestimmend und so groß sein, daß eine Wirtschaftlichkeit gewährleistet war.

Zeppelin war von Hause aus Offizier, hatte sich aber durch seine langjährigen Studien ein erhebliches Maß technischen Könnens angeeignet und verfügte über einen sicheren Blick in der Beurteilung des technisch Möglichen oder Unmöglichen. Schon im Jahre 1895 hatte er dem Deutschen Kaiser voll ausgearbeitete Pläne eines starren Luftschiffes vorgelegt, aber die vom Monarchen ernannten Sachverständigen erklärten, daß den Plänen kein Wert beizumessen

	Erbauer oder Bezeichnung	Jahr	Länge in m	Größt. Durchm. m	Inhalt m³	Antriebsart	Kraft PS	Geschw. m/s
1	Giffard	1855	70	10,00	3500	Dampfmaschine	4	3
2	Hänlein	1872	50	9,20	2400	Motor	3,5	5
3	Renard und Krebs	1884	50	8,40	1865	Elektr. Motor	9	6
4	Schwarz	1897	48	13,50	1250	Motor	12	5
5	Santos Dumont 6	1900	33	6,00	620	»	16	8
6	Lebaudy	1902	52	9,80	2960	»	50	11
7	Zeppelin LZ 2 . .	1905	128	11,65	11300	2 Motoren	170	11
8	Parseval.	1906	50	8,90	2300	1 Motor	90	10
9	Zeppelin Z 1. . .	1906	136	11,65	12200	2 Motoren	200	15
10	Schütte-Lanz 1 .	1911	131	18,40	20500	»	480	19,7

sei. Hinzu kam, daß 1897 das von dem Ingenieur Schwarz entworfene und gebaute Luftschiff, dem auch der Gedanke des starren Systems zugrunde lag, nach einer Versuchsfahrt von wenigen Minuten Dauer bei der Landung zerstört wurde. Zeppelin jedoch ließ sich nicht irremachen und arbeitete, vom König von Württemberg unterstützt, hauptsächlich aber mit eigenen Mitteln, an der Verwirklichung seiner Entwürfe.

Welche Hilfsmittel stellte nun die Technik dem Grafen Zeppelin zur Verfügung, um ihn in den Stand zu setzen, seinem hervorragenden Gedanken, ein starres Luftschiff herzustellen, auch Gestalt zu verleihen? — Wie oft in der Weltgeschichte — man denke nur an Leonardi da Vinci — war das bittere, ruhmlose Ende der Vergessenheit das Los bemerkenswerter Erfindungen, einfach daher, weil die Technik und die Wissenschaft der Zeit nicht genügend fortgeschritten waren, um der Ausbildung großer Gedanken die notwendige Unterstützung angedeihen zu lassen! Nur die Zähigkeit, mit der Zeppelin an seinem Gedanken festhielt, und die Ausdauer, mit der er ihn weiter entwickelte, bewahrten seine Erfindung vor dem gleichen Schicksal und ließen ihn schließlich die Verständnislosigkeit des größten Teils seiner Zeitgenossen durch die Tat besiegen.

In der ersten Zeit seiner Vorstudien, die in den siebziger Jahren des vorigen Jahrhunderts begannen, waren kaum ausreichende Voraussetzungen für die Verwirklichung des Starrsystems vorhanden und auch später noch waren die verfügbaren Hilfsmittel recht bescheidener Art. Zum Heben des Fahrzeuges, also zum Schwimmen in der Luft, kam nur das Wasserstoffgas in Frage, dessen Hebekraft etwa 1 kg pro Kubikmeter beträgt. Aber es ist brennbar und dadurch sehr gefährlich. Das leichte Helium, als Bestandteil der Sonne bereits 1868 entdeckt, wurde auf unserer Erde 1895 erstmalig gefunden und wird in der Folge zudem nur in sehr geringen Mengen in Amerika gewonnen. Für Zeppelin kam es nicht in Betracht. Die Hüllenfrage war einigermaßen zu lösen durch die Verwendung von gummierten Baumwollstoffen, die wichtige Frage der Antriebsmaschinen aber war zunächst durchaus ungelöst und an geeigneten Baustoffen für einen Gerüstkörper von genügender Leichtigkeit und Festigkeit stand ihm anfangs auch nichts Befriedigendes zur Verfügung. Stahl konnte nur an Stellen reiner Zugbeanspruchung Verwendung finden in der Form von Drähten, aber bei Verbandsteilen, die nebenbei auf Druck oder Knick bemessen werden mußten, wurden bei der erforderlichen Festigkeit und Leichtigkeit die Blechstärken zu dünn, die Trägheitsmomente zu gering, als daß eine gute Vernietung und ausreichende Sicherheit gegen Knick erreicht worden wäre. Holz verstand man damals nicht so zu verarbeiten und anzuwenden, daß es Zeppelin für den Gerüstbau berücksichtigen konnte, und so entschied er sich nach langen, in Gemeinschaft mit dem damaligen Professor an der Stuttgarter Hochschule, späteren Staatsrat Bach, Stuttgart, durchgeführten Versuchen für das Aluminium, dessen fabrikmäßige Herstellung in größeren Mengen zu Anfang der neunziger Jahre gerade einsetzte. Es mag hier auf die beigegebene Übersichtstafel hingewiesen werden, aus der die hauptsächlichsten Eigenschaften des Aluminiums und seiner später gefundenen und ausgebildeten Legierungen entnommen werden können.

Aluminiumlegierungen	Werkstoffeigenschaften							
	Spezifisches Gewicht	Wärmeausdehnungskoeffizient	gegossen		mechan. verarbeitet			
			Festigkeit kg/mm²	Dehnung ($L = 11{,}3\sqrt{q}$) vH	Festigkeit kg/mm²		Dehnung ($L = 11{,}3\sqrt{q}$) vH	
					weich	hart	weich	hart
Rein-Aluminium .	2,70	0,0000251	—	—	10	20	30	5
Deutsche Legierung	2,9 — 2,95	0,0000255	12 — 17	2 — 4	20	30	20	10
Amerikanische »	2,85 — 2,9	0,0000246	12 — 15	1 — 2	20	30	20	10
Silumin	2,5 — 2,65	0,0000222	18 — 23	5 — 10	16	30	30	5
Duralumin	2,8	0,0000226	—	—	38	42	20	15

Zwar konnte beim Aluminium besonders die Festigkeit im Verhältnis zum spezifischen Gewicht nicht befriedigen, aber da man damals wirklich nichts Besseres hatte, blieb Zeppelin keine andere Wahl. In einer auf Pontons schwimmenden Halle auf dem Bodensee entstand sein erstes Luftschiff mit einem Gasraum von etwa 11 300 m³. Siebzehn vieleckige, durch Stahldraht versteifte Spantringe aus Aluminium, durch Längsträger verbunden, bildeten das starre Gerüst, und in jeder der durch diese Hauptringe gebildeten Abteilungen befand sich eine kugelförmige Gaszelle aus leichtem gummierten Baumwollstoff. Der 128 m lange Tragkörper war zylindrisch, die Enden auf 16 m Länge durch eine Bogenspitze geschlossen. Die durch die Spanten und Längsträger gebildeten Vierecke waren zur Versteifung des Gerüstes durch Drähte über Eck verspannt und der ganze Gerüstkörper mit einem Stoffüberzug versehen. Der zwischen diesem Stoffüberzug und den Gaszellen verbleibende Hohlraum schaltete den Einfluß der Sonnenstrahlen und des Wetters auf die Zellen aus. Auf ein Viertel der Gesamtlänge von Bug und Heck hingen vorn und hinten zwei Aluminiumgondeln etwa 3 m unter dem Tragkörper und bargen jede einen Daimlermotor von rd. 15 PS Leistung und 385 kg Eigengewicht. Ein offener Laufgang verband beide Gondeln. Die Motoren trieben über ein Kegelvorgelege vier Schrauben aus Aluminiumblech an den Seiten des Schiffes an, eine Umschaltung auf Rückwärtsgang war durch ein Wendegetriebe ermöglicht. Die Steuereinrichtung des ersten Schiffes war noch recht unvollkommen. Die Seitensteuerung wurde bewirkt durch zwei vorn an der Spitze oben und unten und zwei am hinteren Ende links und rechts angeordnete Vertikalflächen. Zur Erhaltung der Längstrimmlage und zur Höhensteuerung durch Einrichten der Spitze diente ein 100 kg schweres Laufgewicht, das sich durch Trossen aus der Mittellage etwa 7 m nach vorn und 7 m nach hinten verschieben ließ.

Der Lebenslauf dieses ersten Zeppelinschiffes war nicht lang, nach wenigen Fahrten wurden die Versuche eingestellt, zumal die Gesellschaft die verfügbaren Gelder verbraucht hatte. Die kurzen Versuchsfahrten waren zwar nicht geeignet, der Öffentlichkeit Verständnis für Zeppelins hervorragenden Gedanken und Vertrauen zu einer brauchbaren Verwirklichung einzuflößen, aber dem Erbauer des Schiffes zeigten sie, daß die Verwirklichung seiner Pläne durchaus möglich war, und daß nach weiterer Entwicklung und geeigneten Verbesserungen ein verwendbares Fahrzeug mit größter Wahrscheinlichkeit geschaffen werden könnte. Mit zäher Ausdauer arbeitete der Graf weiter. Es gelang ihm, die erforderlichen Geldmittel aufzutreiben und gegen Ende des Jahres 1905 abermals ein Schiff fertigzustellen von ungefähr den gleichen Abmessungen wie das erste, jedoch erheblich stärkeren Maschinen von größerer Leichtigkeit. Aber auch diesem Schiff war nur ein kurzes Dasein beschieden, am 17. Januar 1906 wurde es nach einer Notlandung bei Kießlegg durch Sturm völlig zerstört, und Graf Zeppelin sah sich wieder am bitteren Anfang. Er machte sich nichtsdestoweniger sogleich an die Arbeit und bereits am 9. Oktober 1906 konnte der LZ 3 seine erste Fahrt machen. Das Schiff, das zunächst in genau den gleichen Abmessungen wie LZ 2 gebaut war, wurde, um stärkere Motoren aufnehmen zu können, um 12 m verlängert und von der preußischen Heeresverwaltung als Z I übernommen. Das Verhältnis von Durchmesser zu Länge stellte sich nach der Verlängerung auf 1 : 11,7, die Geschwindigkeit nahm daher trotz der stärkeren Motoren auch nicht sehr zu und betrug etwa 12 m in der Sekunde. Die Motoren leisteten zusammen rd. 200 PS. Es wurden infolgedessen noch umfassende Änderungen an der Steuerung vorgenommen. Die vorn angebrachten vertikalen Ruderflächen kamen in Fortfall, wofür ein kulissenförmiges Seitenruder am Heck angebracht wurde zwischen zwei an beiden Seiten des Schiffes angebauten Horizontalflossen. Auch oben wurde auf dem Schiffsheck eine senkrechte Flosse aufgesetzt. Die kastenförmige Höhensteuerung an Bug und Heck blieb auch weiterhin bestehen, der Verbindungsgang zwischen den Gondeln wurde mit Stoff verkleidet und war zum Bug und zum Heck hin über die Gondeln hinaus weitergeführt (Abb. 2).

Das Schiff erreichte nach diesen Abänderungen trotz seiner schlechten Form eine Sekundengeschwindigkeit von rd. 15 m, was sehr beachtenswert war. Nach sechsjähriger Dienstzeit wurde es im Herbst 1913 als veraltet abgerüstet.

Am 20. Juni 1908 machte LZ 4 seine erste Fahrt. Es war das Schiff, das den Namen »Zeppelin« in allen Kulturländern erst so recht bekannt werden ließ. In ihm führte Zeppelin die große Fernfahrt am 4. und 5. August 1908 aus. Über 500 km waren bereits zurückgelegt, als das Schiff, das bei Echterdingen eine Landung vorgenommen hatte, von einer Gewitterbö erfaßt, havariert und schließlich durch Feuer zerstört wurde. Hier endigt der erste Abschnitt der Entwicklungsgeschichte des Starrluftschiffes.

Das deutsche Volk wurde wachgerüttelt, und in opferfroher Sammlung wurden reichliche Geldmittel zusammengebracht, die es dem Grafen ermöglichten, auf breiterer und aussichtsvollerer Grundlage an der weiteren Ausgestaltung des Starrluftschiffgedankens zu arbeiten. Neun Jahre unermüdlicher Arbeit und das tragische Ende des LZ 4 nach ruhmvoller Fahrt waren erforderlich, um in weiten Kreisen das Verständnis für eine Erfindung wachzurufen, der eine gute wissenschaftliche und praktische Auswertung zu außerordentlich wertvollen Erfolgen verhelfen mußte.

Nach dem Echterdinger Unglück und der Volksspende standen der Zeppelin-Gesellschaft etwa 6 Millionen Mark zur Verfügung, wodurch das Unternehmen endgültig gesichert und eine lebhafte Bautätigkeit sowohl in Manzell wie auf der neuen Werft in Friedrichshafen bewirkt wurde. Während in Manzell zunächst mit den gleichen Abmessungen wie LZ 4 das von der Heeresverwaltung als Z II übernommene Schiff LZ 5 entstand und am 26. Mai 1909 seine erste Fahrt machen konnte, verließ bereits drei Monate später LZ 6, dessen Eigentümer der Luftschiffbau Zeppelin selbst war, zum ersten Male das feste Land. LZ 6 hatte anfangs noch die gleichen Abmessungen wie LZ 5, mußte aber bald mehrfache Umbauten über sich ergehen lassen. Kollmann schreibt in seinem Buch »Das Zeppelinluftschiff, seine Entwicklung, Tätigkeit und Leistung«, Verlag M. Krayn, über diese Umbauten folgendes:

»Zuerst war der Luftkreuzer mit ähnlichen Steuern wie der vorhergehende Typ versehen; dann aber entfernte man das große, hintere elliptische Heckruder und brachte dafür zwei kleinere Flächen an. Weiter wurde bei der Vergrößerung des Gasraums der Laufgang, der anfangs noch über den beiden Gondeln unterbrochen war, durchgehend ausgeführt und in ihm etwa in der Mitte auf einer kleinen Plattform noch ein Motor eingebaut, welcher ein drittes, tiefer als die anderen liegendes Propellerpaar trieb. Weiter kam versuchsweise statt des Kegelradantriebes ein solcher durch Stahlbänder zur Verwendung; er bewährte sich nicht, weil die Stahlbänder infolge starker Beanspruchung häufig rissen, so daß man wieder davon Abstand nahm. Da sich eine zu große Belastung des Schiffes ergab, wurde die Maschine mit dem fünften und sechsten Propeller entfernt, um aber trotzdem die von der Militärbehörde gewünschte höhere Geschwindigkeit zu erreichen, wurden in der hinteren Gondel die zwei alten Vierzylinder-Daimler-Motoren eingebaut, die mittels Wellen und konischer Zahnräder auf zwei vierflügelige Luftschrauben von 3 m Durchmesser arbeiteten. Die Tourenzahl betrug 800 pro Minute; der in der vorderen Gondel befindliche 145-PS-Maybach-Motor trieb mittels Stahlbändern, welche, um bei Reissen die Besatzung nicht zu gefährden, in Aluminiumröhren gelegt wurden, die vorderen Schrauben. Nach diesem letzten Umbau (16 000 m³ bei 144 m Länge) hatte das Schiff eine Geschwindigkeit von 15,5 m/s.«

Abb. 2. Zeppelin LZ 3 (später Z 1) 11300 cbm (nach Umbau 12200 cbm), erste Fahrt: 9. X. 1906.

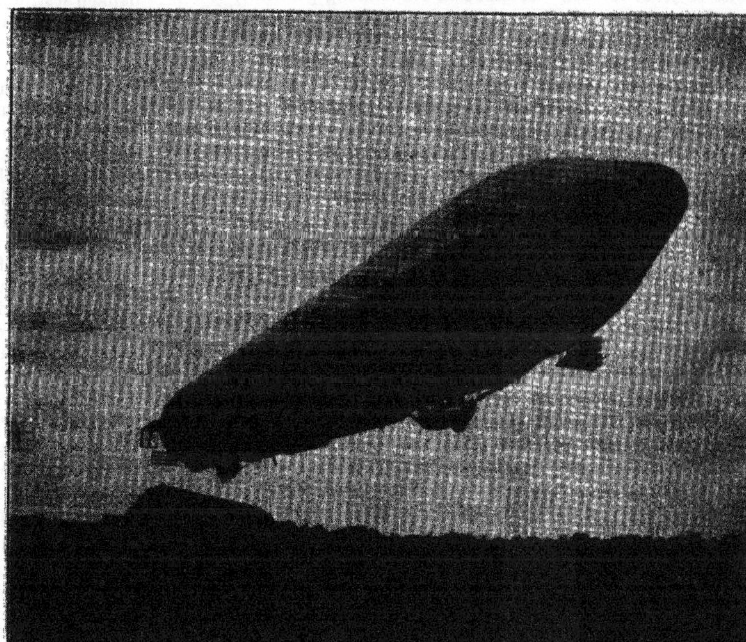

Abb. 3. Zeppelin LZ 7 (Deutschland) 19300 cbm, erste Fahrt: 19. VI. 1910.

Inzwischen hatte das Echterdinger Unglück auch noch nach anderer Richtung hin seine Wirkung ausgeübt. Zahlreiche Ingenieure befaßten sich näher mit dem Luftschiffgedanken, schlugen Verbesserungen vor und entwarfen auch eigene Schiffe nach neuen Richtlinien. Von allen, die damals Pläne und Entwürfe fertigten, behielt in der späteren Zeit aber nur ein einziger als Luftschiffbauer einen Namen. Es ist dies Geheimrat Dr.-Ing. e. h. Schütte, damals Professor für theoretischen Schiffbau an der Danziger Technischen Hochschule. Mit scharfem Blick erkannte er die Schwächen und Mängel der damaligen Zeppelinschiffe, und ihm, dem erfahrenen Schiffbauer war es vorbehalten, geeignete Mittel zur Beseitigung dieser Mängel ausfindig zu machen. Schon am 2. Dezember 1908 konnte »Der Tag« berichten, daß auf der Danziger Hochschule Pläne zu einem Luftschiff entstünden, das von dem Zeppelinschiff wesentlich abweichen würde. Von den Einzelheiten wußte man schon damals, daß als Baustoff Holz verwendet werden sollte, daß die Gondeln nicht starr mit dem Schiffskörper verbunden, sondern lose an Trossen befestigt wären, daß die Motoren die Fahrschrauben unmittelbar antreiben würden, daß die zur Anwendung kommende torpedoartige Form eine günstige Geschwindigkeit zur Folge haben sollte. Genaue Angaben wurden fürs erste nicht veröffentlicht, und so gingen die zahlreichen Meldungen über Schüttes Pläne anfangs noch sehr auseinander. Von »fachmännischer Seite« erschienen in vielen Tageszeitungen Abhandlungen, durch die bewiesen werden sollte, daß ein großer Teil der Schütteschen Gedanken falsch sei, oder daß ihre Verwirklichung mindestens nicht die erhofften Erfolge zeitigen würde. Schütte arbeitete unterdessen. Er gewann in den Mannheimer Großindustriellen Dr. Karl Lanz und Geh. Komm.-Rat August Röchling entschlossene Helfer, und nachdem das Unternehmen in geldlicher Hinsicht durch die bereitwillig hergegebenen Mittel sichergestellt war, entstand in Rheinau eine Luftschiffwerft, die zur Geburtsstätte des ersten »Schütte-Lanz« werden sollte.

Gleichzeitig gingen die Baupläne ihrer Vollendung entgegen. Auf drei wichtige Punkte lernt jeder Schiffbauer sein Augenmerk besonders zu richten: die gute Stabilität, die ausreichende Festigkeit bei genügender Leichtigkeit und der möglichst geringe Widerstand bei der Fortbewegung durch das tragende Medium. Die Stabilität und zusammenhängend damit die Stabilisierung gestaltet sich beim Luftschiffbau verhältnismäßig einfacher als beim Seeschiffbau, anders die Festigkeits- und Gewichtsfrage und der Widerstand. Hier konnte Professor Schütte in seiner Eigenschaft als erfahrener Schiffbauer einsetzen. Die Erkenntnisse der Festigkeitsrechnungen bei Schiffen und die Gesetze des Schiffswiderstandes wurden von ihm sinngemäß für seinen Luftschiffentwurf verwendet, und die Gestaltung der Steuerorgane, der Antrieb in anderer Ebene als in der des Schwerpunktes bereiteten ihm keine Schwierigkeiten, da auch hier der Schiffbau sein Lehrmeister war. Daß Professor Schütte als Baustoff für das Traggerüst Holz wählte, hatte seine Gründe darin, daß das von Zeppelin benutzte Hartaluminium nicht allen Wünschen entsprach, die man bezüglich der Verarbeitungsfähigkeit und anderer mechanisch-technologischen Eigenschaften an es stellen mußte, und daß man inzwischen gelernt hatte, Leichtkonstruktionen aus Sperrholz in der erforderlichen Festigkeit herzustellen[1]). Das Duraluminium war zur Zeit des Entwurfes von SL 1 (Bezeichnung des ersten Schütte-Lanz-Luftschiffes) noch nicht bekannt und auch 1909 noch nicht so vollkommen, um es mit Erfolg verwenden zu können. Professor Schütte hätte es sonst für den Gerüstbau in Anwendung gebracht, was er mehrfach in seinem Kolleg betonte, das er 1910/11 über Luftschiffbau an der Danziger Hochschule zum ersten Male las. Einmal begonnen und gut durchgearbeitet, wurde die Holzkonstruktion, wenn auch vom zweiten Schiff ab in anderer Weise, beibehalten bis zu den 56 000 Raummeter-Fahrzeugen, und sie hat sich außerordentlich gut bewährt. Wenngleich die Festigkeit des Aluminiums gut zweimal so groß als die des Holzes ist, so beträgt hingegen das spezifische Gewicht der zur Verwendung gekommenen Sperrholzträger etwa nur ein Sechstel desjenigen des Aluminiums und außerdem waren die guten elastischen Eigenschaften des Sperrholzes von besonderer Wichtigkeit. Zeppelin verwendete 14 Jahre lang das Aluminium und ging dann bei seinem sechsundzwanzigsten Schiff, Ende 1914, zum Duraluminium über, das er von da ab für alle seine Bauten beibehielt.

So wurde denn im Herbst 1909 auf der neu eingerichteten Werft in Rheinau mit dem Bau des SL 1 begonnen, und weil es sich um eine Neuschöpfung handelte, der wohl die Erfindung des Grafen Zeppelin als Grundlage diente, die aber auf ganz neuen Wegen zur Verwirklichung Zeppelinscher Gedanken gelangen wollte, wurde kein Bauteil und keine Einzelheit ohne die genaueste Vorprüfung eingebaut oder zur Anwendung gebracht. Selbstverständlich wurden auch hier und da Änderungen des Entwurfes vorgenommen, wenn Versuche die Vorteile erwiesen hatten, und so befand sich das Schiff ein Jahr später noch in der Bauhalle. Unter diesen Umständen fehlte es nicht an Stimmen, die das Schütte-Lanz-Unternehmen als vollkommenen Fehlschlag ausriefen, und in der Presse wurde von »fachmännischer Seite« lebhaft gegen Schüttes Entwürfe und Unternehmungen zu Felde gezogen, um so mehr, als sowohl Professor Schütte wie auch Dr. Lanz keine ausführlichen Berichte in die Öffentlichkeit gelangen ließen[2]).

Aber trotz aller Schwierigkeiten und Anfeindungen gelang die Fertigstellung des ersten »Schütte-Lanz«, den uns Abb. 14 vor Augen führt. Er machte seine erste Fahrt am 17. Oktober 1911.

In den zwei Jahren, die für den Bau des »Schütte-Lanz I« (SL 1) notwendig waren, hatte unterdessen der Luftschiffbau Zeppelin die Schiffe LZ 7 bis LZ 10 herausgebracht (Abb. 3 und 15).

Wenn man rein äußerlich Bilder dieser Schiffe mit dem des SL 1 vergleicht, so treten folgende Merkmale des Schütte-Lanz-Schiffes besonders deutlich in Erscheinung: Es hatte einen gedrungenen Körper von einem geringen Schlankheitsverhältnis 1 : 7,13, indessen aber hat der Beschauer wegen der torpedoartigen Form den Eindruck gefälliger, für die Fortbewegung durch die Luft besonders geeigneter Linien. Der für die Herstellung der Schiffe zweifellos bequeme, gerade Mittelteil mit einer großen Anzahl gleichartiger Ringspanten ist vermieden im Hinblick auf die zu erwartende bessere Geschwindigkeit. Professor Schütte hatte gleich zu Anfang erkannt und betont, daß die Zukunft des Luftschiffes von der Erreichung einer möglichst hohen Geschwindigkeit abhängig sei. Mit der hohen Eigengeschwindigkeit steigen Fahrtstrecke und die Möglichkeit, widrigen Winden standzuhalten, beides unbedingte Voraussetzungen für die Geeignetheit der Luftschiffe als wirtschaftliche Verkehrs- und brauchbare Kriegsfahrzeuge.

Ferner fällt die außerordentlich einfache Steuereinrichtung auf, die lose Aufhängung der Gondeln und die Anbringung der Antriebsschrauben unmittelbar hinter den Gondeln. Besonders diese drei Merkmale des ersten SL-Schiffes stehen in einem ursächlichen Zusammenhang und sind die Folge einer grundsätzlich verschiedenen Auffassung seines Erbauers von der des Schöpfers der Zeppelinschiffe gewesen. Die Zeppelinwerft hielt zäh an dem Gedanken fest, daß der Antrieb des Schiffes möglichst in der Schwerpunktsebene zu erfolgen habe, um kippende Kraftrichtungen nicht entstehen zu lassen. Die Folge davon waren starre Gondelaufhängung und unangenehme, infolge des unvermeidlichen Arbeitens des leichten Schiffsgerüstes auch unzuverlässige Kraftübertragungen von den Maschinen zu den Schrauben, und weiterhin die naheliegende Möglichkeit einer Verletzung des Aufhängegestänges, wenn nicht gar des Schiffskörpers, bei harter Landung. Eine andere Folge des von Zeppelin bevorzugten Antriebes neben den Schiffsseiten war ferner die Tatsache, daß das Schiff bei der Fortbewegung einen größeren Reibungswiderstand zu überwinden hatte, hervorgerufen von den durch die Propeller nach hinten beschleunigten und aufgewirbelten Luftschichten, die die Seitenwände des Schiffes hinter den Antriebsschrauben umgaben. Diese aufgewirbelten Luftströme, in denen sich das hintere Ende des Schiffes dauernd befand, noch verschlimmert durch den schlechten Abstrom infolge ungünstigerer Schiffsform, waren letzten Endes mit ein wichtiger Grund für die fortwährenden Umbauten an den Steuerungseinrichtungen der ersten Z-Schiffe.

Man muß Professor Schütte das Verdienst unbedingt zusprechen, alle diese Mängel nicht nur erkannt, sondern auch in kühner, entschlossener Weise durch sein erstes Schiff gleichzeitig abgestellt

---

[1]) Vgl. Abschn.: Leichtkonstruktion des Luftschiffbaus Schütte-Lanz. S. 75 ff.

[2]) Einem Berichterstatter der »Danziger Neuesten Nachrichten«, der von Professor Schütte Einzelheiten über den Bau des Luftschiffes in Erfahrung bringen wollte, antwortete dieser am 11. November 1910 u. a. wörtlich:

Sehr geehrter Herr!

Ihrem Wunsch, weitere Nachrichten über den Luftschiffbau »Schütte-Lanz« zu geben, kann ich zurzeit leider nicht entsprechen, da die Erfüllung dieses Wunsches gegen die zwischen Herrn Dr. Karl Lanz und mir seit langem getroffene Vereinbarung verstoßen würde.

Man könnte nun sagen, daß ich es mir dann auch gefallen lassen müsse, wenn entstellende oder gar falsche Nachrichten seit Monaten in der Tagespresse erscheinen, da die Presse und das Publikum die aktuelle Frage des Luftschiffbaues und alles dessen, was damit zusammenhängt, mit größtem Interesse verfolgt, und es Pflicht der Presse ist, stets das Neueste auf diesem Gebiet zu bringen. — Ich bin im vorliegenden Falle anderer Ansicht.

Wenn die Luftschiffbau-Zeppelin-Gesellschaft durch ihre Presse öfter Erklärungen abgibt und die gesamte deutsche Presse sich fast täglich mit diesem Unternehmen beschäftigt, so hat m. E. die Luftschiffbau-Zeppelin-Gesellschaft hierzu die Pflicht und die Presse das Recht; denn das gegenwärtige Unternehmen in Friedrichshafen ist auf der Begeisterung, dem Wohlwollen und der Wohltätigkeit des deutschen Volkes aufgebaut. Es ist das Geld des deutschen Volkes, mit dem dort gewirtschaftet wird.

Anders liegt die Sache bei dem Luftschiffbau Schütte-Lanz. Man wird doch der Familie Heinrich Lanz und mir nicht die Verpflichtung imputieren wollen, öffentlich Rechenschaft darüber ablegen zu müssen, was mit unseren Privatmitteln und innerhalb unserer vier Wände geschieht, um so weniger, als schon seit Jahresfrist von ganz bestimmter Seite und zu ganz bestimmtem Zwecke dieses von der Familie Heinrich Lanz in selbstlosester Absicht ins Leben gerufene Werk wiederholt sehr wenig wohlwollend in der Presse behandelt wurde.

Ich habe mich im Sommer v. Js. einmal nach langem Drängen in Berlin interviewen lassen. Ich versichere Sie, einmal und seitdem nie wieder! — Mir sind Fragen vorgelegt, für deren Entstehung mir bis heute die Erklärung fehlt; aus der von mir im Scherz gegebenen Antwort wurde eine Nordpolarexpedition frisiert. Es ist noch nicht lange her, als es in der Presse hieß, ich hätte mich mit Herrn Dr. Karl Lanz überworfen, oder er und ich hätten eingesehen,

zu haben[1]). Es lag in der Natur der Sache, daß dem SL 1 noch eine Reihe von Schwächen anhaftete, die in einer Erstkonstruktion begründet lagen, die aber schon alle restlos abgestellt wurden mit dem zweiten Schiff SL 2, das seine erste Fahrt am 28. Februar 1914, zwei Tage nach dem 40. Geburtstag Geheimrats Schütte, erledigen konnte, bis zu welchem Tage von der Zeppelinwerft insgesamt 23 Schiffe hervorgebracht worden waren, wovon LZ 10 bis LZ 23 (vgl. Abb. 4—7) in der Zeit des Entwurfes und des Baues von SL 2 entstanden. Auch hier führt eine Gegenüberstellung der Bilder zu einem überraschenden Ergebnis.

Wir erkennen in dem SL 2 (Abb. 16) den Standardtyp des Starrluftschiffes. In der Konstruktion des Gerippes nähert sich SL 2 der von Zeppelin angewandten Art, indem Schütte die rautenförmige Trägerverbindung des SL 1 aufgab. Die ringförmigen Spanten (verspannte Hauptringe) verband er nun durch Längsspanten, die sog. Längsträger, und ordnete auch zum ersten Male zwischen den verspannten Hauptringen leichtere, unverspannte Nebenringe an. Die äußere Form des Schiffsrumpfes, die Steuer- und Dämpfungsflächen, die seitlich am Rumpf angeordneten Maschinengondeln, die nach dem Rücken des Schiffes führenden Gasschächte — eine Neuerung gegenüber dem SL 1 — sowie der im Schiffsinnern liegende Laufgang sind die besonderen Merkmale dieses Schiffes; sie finden sich heute bei allen modernen Starrluftschiffen wieder.

LZ 16 und LZ 17 (Z IV und »Sachsen«, Abb. 4 und 5) zeigen noch die unförmlichen Kastenruder, den außenliegenden Laufgang, die starr aufgehängten Gondeln und das Antriebsgestänge nach den seitlich vom Schiffsrumpf angebrachten Antriebsschrauben, von denen die hinten liegenden durch das Wirbelfeld der vorn gelagerten gestört werden.

Bei dem denkwürdigen Marineluftschiff L 2 (Abb. 6) dieses Zeitabschnittes hatte die Zeppelinwerft auf Veranlassung des Reichsmarineamtes den Laufgang nach dem Vorbild des Schütte-Lanz-Entwurfes in das Schiffsinnere verlegt. Nach dem Brand und Absturz dieses Schiffes in Johannisthal wurde der Laufgang bei den folgenden Schiffen aber wieder außen angeordnet, da man den Brand der veränderten Bauweise zuschrieb. Die amtlichen Ermittelungen über die Entstehungsursache der Explosion ergaben jedoch, daß sich durch die bei diesem Schiff erstmalig angeordneten Schutzschirme an der Vorderseite der Gondeln in den Gondeln selbst Unterdruckgebiete bildeten, die das an der Unterseite des Schiffes austretende Gas ansaugten. Durch Funken des Motors wurde das Knallgasgemisch in der vorderen Gondel dann zur Entzündung gebracht. Noch am Tage vor dem Unglück hatte Geheimrat Schütte die Marine auf diese Gefahr aufmerksam gemacht.

Auch LZ 22 (Abb. 7) und LZ 23 tragen noch alle Merkmale der älteren Zeppelinschiffe: paralleles Mittelschiff, Kastensteuer, seitlicher Antrieb und außen angebrachter Laufgang. Bereits im August 1908, nach dem Echterdinger Unglück, hatte Professor Schütte dem Grafen Zeppelin den innen liegenden Laufgang in Vorschlag gebracht, Zeppelin jedoch schienen die Vorteile dieser Änderung, wie beispielsweise Verminderung der Bauhöhe und geringerer seitlicher Widerstand gegen Querwinde, nicht groß genug gegenüber dem ins Feld geführten Nachteil, daß die Gefahren erhöht würden, wenn sich in dem innen befindlichen Verbindungsgang Knallgasgemische bildeten. Vorbedingung für den Innengang war allerdings die Gasabführung durch besondere Gasschächte nach oben. Die Frage der Gasableitung wird immer eine schwierige bleiben, und die Gasschächte, wie sie SL 2 zum ersten Male aufwies, sind keineswegs eine vollkommen befriedigende Lösung, aber sie sind zweifellos von allen bisherigen Ableitungsarten die brauchbarste.

Auch auf das seitlich angebrachte Gondelpaar des SL 2 sei noch besonders hingewiesen. Keine Schraube arbeitete unmittelbar im Abstrombereich einer anderen, und bei Aufstieg und Landung war eine weit größere Bewegungsfreiheit vorhanden. Überdies wurde eine bessere Beanspruchung des Gerippes durch die seitliche Gondelaufhängung erzielt.

Noch zwei Schiffe konnte die Zeppelinwerft herausbringen, LZ 24 (L 3) (Abb. 17) und LZ 25 (Z IX) (Abb. 8), als im August 1914 der Kriegsbeginn die Entwicklung des Luftschiffbaues in Bahnen lenkte, die einzig und allein durch die Kriegsverwendbarkeit der Luftschiffe vorgezeichnet waren.

LZ 25 (Abb. 8), das letzte Schiff der Vorkriegszeit, hatte zwar zum ersten Male nach dem Vorbild von SL 1 die einfache Steuereinrichtung und einfache Dämpfungsflächen, glich aber im übrigen noch vollkommen seinen nächst benachbarten Vorgängern. In der nun folgenden Kriegszeit aber ging der Zeppelinluftschiffbau teils freiwillig, teils durch die militärische Bauaufsicht veranlaßt, dazu über, alle besonderen Merkmale der Schütte-Lanz-Schiffe nach und nach anzunehmen, wie sie erstmalig vereinigt SL 2 aufwies und die von da ab bei allen SL-Schiffen grundsätzlich beibehalten wurden. Die strenge Geheimhaltung aller Einzelheiten, die sich auf den Luftschiffbau bezogen, hatte zur Folge, daß die Außenwelt von der Entwicklung der Schiffe und dem Verdienst, das die Werften des Schütte-Lanz-Luftschiffbaus daran hatten, nichts erfuhr. Jedes Starrluftschiff hieß im Volksmund und auch beim Feind ganz allgemein »Zeppelin«, denn von den zwei SL-Schiffen, die es vor 1914 gegeben, war keine weitreichende Kenntnis ins Volk gedrungen, vor allem nicht von den Eigenheiten, die sie besonders auszeichneten, und die bemerkenswerterweise alle im Kriege gebauten SL-Schiffe grundsätzlich unverändert aufwiesen.

Abb. 20 zeigt uns den SL 3, ein Schiff von 32 400 m³, also größer als alle bisherigen Schiffe überhaupt, und um 5000 m³ den SL 2 übertreffend, das bei Kriegsausbruch das größte Luftfahrzeug war. Alle Einzelheiten entsprachen denen des SL 2, denn auf zahlreichen Fahrten des Schiffes hatten sie sich vorzüglich bewährt. Am 4. Februar 1915 erledigte SL 3 seine erste Fahrt; die vier 210-PS-Maybachmotoren in den vier Maschinengondeln gaben dem Schiff

daß es doch nichts mit dem Bau des Luftschiffes würde, wir hätten uns aber wieder vertragen, alles mit dem Mantel der Liebe zugedeckt, — und — Herr Dr. Karl Lanz hätte mir zum Lohne eine Professur in Karlsruhe »besorgt«. Vor ganz kurzer Zeit stand in einer großen Münchener Zeitung, daß in Rheinau alles in schönster Ordnung sei, seitdem Herr Oberingenieur Dürr von der Luftschiffbau-Zeppelin-Gesellschaft wiederholt dort gewesen, und ich seinen Rat befolgt hätte. Alles unwahr! Ich kenne Herrn Oberingenieur Dürr nicht einmal.

Wahr ist, daß das Luftschiff schwerer geworden ist, als in der ersten Projektrechnung angenommen wurde, weil die Lieferer des Gerippes, der Hüllen und Motoren die kontraktlich festgelegten, also garantierten Höchstgewichte überschritten haben. Daß aber dadurch das Luftschiff »zu« schwer geworden sein soll, ist erfunden, um mich keines schärferen Ausdruckes zu bedienen; denn derartige Gewichtsüberschreitungen waren vorauszusehen, und ich habe infolgedessen dank meiner Erfahrungen auf einem anderen Gebiete von Anfang an mit einem großen Reserveauftrieb gerechnet.

Wahr ist ferner, daß die Außenhülle zu Riedinger geschickt ist, weil es unnötig war, sie in einem Stück herzustellen. Ich lasse sie der leichteren Montage halber in mehrere Teile schneiden, d. h. die wenigen Nähte wieder auftrennen.

Wahr ist auch, daß Versteifungen in das von einer Berliner Firma nach deren Berechnungen und Konstruktionen gelieferte Gerippe gebaut werden. Nicht aber, weil es, wie behauptet, zusammengebrochen war, sondern weil beim Bau dieses Gerippes systematisch vorgegangen wird und man versucht hat, die unter Zugrundelegung einer mehrfachen Sicherheit aus theoretischer, statischer Ermittlung sich ergebenden Werte für Kunstholz mit Reißlängen bis 20 000 m, für das damals keine Bauerfahrungen vorlagen, zu halten.

Ich baue ein Motorluftschiff, und ein solches Schiff hat bekanntlich Motoren zum Antrieb der Propeller. Seit reichlich einem Jahre aber warten wir nun schon auf die Lieferung der dem Projekt zugrunde gelegten Maschinen. Wäre es nicht unverantwortlich, wenn wir diese kostbare Zeit, in der wir an unserer eigenen Konstruktion und an der anderer Erfahrungen gesammelt haben, ungenutzt vorübergehen ließen! Man sollte sich also gedulden und uns in Ruhe lassen.

Ist Ihnen bekannt, daß von Vickers u. Sons in England für die englische Regierung ein großes Luftschiff starren Systems gebaut wird, dessen Gerippe man aus deutschem Material fertigt? Seit zwei Jahren ist dieses Schiff im Bau, manches wurde geändert in der Zeit. Hat man aber je alarmierende Nachrichten oder überhaupt detaillierte Mitteilungen über dieses Schiff in der englischen Presse gelesen? Wir könnten auch in diesem Punkte manches von England lernen, das natürlich über den deutschen Luftschiffbau peinlich wacht, und dem diese Überwachung durch unzweckmäßige Veröffentlichungen sehr erleichtert wird.

Hochachtungsvoll

Joh. Schütte.

[1]) Eugen Zabel schreibt in seinem Buch »Deutsche Luftfahrt«, Berlin, Verlag Gustav Brambeck, S. 83 u. a.: »In der Ankunft des SL 1 in Danzig am 6. Juli 1913 erblickte die dortige Technische Hochschule mit Recht die Krönung eines Werkes, das aus neuem Gedanken hervorgegangen war und einen vollen Sieg bedeutete, wie es Rektor und Senat in einem an seinen Schöpfer gerichteten Schreiben ausdrücklich zu erkennen gaben.«

ZEPPELIN-LUFTSCHIFFE AUS DEM JAHRE 1913.

Abb. 4. Zeppelin LZ 16 (Z IV) 19550 cbm, erste Fahrt: 14. III. 1913.

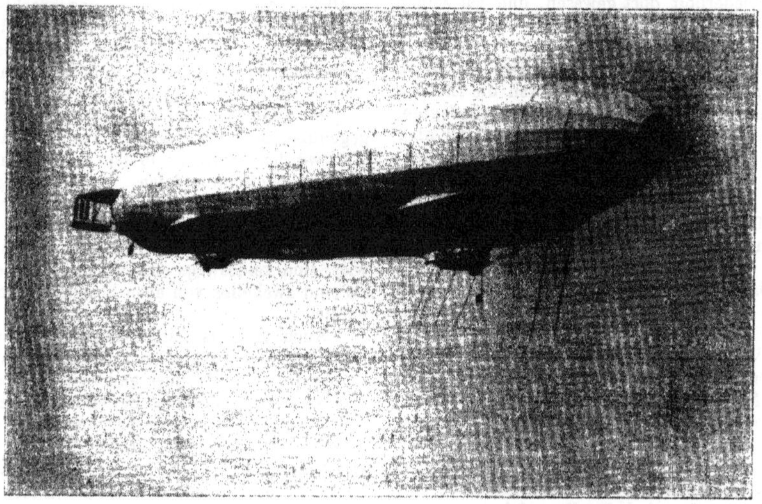

Abb. 5. Zeppelin LZ 17 (Sachsen) 19500 cbm, erste Fahrt: 3. V. 1913.

Abb. 6. Zeppelin LZ 18 (L 2) 27000 cbm, erste Fahrt: 9. IX. 1913.

ZEPPELIN-LUFTSCHIFFE AUS DEM JAHRE 1914.

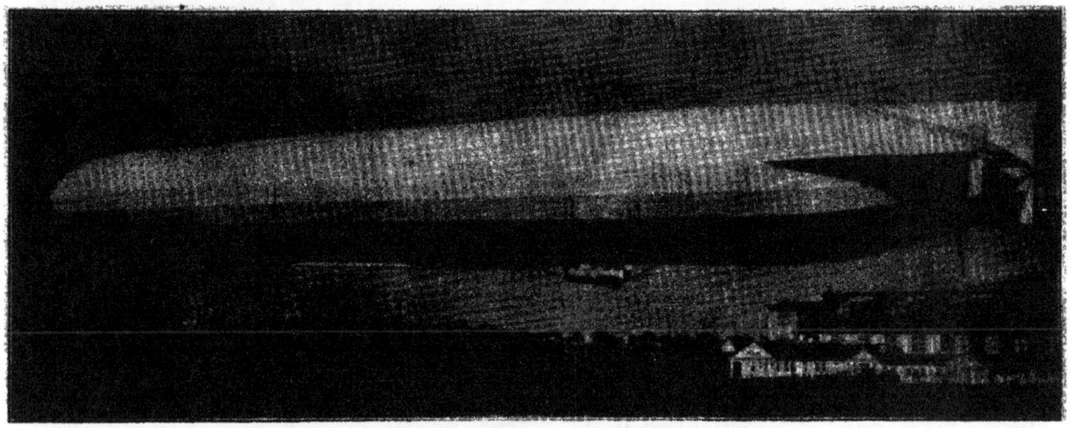

Abb. 7. Zeppelin LZ 22 (Z VII) 22140 cbm, erste Fahrt: 8. I. 1914.

Abb. 8. Zeppelin LZ 25 (Z IX) 22500 cbm, erste Fahrt: 29. VII. 1914; erstmalig einfache Steuer- und Stabilisierungsflächen.

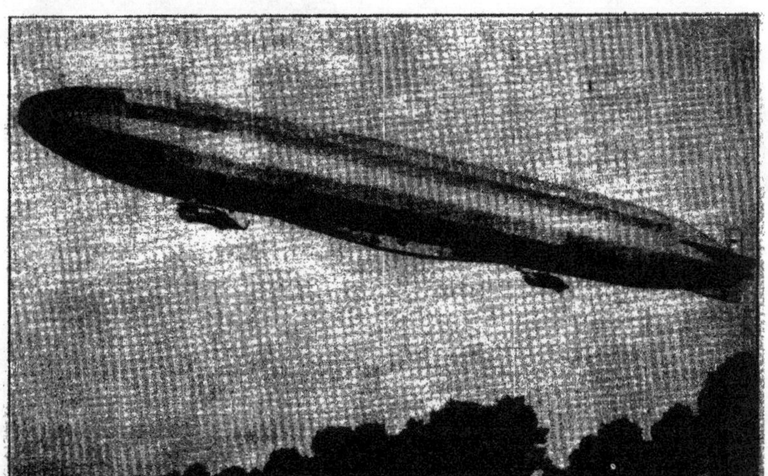

Abb. 9. Zeppelin LZ 26 (Z XII) 25000 cbm, erste Fahrt: 14. XII. 1914; erstmalige Propellerlagerung auf Gondel (nur vorn).

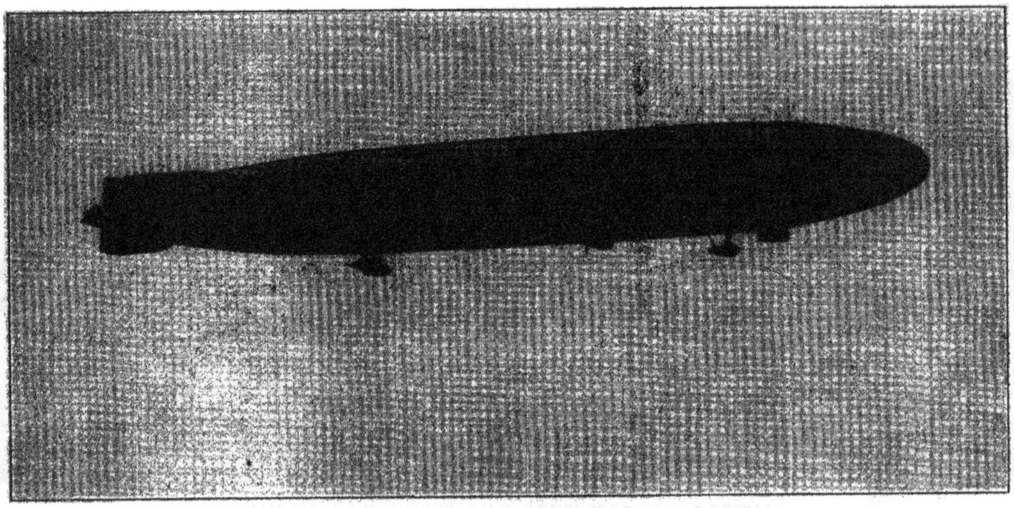

Abb. 10. Schütte-Lanz 20 56 000 cbm, erste Fahrt: 10. IX. 1917.

eine Geschwindigkeit von etwa 23½ m/s. Kein Zeppelinschiff hatte bis dahin diese gute Zahl erreicht und erst LZ 38 überholte sie zwei Monate darauf um etwa 1½ m/s. Ungefähr gleichaltrig mit SL 3 sind die Z-Schiffe LZ 26 (Z XII) und LZ 36 (L 9). LZ 26 (Abb. 11) war das erste Schiff, zu dessen Gerippe die Zeppelinwerft Duraluminium verwendete, nachdem dieses inzwischen einen solchen Grad der Vollkommenheit erreicht hatte, daß es das bis dahin bei Z-Schiffen zur Verwendung gekommene Hartaluminium in jeder Beziehung verdrängen konnte. Nach dem Vorbild der SL-Schiffe trieb bei LZ 26 zum ersten Male in der vorderen Gondel der Motor unmittelbar die Fahrschraube an, die am hinteren Ende der Gondel angebracht war. LZ 36 (L 9, Abb. 21), ebenfalls etwa 25 000 m^3 fassend, war insofern von Bedeutung, als neben verschiedenen Verbesserungen bei der Ring- und Trägerverspannung auch der Laufgang wieder in das Innere des Schiffes gelegt wurde (vgl. LZ 18 (L 2, Abb. 6) und von nun an bei allen späteren Z-Schiffen im Schiffsinnern verblieb[1]). Zur gleichen Klasse gehörte noch LZ 39. Die anderen Schiffe dieses Bauabschnittes, LZ 27 bis LZ 35 und LZ 37, wiesen dem LZ 24 gegenüber keine Veränderungen auf. Das ist hauptsächlich darauf zurückzuführen, daß es in der ersten Kriegszeit vor allem nötig war, möglichst schnell eine große Anzahl Schiffe herauszubringen. Man war daher zunächst gezwungen, nach vorhandenen und erprobten Plänen zu bauen und für die Durcharbeitung neuer Entwürfe Zeit zu gewinnen.

Mit LZ 38 brachte dann im April 1915 die Friedrichshafener Zeppelinwerft das 32 000 m^3-Schiff heraus, dem noch 21 Stück dieser Größe folgten. Gegenüber dem »Schütte-Lanz 4« (Abb. 22) unterschieden sich diese Schiffe noch durch das Fehlen des seitlichen Gondelpaares, der senkrecht nach oben führenden Gas-

[1]) Der innen liegende Laufgang ist ein Schütte-Lanz-Patent Nr. 301 637, angemeldet 2. März 1913.

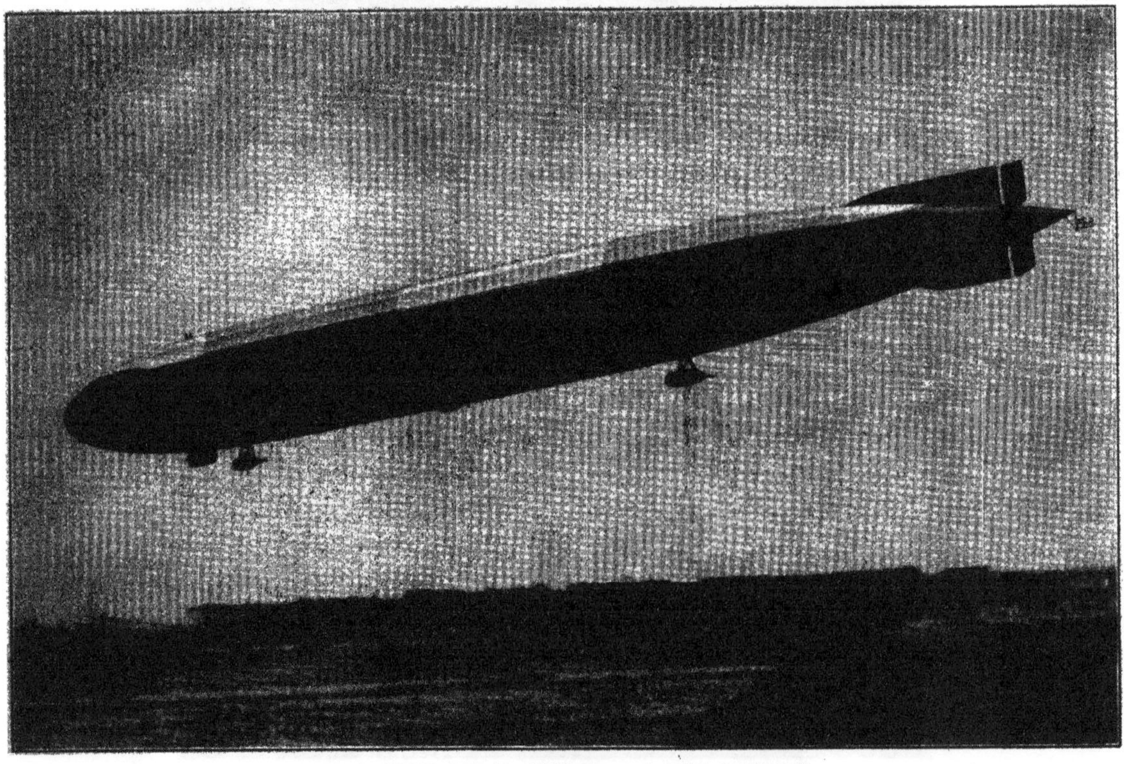

Abb. 11. Schütte-Lanz 22 56 000 cbm, erste Fahrt: 5. VI. 1918.

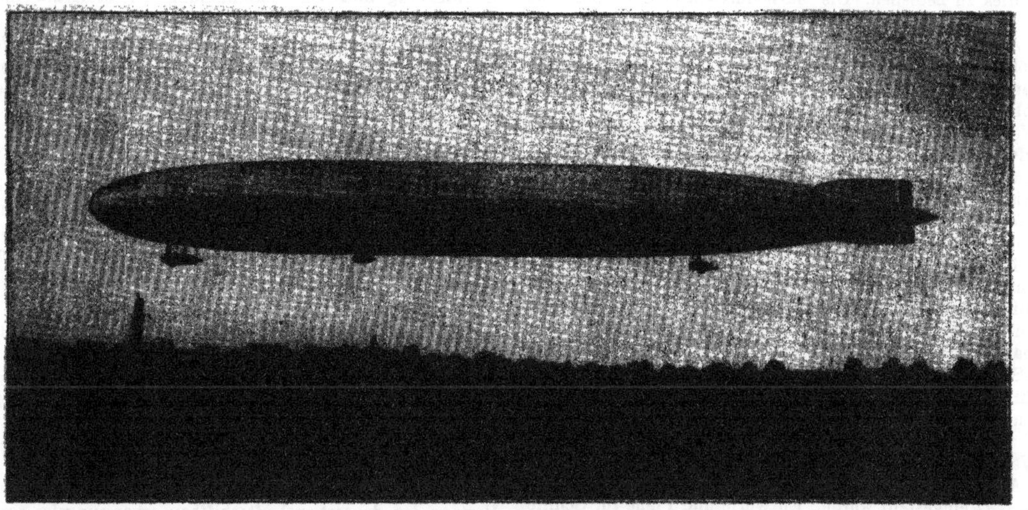

Abb. 12. Zeppelin LZ 102 und 104 (L 57 und L 59) 68500 cbm, größte Kriegsschiffe, L 59 machte im Herbst 1917 die denkwürdige Fahrt nach Deutsch-Ost-Afrika.

schächte und durch die noch nicht vollzogene Trennung der vorderen Motorengondel von der Führergondel. Bei LZ 40 (L 10) erhielt die hintere Motorengondel erstmalig einen Propeller an ihrem Heckende (Abb. 23).

Sieben Schiffe der 32000 m³-Klasse wurden durch Verlängerung um 15 m auf etwa 35800 m³ vergrößert (LZ 51, 55, 56, 57, 58, 60, 63), nachdem die Front höhere Anforderungen an Nutzlast und Steighöhe gestellt hatte. Diese verlängerten Fahrzeuge und die neu hergestellten der gleichen Größe (LZ 61, 64 bis 71) waren zu vergleichen mit den Schütte-Lanz-Kreuzern SL 6 und SL 7, die ihnen an Geschwindigkeit überlegen waren, an Nutzlast etwas nachgaben.

Während des Jahres 1916 baute Schütte-Lanz seinen E-Typ, die 38 800 m³-Schiffe SL 8 bis SL 19 (Abb. 24), während die Zeppelinwerften außer einem Teil der bereits erwähnten 35 800 m³-Schiffe LZ 62, 72, 74, 75, 76, 78, 80, 81, 82, 84, 86 herausbrachte, die 55 000 m³ Gasinhalt hatten und alle der Marine gehörten.

Bei LZ 62 (Abb. 25) finden wir zum erstenmal bei den Zeppelinschiffen die seitlichen Motorgondeln und die zum Rücken des Schiffes führenden Gasschächte, so daß, abgesehen von dem Baustoff und der Anordnung der Führergondel, kein grundlegender Unterschied mehr zwischen den Zeppelin- und Schütte-Lanz-Schiffen bestand.

Eine merkwürdige Tatsache übrigens war es, daß alle Neuerungen und auch die von den Zeppelinwerften nach und nach durchgeführten Anlehnungen an die SL-Schiffe fast stets zuerst bei Schiffen auftraten, die der Marine gehörten. Sie war immer die treibende Kraft, und in schneller Folge entstanden die dauernd größer und leistungsfähiger werdenden Schiffstypen. So verdient die Afrikafahrt des L 59 besondere Beachtung. Im Sommer 1917 entstand im Reichsmarineamt der Plan, den deutschen Streitkräften in Ostafrika unter Lettow-Vorbeck, die schon seit Jahren von der Heimat abgeschnitten waren, wichtiges Kriegsgerät und allernotwendigste Vorräte zu bringen und sich zu diesem Zweck

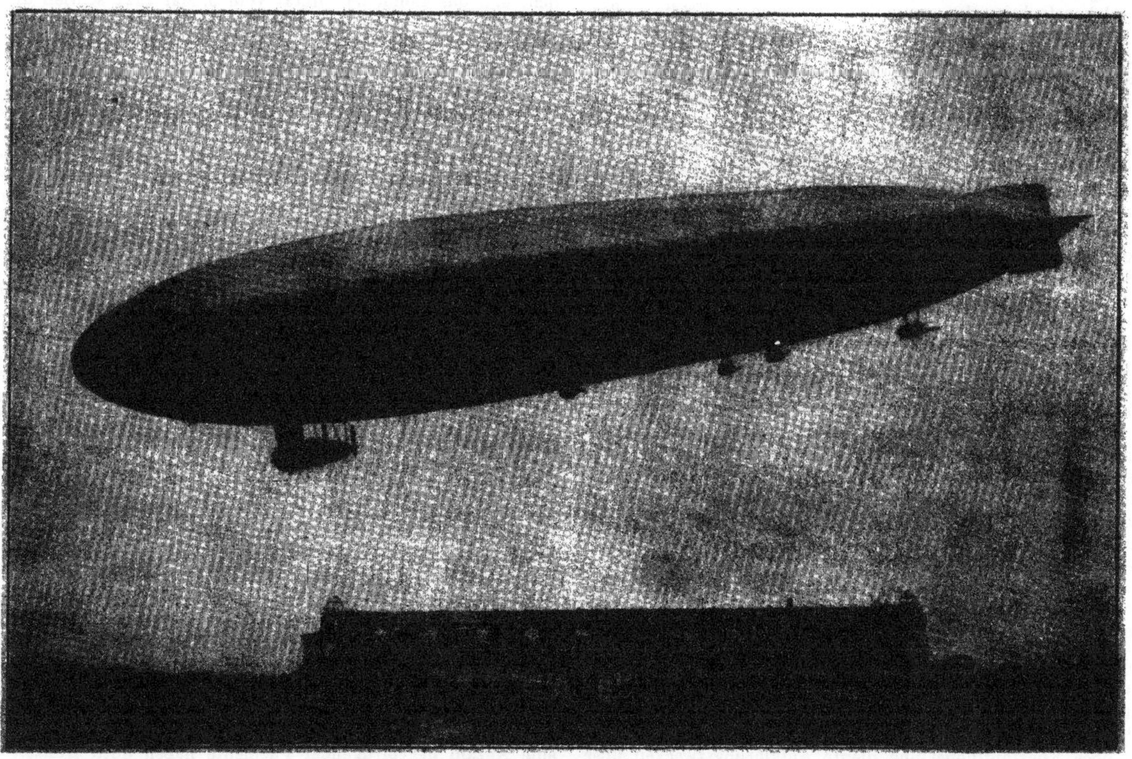

Abb. 13. Zeppelin LZ 113 (L 71) 62200 cbm, erste Fahrt: 29. VII. 1918 letztes Kriegsschiff.

des Luftschiffes zu bedienen. Die Marineluftschiffe L 57 und L 59 wurden durch Vergrößerung des Gasinhaltes auf etwa 68 500 m³ dafür hergerichtet, da es die zur Verfügung stehende Zeit nicht gestattete, völlig neue Entwürfe auszuarbeiten. Zu dem geplanten Einsatz kam nur L 59 (Abb. 12), da L 57 durch ein Mißgeschick am 7. Oktober 1917 verlorenging.

Der Weg des Luftschiffes führte über das Mittelmeer, Kairo, den Nil aufwärts, und es befand sich bereits südlich Chartum, als es auf Grund der Falschmeldung, daß die ostafrikanischen Streitkräfte inzwischen die Waffen gestreckt hätten, funkentelegraphisch zurückberufen wurde. Eine Fahrtstrecke von fast 6800 km hatte das Luftschiff unter denkbar schwierigen Verhältnissen in 95 Stunden zurückgelegt. Durch dieses Schiff der Zeppelinwerft hatte der deutsche Luftschiffbau den Beweis erbracht, daß alle Entfernungen, die durch die Lage der einzelnen Erdteile zueinander sich ergeben, überwunden werden können, und daß ein Weltluftschiffverkehr durchführbar ist.

Gegen Schluß des Krieges verfügte die Marineleitung an neuesten Zeppelinschiffen über den L 70-Typ (Abb. 13) und vom neuesten Schütte-Lanz F-Typ über SL 22 (Abb. 11), dessen Vorgänger SL 20 und SL 21 waren (Abb. 10).[1]

Bei Waffenstillstand befanden sich auf den Zeppelinwerften noch eine Anzahl Schiffe des L 70-Typs im Bau, der jedoch bis auf den des L 72 eingestellt wurde. Entwürfe und Pläne für Schiffe von 108 000 m³ Gasinhalt lagen bereits fertig vor. Auf den Schütte-Lanz-Werften befanden sich SL 23 und SL 24 im Bau, die 64 000 m³ und 78 000 m³ groß werden sollten und bei denen zum ersten Male Duraluminium zur Verwendung gelangte in Form von Rohren (Entwürfe von Schiffen bis 112 000 m³ waren in Vorbereitung). Rohre haben von allen Trägerformen die günstigsten Widerstandseigenschaften bei kleinstem Gewicht. Die Schwierigkeiten, die die konstruktive Durchbildung und die Verarbeitung in der Werkstatt boten, wurden erfolgreich überwunden. Die Festigkeit der Duraluminiumträger ist derjenigen der Holzträger unter sonst gleichen Bedingungen und bei gleichem Gewicht um das Doppelte überlegen, den Duraluminiumträgern aus offenen Profilen um etwa 25 vH[2]). Daraus folgt, auf das Gerippegewicht bezogen, eine Gewichtsersparnis von ungefähr 20 vH gegenüber den Duraluminiumgerippen gleich großer Z-Schiffe. Infolge des unglücklichen Kriegsausganges kam es leider nicht zur Verwirklichung dieser außerordentlich beachtenswerten Entwürfe. Die bereits begonnenen Bauten mußten eingestellt, die Bauhallen der Schütte-Lanz-Werften sämtlich abgebrochen werden. So war denn der letzte Holzbau SL 22 zugleich der letzte fertiggestellte »Schütte-Lanz« überhaupt. Die Holzkonstruktion ist namentlich für kleinere Kräfte außerordentlich günstig, bei größeren Kräften — also auch bei größeren Schiffstypen — ist das Duraluminium dem Holz überlegen. Zweimal war es dem Luftschiffbau »Schütte-Lanz« gelungen, hinsichtlich der Nutzlast die Z-Schiffe zu übertreffen, und zwar mit dem SL 2 (27 400 m³) und dem außerordentlich gut gelungenen 38 800 m³ E-Typ[3]) SL 8 bis SL 19. Bei dem F-Typ (56 000 m³) fiel die Nutzlast gegenüber den gleich großen Z-Schiffen trotz sorgfältigster Durcharbeitung um 1 bis 4 t ab, ein Zeichen, daß die günstigste Größe für Schiffe mit Holzträgergerippen bereits überschritten und der Übergang zur Duraluminiumkonstruktion eine Notwendigkeit geworden war.

So fand denn der Kriegsschluß im November 1918 beide deutsche Starrluftschiffwerften in einer Tätigkeit, die zu den größten Hoffnungen berechtigte. Der Krieg war es, der die beispiellose Entwicklung des Luftschiffbaues hervorgerufen hatte, eine Entwicklung, die sich bei den Schütte-Lanz-Schiffen hauptsächlich in der ständigen Vergrößerung des Gasinhaltes und der Leistungsfähigkeit darstellte und bei den Zeppelinschiffen außer in der ständigen Vergrößerung auch in der Ausbildung von Form und Einzelheiten in der Richtung, die Geheimrat Schütte durch den Bau seines SL 2 gewiesen hatte, das das schnellste und leistungsfähigste Luftschiff seiner Zeit war und schon alle Baumerkmale der modernen Luftkreuzer trug. Diese Merkmale waren, noch einmal kurz zusammengefaßt: Stromlinienform, einfache Ruder- und Dämpfungsflächen, Innenlaufgang, Seitengondeln, besondere Führergondel, Gasschächte, Zentralverspannung, unstarre Gondelaufhängung, Propeller hinter den Gondeln, elektrische Einrichtung. Alle diese Baumerkmale waren die Auswirkung der Erkenntnis, das für die Entwicklung und Vervollkommnung der Starrluftschiffe folgende Ziele maßgebend sein mußten:

1. Die Erhöhung der Geschwindigkeit durch Verbesserung der Leistung der Motoren sowohl wie durch Verminderung des Luftwiderstandes des Schiffes und seiner äußeren Einzelteile, sowie ferner durch zweckentsprechende Anordnung der Antriebsmaschinen und Luftschrauben;
2. die Erhöhung der Tragfähigkeit und damit der Fahrstrecke durch Verminderung des Schiffseigengewichtes;
3. die Erhöhung der Betriebssicherheit durch Vereinfachung und Vervollkommnung der Maschinenanlage sowie durch möglichste Sicherung gegen Knallgasexplosionen;
4. die Verminderung der Landungsgefahren und Schwierigkeiten;
5. die Verbesserung der Steuerfähigkeit und Beweglichkeit der Schiffe.

Daß der von Schütte-Lanz eingeschlagene Weg ein richtiger gewesen, hat die Entwicklung während der Jahre 1914 bis 1918 bewiesen. Die beigegebenen Schattenrißtafeln (Abb. 26 und 27) mögen, was Größe, Form und äußere Merkmale anbetrifft, diese Entwicklung in gedrängter Weise veranschaulichen.

Auch als der unglückliche Kriegsausgang und der Versailler Vertrag den deutschen Luftschiffbau erbarmungslos zerschlug, weil die Feindstaaten es ihrer Sicherheit schuldig zu sein glaubten und daher nur noch den Bau von Schiffen gestatteten, die in Anbetracht der vorhergegangenen Entwicklung von vornherein als unzulänglich und wenig leistungsfähig anzusehen waren, änderte sich die Baugrundlage nicht. Eingeschränkt durch die Vertragsvorschrift, mit dem Gasinhalt unterhalb der 30 000 m³-Grenze zu bleiben, baute die Zeppelinwerft die beiden Verkehrsluftschiffe »Bodensee« und »Nordstern« (Abb. 28). Unter Verzicht auf ein großes Steigvermögen vergrößerte die Werft die Geschwindigkeit durch kräftige Motoren und günstigste Stromlinienform (Schlankheitsgrad 6,98, ähnlich dem von SL 1 mit 7,12) und schuf dadurch Schiffe, die, wenn auch klein, so doch als Verkehrsluftschiffe den billigerweise zu stellenden Anforderungen durchaus entsprachen.

LZ 11 (Viktoria Luise) konnte bei 18 700 m³ Gasinhalt 6500 kg Nutzlast tragen und mit den insgesamt 450 PS leistenden Motoren eine größte Geschwindigkeit von 21 m/s erreichen, LZ 120 (»Bodensee«, Abb. 28) hatte 20 000 m³ Gasinhalt, trug 10 000 kg Nutzlast und erzielte 36,8 m/s Geschwindigkeit bei 960 PS Motorenleistung. Dem Feindbund erschienen auch diese Schiffe noch zu gefährlich, und das Londoner Diktat vom 5. Mai 1921 schrieb die Auslieferung vor. »Bodensee« wurde am 3. Juli 1921 an Italien, »Nordstern« am 13. Juni 1921 an Frankreich ausgeliefert. Damit war auch die deutsche Verkehrsluftschiffahrt lahmgelegt, und der Zeppelinwerft blieb, nachdem vorher schon der 1920 fertiggestellte L 72 an Frankreich ausgeliefert worden war, nun noch die letzte Aufgabe, das an Amerika zu liefernde Schiff LZ 126 fertigzustellen, als Ersatz für den laut Friedensvertrag den Vereinigten Staaten zugesprochenen und in Nordholz 1919 zerstörten Marineluftkreuzer. Nach längeren Verhandlungen war festgelegt worden, daß dieses Schiff nicht über 70 000 m³ Gas fassen dürfte. 1923 wurde mit dem Bau des Schiffes begonnen, im Herbst 1924 war LZ 126 fahrbereit. Die Überfahrt und die Übergabe dieses Schiffes sind noch frisch in aller Erinnerung. Das Amerikaluftschiff war ein Zeppelinbau, aber bei ihm ist der Einfluß nicht zu verkennen, den die Baugrundsätze von Schütte-Lanz auf die Entwicklung des gesamten deutschen Luftschiffbaus ausgeübt haben. Der Zufall will es, daß von dem Schütte-Lanz-Schiff SL 3 — der ja lediglich ein vergrößerter SL 2 war mit denselben Baumerkmalen — eine Aufnahme vorhanden ist, wie sie genau entsprechend 1924 von dem LZ 126 gemacht worden ist.

LZ 126 (Abb. 29) ist etwa doppelt so groß als SL 3 (Abb. 30) und hat zwei seitliche Gondelpaare (wie die SL-Schiffe ab SL 20 und die Z-Schiffe ab LZ 91) anstatt des einen bei SL 3, die Stromlinienform und alle die anderen Kennzeichen der Schütte-Lanz-Schiffe aber lassen die Bilder auf den ersten Blick fast zum Verwechseln ähnlich erscheinen. Mit dem LZ 126 flog ein prächtiges Schiff über das Weltmeer, ein deutsches Erzeugnis, ein Bau der Zeppelinwerft, aber in ihm verkörpert wurden auch Gedanken mit hinüber getragen, deren Träger zuerst der Schöpfer der Schütte-Lanz-Schiffe gewesen, Gedanken, die der Entwicklung des deutschen Starrluftschiffes ihren Stempel unzweifelhaft aufgedrückt haben. Nicht sehr weit hat die Erkenntnis von der Bedeutung der Arbeit des Geheimrates Schütte Eingang gefunden, aber eine Anzahl hervorragender Fachleute haben doch frühzeitig den großen Wert dieser Arbeit betont und ohne Einschränkung zu-

[1]) Vgl. ausführliche Beschreibung dieses Typs S. 10 ff.

[2]) Vgl. Abschnitt: Leichtkonstruktion des Luftschiffbaus Schütte-Lanz. S. 75 ff.

[3]) Beispielsweise SL 10. Es erschien im Juni 1916 als erstes Schiff über Konstantinopel und diente Aufklärungszwecken über dem Schwarzen Meer.

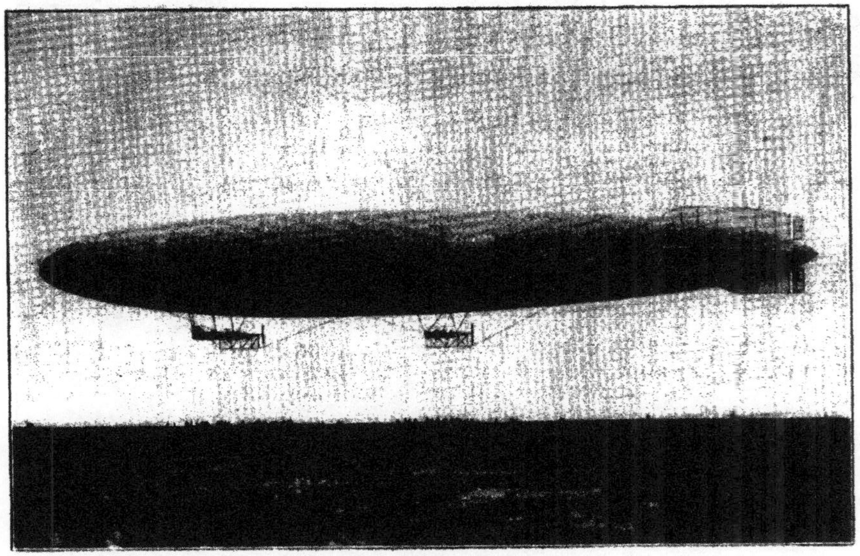

Abb. 14. Schütte-Lanz 1 20 500 cbm, erste Fahrt: 17. X. 1911.

Abb. 15. Zeppelin LZ 10 (Schwaben) 17 800 cbm, erste Fahrt: 26. VI. 1911.

Die besonderen Merkmale des »Schütte-Lanz 1« (Baujahr 1909—1911) sind die äußere Form, das einfache Leitwerk (Stabilisierungs- und Ruderflächen) und die Anordnung der Propeller am hinteren Ende der Motorgondeln. Alle drei Sonderheiten hatten im Grunde bereits die Ausgestaltung wie sie heute allgemein üblich sind.

Abb. 16. Schütte-Lanz 2 25 000 cbm (nach Umbau 27500 cbm) erste Fahrt 28. II. 1914.

Abb. 17. Zeppelin LZ 24 (L3) 22500 cbm, erste Fahrt: 11. V. 1914.

Schiffsform und Leitwerk des Schütte-Lanz-Schiffes sind 1912—1913 weiter verbessert. Hinzu treten die seitlich am Rumpf hängenden Maschinengondeln, der im Schiffsinneren liegende Laufgang und die vom Laufgang zum Rücken des Schiffes führenden Gasschächte. Alle diese Anordnungen treten zum ersten Male in ihrer Gesamtheit bei dem »SL 2« 1914 auf und machen das Schiff dadurch zu einem Standardtyp in der nun folgenden Entwicklung des Weltluftschiffbaues.

Tafel I.

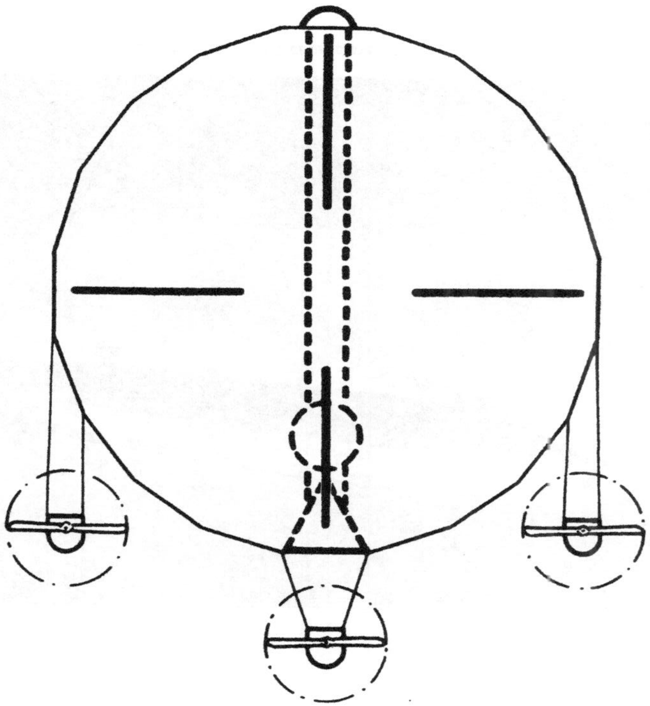

Abb. 18. Schütte-Lanz-Bauweise.

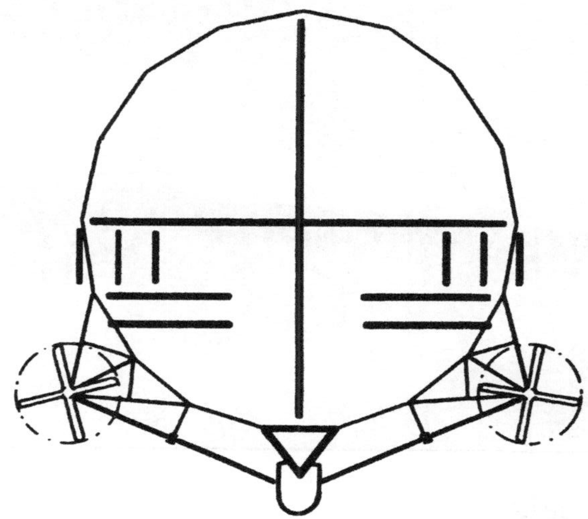

Abb. 19. Zeppelin-Bauweise.

Die erwähnten besonderen Merkmale der Schütte-Lanz-Schiffe gegenüber den damaligen fremden Starrluftschiffen, wie die Ausführung der Steuereinrichtungen, die Lage der Motorgondeln und Propeller, der Laufgang und die Gasabführung sind durch kräftige Linien hervorgehoben.

Tafel II.

Abb. 20. Schütte-Lanz 3 32500 cbm, erste Fahrt: 4. II. 1915.

Abb. 21. Zeppelin LZ 36 (L 9) 25000 cbm, erste Fahrt: 8. III. 1915; endgültiger Übergang zum innen liegenden Laufgang.

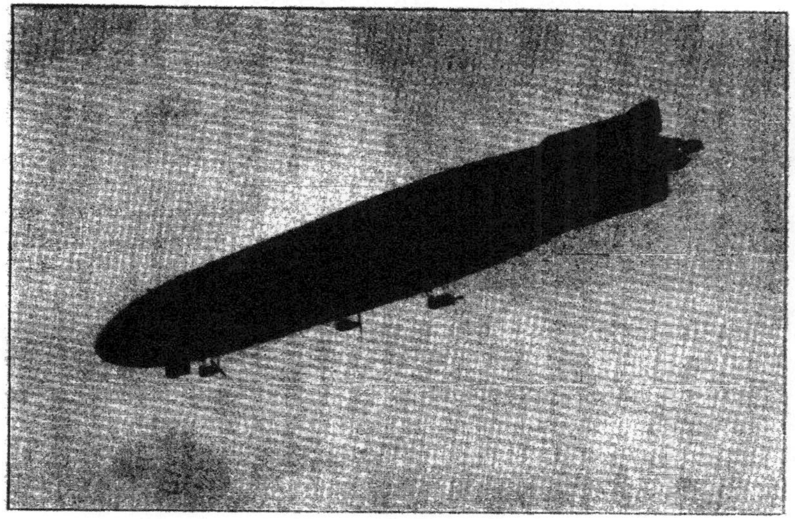

Abb. 22. Schütte-Lanz 4 35 200 cbm, erste Fahrt: 25. IV. 1915.

Abb. 23. Zeppelin LZ 40 (L 10) 32 000 cbm, erste Fahrt: 13. V. 1915; erstmalige Propellerlagerung auf beiden Gondeln.

Tafel II.

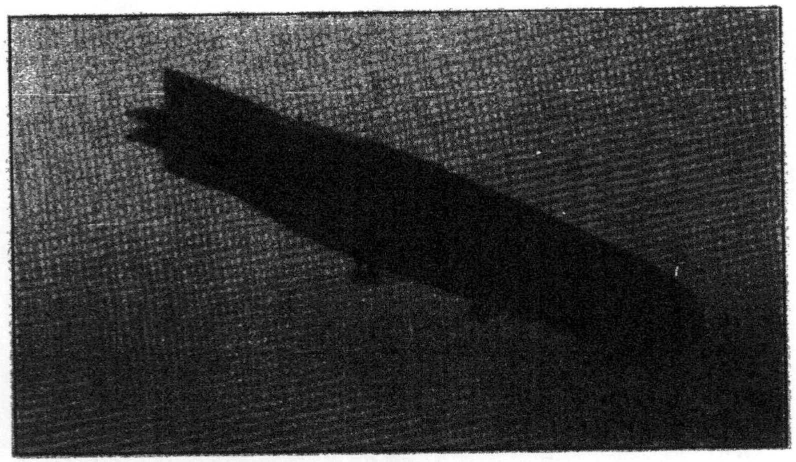

Abb. 24. Schütte-Lanz 15 38 800 cbm, erste Fahrt: 9. XI. 1916.

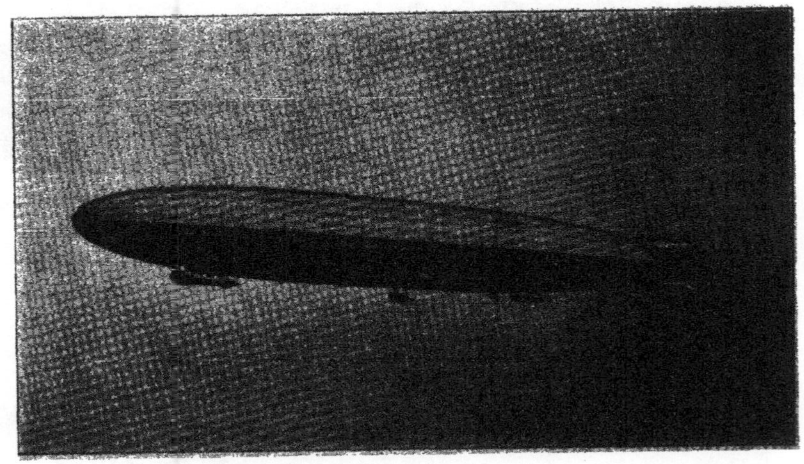

Abb. 25. Zeppelin LZ 62 (L 30) 55 000 cbm. erste Fahrt: 28. V. 1916; erstmalig seitliche Motorgondeln und Gasabführung nach dem Rücken des Schiffes.

Die Schütte-Lanz-Schiffe weisen außer Vergrößerung des Gasraumes keine merklichen Unterschiede gegenüber dem früheren »SL 2« (1913) mehr auf. Die Zeppelinschiffe haben das einfache Leitwerk, die Lagerung der Propeller auf den Motorgondeln und die im Schiffsinnern liegenden Gasschächte nach und nach angenommen.

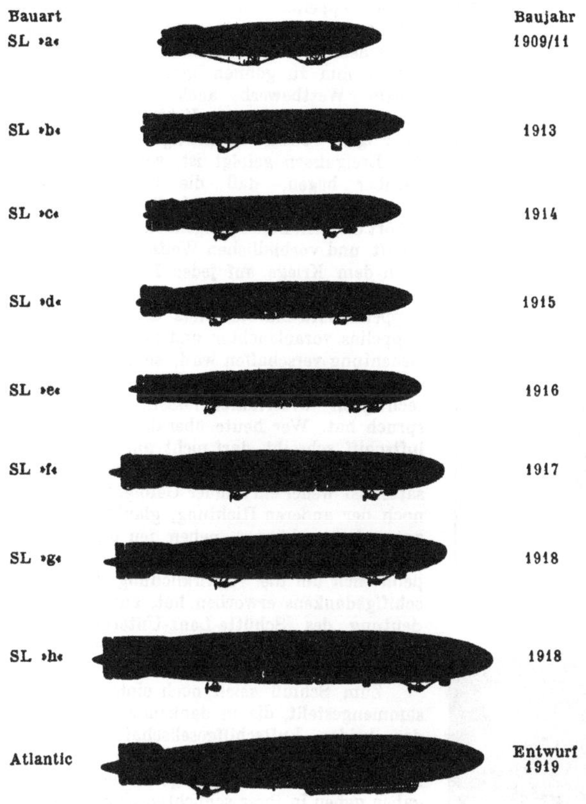

Abb. 26. Schütte-Lanz.

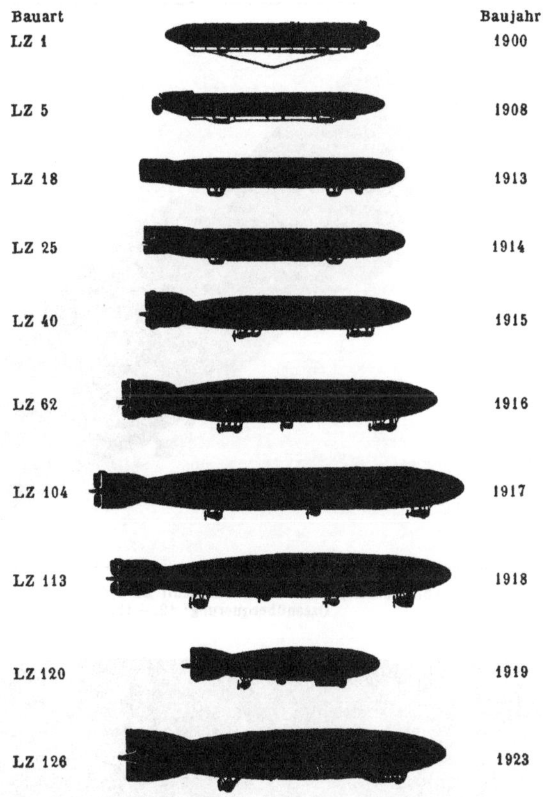

Abb. 27. Zeppelin.

Abb. 28. Zeppelin-Verkehrschiff »Bodensee« (LZ 120) 22 000 cbm, erste Fahrt: 20. VIII. 1919.

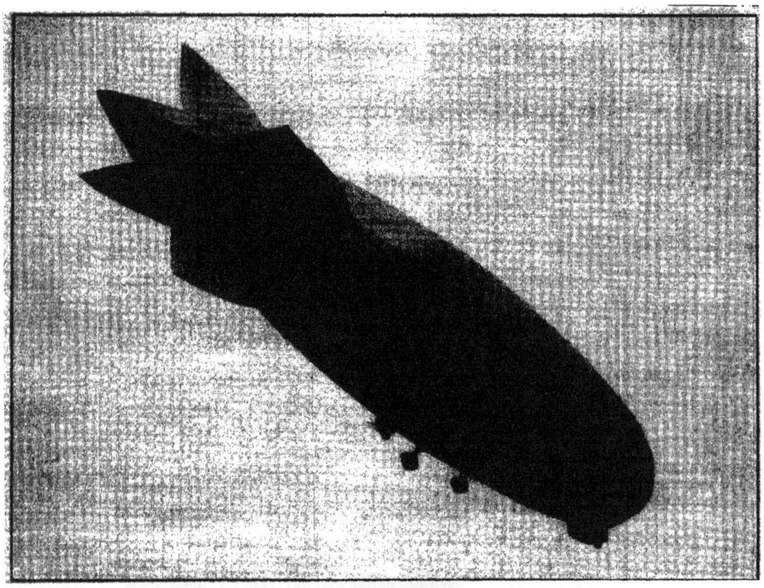

Abb. 29. Zeppelin-Amerikaluftschiff LZ 126 (ZR III) 70000 cbm, Ozeanüberquerung: 12.—15. X. 1924.

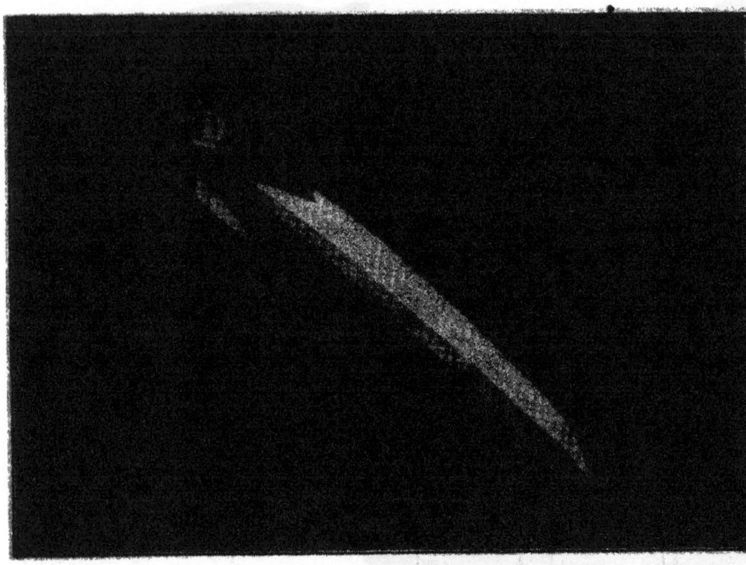

Abb. 30. Schütte-Lanz 3 32500 cbm, erste Fahrt: 4. II. 1915.

gegeben. Beispielsweise liegt aus dem Jahre 1922 ein Gutachten des Herrn Geheimen Regierungsrates, Dr.-Ing. e. h. Müller-Breslau, vor, das von außerordentlicher Tragweite ist und als Anhang diesem Abriß der Geschichte des Starrluftschiffes beigefügt ist.

Obgleich es nur 25 Jahre sind, in denen die Entwicklung des deutschen Starrluftschiffes sich abspielt, so ist es doch kaum möglich, auf wenigen Druckseiten eine ausführliche Geschichte dieser Entwicklung zu bringen, sie so zu bringen, daß unmittelbare Anhänger sowohl des einen wie des anderen Typs (Zeppelin oder Schütte-Lanz) ihre volle Befriedigung finden werden. Wir haben noch nicht den erforderlichen Abstand von den voraufgegangenen Ereignissen gewonnen, ja, wir stehen heute eigentlich noch mitten in ihnen, und der Schlußstein in der Geschichte des deutschen Luftschiffbaus ist noch nicht gesetzt, die Entwicklung noch nicht zu Ende geführt. Umso bedauerlicher ist es, daß der Versailler »Friedensvertrag« und die späteren Diktate diesem Zweige der deutschen Technik ausnehmend schwere Fesseln angelegt und besonders den Schütte-Lanz-Luftschiffbau einseitig hart getroffen haben. Die Zeppelin- und die Schütte-Lanz-Werften haben beide im Kriege ihr Bestes geleistet, aber dem Schütte-Lanz-Unternehmen wird man gerechterweise die Urheberschaft zahlreicher neuer und kühner Gedanken zubilligen können. Selbst der eifrigste Gefolgsmann Zeppelins wird zugestehen müssen, daß Schütte-Lanz mit eine führende Stellung im deutschen Luftschiffbau eingenommen hat, und daß es ihm zu gönnen gewesen wäre, in ehrlichem Wettbewerb auch nach dem abgeschlossenen Kriege seine Kräfte und sein Können zu zeigen. Jeder Einsichtige, der aufmerksam den Ereignissen gefolgt ist, wird keinen Zweifel darüber hegen, daß die Schütte-Lanz-Werft in eine Reihe mit dem Luftschiffbau Zeppelin gehört und den Befähigungsnachweis zur Mitführerschaft und vorbildlichen Weiterentwicklung auch nach dem Kriege auf jeden Fall erbracht hätte, wenn es ihr erlaubt worden wäre[1]). Wenn dem Zeppelin-Luftschiffbau stets der große Gedanke Zeppelins voranleuchten und ihm die gebührende Beachtung verschaffen wird, so muß man anderseits dem Schütte-Lanz-Unternehmen die Gerechtigkeit widerfahren lassen, auf die es Anspruch hat. Wer heute über das deutsche Starrluftschiff schreibt, darf nicht am »Schütte-Lanz« vorbeigehen. Der Verfasser des vorliegenden Aufsatzes ist weder ein blinder Gefolgsmann der einen noch der anderen Richtung, glaubt es aber verantworten zu können, neben den unzweifelhaften und unvergleichlichen Verdiensten, die Graf Zeppelin sich um die Verwirklichung des Starrluftschiffgedankens erworben hat, auch auf die Bedeutung des Schütte-Lanz-Unternehmens, mit Herrn Geh. Reg.-Rat Dr.-Ing. E. h. Schütte an der Spitze, hingewiesen zu haben.

Zum Schluß seien noch einigeAngaben zusammengestellt, die in dankenswerter Weise von den beiden Luftschiffgesellschaften hergegeben wurden und zur Vervollständigung des geschichtlichen Abrisses dienen mögen. Auch diese Angaben geben in ihrer schlichten Kürze einen Maßstab für die erstaunlichen Leistungen des deutschen Luftschiffbaues.

Anzahl der verfügbaren Bauhallen.

Jahr	Zeppelin-Gesellschaft				Schütte-Lanz-Unternehmen				
	Friedrichshafen	Löwenthal	Potsdam	Staaken	Rheinau	Sandhofen	Darmstadt	Leipzig	Zeesen
1913	1	—	—	—	1	—	—	—	—
1914	1	1	1	—	1	1	1	—	—
1915	2	1	1	—	1	1	1	1	—
1916	2	1	—	2	1	—	—	1	1
1917	2	1	—	2	1	—	—	1	1
1918	2	1	—	2	1	—	—	—	1

Z e p p e l i n. Die Bauhalle Potsdam war ursprünglich eine Fahrhalle. Erst im Kriege wurden ihr die notwendigsten Werkstätten angefügt, so daß sie als Bauhalle Verwendung finden konnte. Auch Löwenthal war ebenfalls nur Fahrhalle. Einzelteile wurden dort niemals hergestellt, sondern kamen von der Stammwerft Friedrichshafen zum Zusammenbau. Staaken war Werft und von Anfang an als Bau- und Fahrhalle gedacht und ausgeführt. In der Halle Potsdam konnten von 1916 an die größeren Schiffsarten nicht mehr ausgeführt werden wegen der unzureichenden Ausmaße der Halle, in Löwenthal wurden während des ganzen Krieges fortlaufend Schiffe zusammengebaut, während Staaken von 1916 bis 1918 in Betrieb war.

S c h ü t t e - L a n z. Zu Beginn des Krieges verfügte das Unternehmen über eine Bauhalle auf der Stammwerft in Rheinau. Ursprünglich eine Holzhalle, von Geh.-Rat Schütte selbst entworfen, wurde sie teils während, teils nach dem Bau von SL 2 durch eine größere Halle aus Eisenträgern und Bindern ersetzt und späterhin noch zweimal verlängert. Die Heeresverwaltung stellte bei Kriegsbeginn die Fahrhallen Sandhofen und Darmstadt zur Verfügung, in denen SL 3 und SL 4 zusammengebaut wurden. Die Einzelteile kamen von der Stammwerft. Im Jahre 1915 wurde

[1]) Es sei hier auf das im Anhang beigefügte Gutachten des Geh. Reg.-Rates Dr. Ing. e. h. Müller-Breslau hingewiesen.

dem Schütte-Lanz-Luftschiffbau eine Doppelhalle in Leipzig zur Verfügung gestellt, in der ebenfalls die Schiffe im wesentlichen nur zusammengebaut wurden. Die Halle stürzte unter einseitiger Schneelast am 8. Februar 1917 zusammen, den fertigen, dort gerade untergebrachten SL 13 und den Neubau SL 18 unter den Trümmern begrabend. Im Oktober 1915 wurde mit der Errichtung der Werft Zeesen begonnen und im Frühjahr 1916 konnte die Bautätigkeit dort beginnen. Die Einzelteile zu den hier gebauten Schiffen wurden ebenfalls fast durchweg in der Stammwerft Rheinau hergestellt. Neben dem Luftschiffbau war die Haupttätigkeit der Zeesener Werft auf Bau und Instandsetzung von Flugzeugen eingestellt. Im September 1918 konnte beispielsweise das 500. Flugzeug fertiggestellt werden. Die Mannheimer und Zeesener Hallen wurden in den Jahren 1921/22 nach den Bestimmungen des Versailler Vertrages niedergerissen.

Belegschaft.

Es ist erstaunlich, mit welch verhältnismäßig geringen Kräften die Luftschiffbaugesellschaften ihr Riesenmaß an Arbeit bewältigt haben. Für die beiden Stammwerften Friedrichshafen (Zeppelin) und Rheinau (Schütte-Lanz) liegen folgende Zahlen vor:

Friedrichshafen			Rheinau		
Zeitpunkt	Beamte	Arbeiter	Zeitpunkt	Beamte	Arbeiter
Jan. 1916	250	1400	1911	10	50
» 1917	360	2500	1914	5	60
» 1924	90	300	März 1916	120	837
Aug. 1924	80[1])	320[1])	Juli 1916	160	1014
			Jan. 1917	239	1428
			Mai 1917	279	1483
			Jan. 1918	283	1164
			Mai 1918	254	1276

[1]) Da LZ 126 dicht vor der Vollendung steht, werden nur noch sehr geringe Kräfte im Luftschiffbau verwendet, gegen Ende des Monats überhaupt nicht mehr.

Bauzeiten.

Bei »Zeppelin« sowohl wie bei »Schütte-Lanz« bestanden hinsichtlich der Bauzeiten der einzelnen Schiffe, selbst unter den Schiffen gleicher Art, erhebliche Unterschiede. Diese waren auf die Eingriffe der Militärbehörden, auf Änderung während der Fertigstellung, auf unvorhergesehene Ereignisse zurückzuführen. Im allgemeinen dauerte der Bau der SL-Schiffe etwas länger als der der Z-Schiffe, was auf die etwas umständlichere Verarbeitung des Holzbaustoffes zurückzuführen ist. Die Zeppelin-Gesellschaft gibt als durchschnittliche Bauzeit der Reihenschiffe acht Wochen an. Für diese Zeit waren die Hallen durch den Neubau belegt, die Vorbereitungen in den Werkstätten dauerten naturgemäß länger. Schütte-Lanz gibt als kürzeste, bei den 38 000 m³-Schiffen wiederholt erreichte Bauzeit zehn Wochen an, ebenfalls auf die Dauer der Hallenbenutzung bezogen.

Kosten.

Die Herstellungskosten beider Luftschiffarten zeigen keine erheblichen Unterschiede. Während beim Zeppelinbau die Rohstoffkosten etwas höher, die Verarbeitungskosten geringer waren, stellte sich das Verhältnis beim Schütte-Lanz-Bau etwa umgekehrt. Bei beiden Gesellschaften betrugen die Baukosten für 20 000 bis 30 000 m³-Schiffe M. 50 bis 60 pro Kubikmeter Gasinhalt, bei den größeren Schiffen waren sie geringer und gingen bei Schiffen des Zeppelintyps herunter bis auf etwa M. 40 pro Kubikmeter.

Baugewichte.

Was das Baugewicht der Luftschiffe angeht, so sei einer Veröffentlichung des Herrn Obering. Dr.-Ing. Rühl, SL-Luftschiffbau, in »Der Ingenieur«, Bd. 35, 1920, S. 438/454, folgende Zusammenstellung entnommen, die über die Gewichtsverteilung eines 56 000 m³ SL-Schiffes ein klares Bild gibt.

Holzgerippe mit Verspannung	12,90 t
Gaszellen	3,38 t
Außenhülle	1,87 t
Flossen, Ruder, Steuerleitung	1,07 t
Führergondel und Maschinengondel	1,86 t
Ventile	0,34 t
Motoren und Hilfsmaschinen	4,54 t
Benzinbehälter und Brennstoffleitungen	0,48 t
Ballastsäcke	0,35 t
F-T-Einrichtung, Ausrüstungsteile usw.	1,03 t
Gesamtgewicht	27,82 t

Es ist bereits darauf hingewiesen, daß im 56 000 m³-Schiff die obere Grenze für den Holzgerüstbau erreicht ist, und daß das Holz bei noch größeren Schiffen mit dem Duraluminium nicht in Wettbewerb treten kann. Bis zum 56 000 m³-Typ herauf aber sind die Unterschiede der Baugewichte bei den »Zeppelin«- und »Schütte-Lanz«-Schiffen nicht sehr beträchtlich und in engen Grenzen schwankend zugunsten der einen oder der anderen Bauart.

Übersicht der Literatur.

Männer der Luftfahrt, Graf Ferdinand v. Zeppelin, Illustrierte Flugwelt, II. Jahrg. 1920.

Graf v. Zeppelin, Die Eroberung der Luft, Deutsche Verlagsanstalt, Stuttgart, 1908; Vortrag, gehalten in Berlin 28. Januar 1908.

Feldhaus, Buch der Erfindungen.

Jahrbuch der Schiffbautechnischen Gesellschaft, Bd. 16, 1915. Vortrag des Grafen v. Zeppelin »Über Zeppelinluftschiffe«.

Jahrbuch der Schiffbautechnischen Gesellschaft, Bd. 16, 1915, Beitrag Dipl.-Ing. Dornier »Zur Kenntnis, Leistung, Entwicklungsmöglichkeit starrer Luftschiffe Zeppelinscher Bauart«.

Marine-Rundschau, Oktober 1913, Mar.-Baum. Pietzker, Grundlagen der Marineluftschiffahrt.

Jahrbuch der Schiffbautechnischen Gesellschaft, Bd. 15, 1914, Vortrag Mar.-Baum. Pietzker (†) »Beziehungen zwischen Luftschiffbau und Schiffbau«.

Marine-Rundschau, Dezember 1913, Ergebnis der amtlichen Ermittlungen über die Entstehungsursache der Explosion des Marine-Luftschiffes L 2.

Illustrierte Flugwelt, II. Jahrgang 1920, Friedrich Stahl, Die Starrluftschiffe.

Schiffbau, Jahrgang XXIII, 1921/22, W. v. Langsdorff, Das deutsche Luftschiff.

Eugen Zabel, Deutsche Luftfahrt, Rückblicke und Ausblicke, Verlag von Gustav Braunbeck, Berlin.

Dr.-Ing. Rühl, Die Bedeutung der SL-Luftschiffe, Luftfahrt vom 4. März 1920.

Georg Neumann, Die deutschen Luftstreitkräfte im Weltkriege, Verlag Mittler & Sohn, Berlin.

Dr.-Ing. Dürr, 25 Jahre Zeppelinluftschiffbau, V. D. I.-Verlag, Berlin.

Kollmann, Das Zeppelinschiff, seine Entwicklung, Tätigkeit und Leistung, Verlag M. Krayn, Berlin.

Harry Vissering, Zeppelin, the Story of a great Achievement, Chikago 1922.

Engineering, Bd. 110, T. Dawson, Betrieb und Bau von Verkehrsluftschiffen.

Gutachten über die statischen Verhältnisse der Schütte-Lanz-Luftschiffe.

Die Bitte des Luftschiffbaus Schütte-Lanz um Abgabe eines Gutachtens über die statischen Verhältnisse der Schütte-Lanz-Luftschiffe erfülle ich gern, da der Bau dieser von der großen Allgemeinheit viel zu wenig gewürdigten Luftschiffe gleich von vornherein auf strenger wissenschaftlicher Grundlage erfolgt ist.

Ich muß eine für die Folge wichtige kurze Mitteilung über die ersten Anfänge des Baues starrer Luftschiffe vorausschicken, unter Hinweis auf meine Abhandlung »Zur Geschichte des Zeppelin-Luftschiffes«, die ich mit der damals erforderlichen Zustimmung des Kriegsministeriums im Jahrgange 1914 der »Verhandlungen zur Beförderung des Gewerbefleißes« veröffentlicht habe; sie enthält einen Bericht über meine Tätigkeit als Mitglied der vom Kriegsministerium 1894 zur Prüfung des ersten Luftschiffentwurfes des Grafen Zeppelin einberufenen, aus Fachgelehrten und Militärs zusammengesetzten Kommission. Mir war die Aufgabe zugefallen, die statischen Verhältnisse und die erreichbare Geschwindigkeit zu beurteilen. Die Prüfung ergab die völlige Unbrauchbarkeit des ersten Entwurfes. Der starr sein sollende Schiffskörper war den angreifenden Kräften in keiner Weise gewachsen. Hierfür nur ein den Entwurf kennzeichnendes Beispiel. In dem wichtigen Abschnitt »Torsionsbeanspruchung« der statischen Berechnung wurde gefordert, daß einer Person, die an der Leiter zum Triebrad hinaufsteigt, zur Verhütung eines Torsionsmomentes in der Weise das Gleichgewicht gehalten werden müsse, »daß mittels eines an der gegenüberliegenden Triebradwelle angehängten Taues eine entsprechende Nutzlast hinausgelassen wird«. Zu der mangelnden

Festigkeit des Schiffskörpers kam die, einen großen Luftwiderstand erzeugende plumpe Form, ein langer Zylinder mit einer Halbkugel am vorderen Ende. Nur durch vollständige Umarbeitung des Entwurfes konnte das an sich als möglich erkannte Ziel des Grafen Zeppelin erreicht werden.

Ich zeigte nun selbst den einzuschlagenden Weg, änderte zur Herabsetzung des Luftwiderstandes die Schiffsform, gab insbesondere dem Hinterschiff eine scharf in eine Spitze auslaufende Form und konstruierte das Schiffsgerippe als stabiles Raumfachwerk, bestehend aus zwei steilen, aneinander gefügten Schwedlerkuppeln mit verspannten Ringen.

Diesem Entwurf hat Graf Zeppelin in einer der Kommission überreichten Denkschrift warme Anerkennung gezollt; er begrüßte die Verbesserung mit »dankbarer Begeisterung«, bezeichnete solche Fahrzeuge als »die Schnellschiffe der Zukunft«, blieb aber schließlich bei seinem eigenen Entwurfe und begnügte sich mit den notwendigsten Verbesserungen. In jahrelanger Arbeit haben dann Graf Zeppelin und seine Mitarbeiter das heutige Zeppelinschiff geschaffen. Freilich nicht aus eigener Kraft allein. Einen bedeutsamen Anteil an dieser Arbeit wird der Wissende der führenden Tätigkeit des »Luftschiffbaus Schütte-Lanz« zuerkennen.

Während des Krieges war ich ständiger Berater der Abteilung für Luftfahrt des preußischen Kriegsministeriums. In dieser Eigenschaft besuchte ich auf Wunsch des Kriegsministers im Oktober 1915 die Schütte-Lanz-Werft in Mannheim-Rheinau. Die Leistungen der SL-Schiffe waren mir bereits bekannt, nun lernte ich auch alle baulichen Einzelheiten kennen und besonders die auf der Werft geleistete gründliche wissenschaftliche Arbeit. Kein probierendes Hin- und Hertasten, sondern planmäßiges Vorgehen auf Grund wissenschaftlicher Forschung. Ich glaube die führende Tätigkeit des Luftschiffbaus Schütte-Lanz am besten durch die folgenden Ausführungen zu würdigen:

1. Schon das erste Schütte-Lanz-Schiff, Bauzeit 1909 bis 1911, hatte die nur geringen Widerstand bietende schlanke Form, vor allem ein scharf gebautes Hinterschiff, im Gegensatz zu den bereits in größerer Zahl gebauten Zeppelinschiffen, deren Form durch das lange zylindrische Mittelstück und die kurzen völligen Enden gekennzeichnet war. Erst bei dem im Mai 1914 zur ersten Fahrt aufgestiegenen LZ 25 wurde die Bauweise Schütte-Lanz nachgeahmt und dem Hinterschiffe eine schärfere Form gegeben.

2. Bereits beim Schütte-Lanz 2 wurde das Schiffsgerippe als steifes Raumfachwerk, bestehend aus zwei steilen aneinandergefügten Schwedlerkuppeln mit gut verspannten Ringen ausgebildet. Das war die von mir 1894 dem Grafen Zeppelin empfohlene, von ihm aber nicht angenommene Lösung, die sich jetzt im Luftschiffbau so gut bewährt hat. Sie wurde vom Luftschiffbau Schütte-Lanz selbständig gefunden. Auch bei der statischen Untersuchung dieses keineswegs leicht zu berechnenden Raumfachwerkes sind die Statiker der Schütte-Lanz-Werft selbständig und mit gutem Erfolge vorgegangen. Es verdient besonders hervorgehoben zu werden, daß vom Schütte-Lanz 2 an alle Schütte-Lanz-Schiffe auf Grund einer eingehenden statischen Untersuchung konstruiert worden sind.

3. Besonders wichtig ist der vom Schütte-Lanz 2 an in jedes Schütte-Lanz-Schiff eingebaute innere Laufgang. Er bildet den Kiel, versteift den unteren Teil des Schiffes und überträgt, da er als räumliches Fachwerk ausgebildet ist, die an ihm angreifenden Kräfte auf die große Zahl der ihn stützenden verspannten Ringe. Auf diese Weise werden Brennstofflasten, Ballast, Nutzlasten, Belastung durch Personen sowie die von den Gondeln ausgehende Kraft über das Luftschiffgerippe verteilt. Einen weiteren Vorzug vor dem außen liegenden Laufgang bietet der innenliegende durch Verkleinerung des Luftwiderstandes in der Längsrichtung des Schiffes und ganz besonders durch Verkleinerung der Angriffsfläche bei Seitenwind, was namentlich beim Einhallen sehr ins Gewicht fällt. Die statische Berechnung des Gerippes wird durch den innen liegenden Laufgang nicht erschwert; sein Biegungswiderstand als durchlaufender Träger ist, verglichen mit dem Biegungswiderstand des Gerippes, so gering, daß die Deformationsarbeit des Laufganges bei der Aufstellung der genauen Elastizitätsgleichungen nach dem Prinzip der kleinsten Deformationsarbeit oder mit Hilfe des Prinzips der virtuellen Verrückungen als unwesentlich herausfällt. Weiter bietet es keine Schwierigkeit, die Versteifung des Schiffbodens durch Zuschläge zu den Querschnitten unterer Längsträger zu berücksichtigen und die Abmessungen der Querschnitte der Laufgangglieder so zu wählen, daß der vom Laufgang gebildete durchlaufende Träger den Durchbiegungen des Schiffes folgen kann, ohne überanstrengt zu werden. Die Zeppelinschiffe wurden erst später mit einem inneren Laufgang versehen, nachdem der Luftschiffbau Schütte-Lanz auch in dieser wichtigen Frage führend vorangegangen war.

Das 1913 durch Explosion verunglückte Marineluftschiff L 2 scheidet hier aus. Ich schließe mich aus voller Überzeugung der Darstellung des Herrn Geheimrat Schütte an, wonach es sich hier nicht um eine Erfindung des Luftschiffbaus Zeppelin gehandelt hatte, sondern um Erfüllung einer Forderung des Reichsmarineamtes. Daß Graf Zeppelin dem inneren Laufgang die Schuld an dem Unglück zugeschoben hatte, geht klar und deutlich daraus hervor, daß bei den nächsten Zeppelinschiffen der Laufgang wieder außen lag. Erst nach den Erfolgen der Schütte-Lanz-Werft erhielten die folgenden Z-Schiffe einen inneren Laufgang.

4. Die für die Erhaltung der Schiffsform wichtige Ringverspannung ist vom Luftschiffbau Schütte-Lanz gleich von vornherein in einer der Rechnung möglichst zugänglichen Weise als Dreieckssystem ausgebildet worden. Zur Entlastung der Ringstabspannungen bei ungleichen Gasdrücken beiderseits der Ringebene — z. B. beim Leerlaufen einer Zelle — dient eine die Kreuzungspunkte der Ringverspannungen miteinander und mit den Enden des Gastragkörpers verbindende Längsverspannung; sie wurde bereits 1913 eingeführt. Steife Glieder der Ringverspannungen sind mit dem Ring gelenkig befestigt, damit sie bei ungleichen Gasdrücken nicht auf Biegung beansprucht werden.

Durch Zwischenringe wird die Knicklänge der Längsträger halbiert und für eine günstige Stellung der hauptsächlich durch die Querkräfte beanspruchte Diagonalen des Gerippes gesorgt.

5. Die durch große Einfachheit und gute statische Wirkung sich auszeichnende Steuerung der Schütte-Lanz-Schiffe benutzt (seit 1912) nur vier große Steuerflächen, die unmittelbar hinter den Leit- und Stabilisierungsflächen liegen, je zwei in der senkrechten und in der wagerechten Längsebene des Schiffes im Gegensatz zu den ersten Z-Schiffen (bis 1914) mit ihren zu beiden Seiten des Hecks sitzenden, aus vielen kleinen Teilen bestehenden kastenförmigen Steuerflächen, die zur Folge haben, daß große Kräfte an seitlichen Auslagern am Schiffskörper angreifen.

6. Die bei Schütte-Lanz seit 1913 angeordneten beiden seitlichen Gondeln bieten in statischer Beziehung den Vorteil der günstigen Beanspruchung der Ringverspannungen und gehören ebenfalls zu den von Zeppelin später (1916) übernommenen Verbesserungen.

7. Auch in der Frage des Antriebes der Propeller ist der Luftschiffbau Schütte-Lanz führend vorausgegangen, er hatte von vornherein direkten Antrieb der auf Gondeln gelagerten Propeller. Zeppelin benutzte dagegen Propeller, die seitlich des Gerippes befestigt waren und dieses ungünstig örtlich beanspruchten; sie wurden von den Gondeln aus durch lange Wellen und Kegelräder angetrieben. Erst Ende 1914, (also während des Krieges), ging Zeppelin zu dem auch für den Betrieb größere Sicherheit bietenden direkten Antrieb von Schütte-Lanz versuchsweise über, um ihn danach durchweg einzuführen.

8. Von den baulichen Einzelheiten der letzten Schütte-Lanz-Schiffe hebe ich hier nur eine sehr beachtenswerte Rohrträgerkonstruktion hervor, bestehend aus drei Gurtrohren, die durch Strebenrohre zu einem gegliederten Druckstabe von hoher Knickfestigkeit verbunden sind. Die Mehrarbeit, welche die Nietung eines Rohrträgers gegenüber dem Träger aus Stäben mit offenen Profilen im allgemeinen bereitet, ist durch geschickte Handhabung so herabgesetzt, daß sie gar nicht ins Gewicht fällt und durch die erheblich größere Tragfähigkeit ausgeglichen wird.

Berlin, den 30. Juli 1922.

gez. Dr.-Ing. e. h. Müller - Breslau
Geheimer Regierungsrat
Professor an der Technischen Hochschule zu Berlin. Mitglied der Akademien der Wissenschaften Berlin, Boston (U. S.) und Stockholm und der Preuß. Akademie des Bauwesens.

Hallenbau Sommer 1909 – Mannheim/Rheinau

SL I – Heck mit Steuer und Stabilisierung und gefüllter Zelle

SL I – Erstes Verholen aus der Halle

SLXII

SL II beim Verholen aus der Halle

SL II

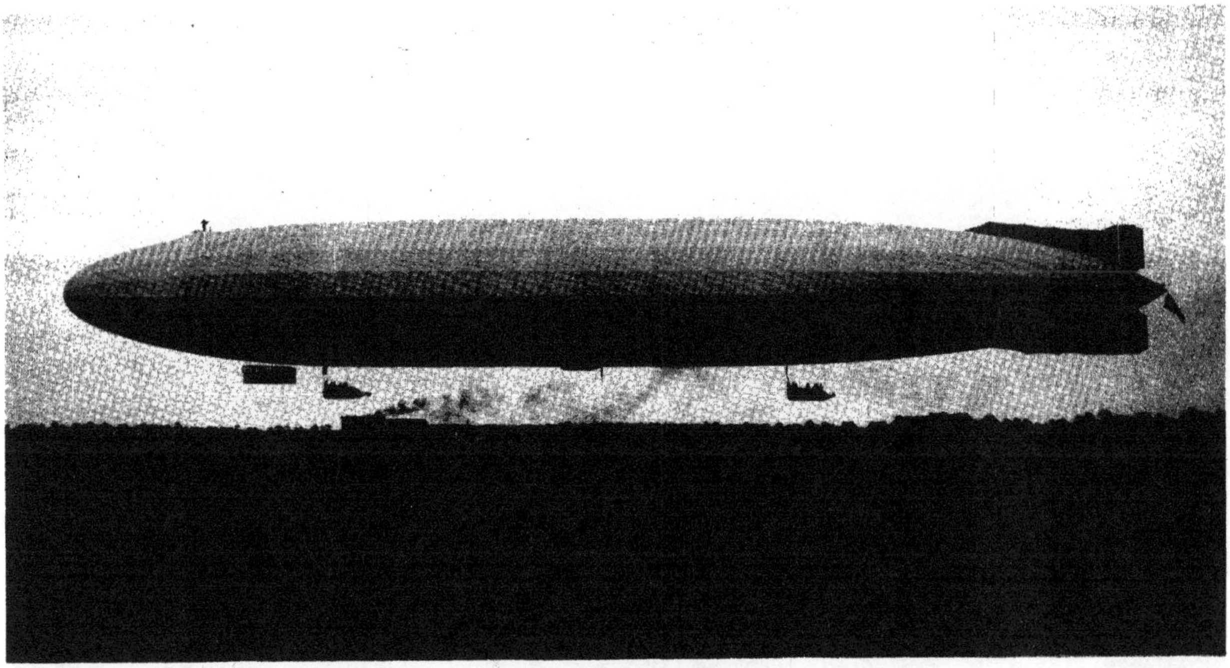

SLIV in Sandhofen

Belastungsversuch

SL II

Bei Fragen zur Produktsicherheit wenden Sie sich bitte an:
If you have any questions regarding product safety,
please contact:

Walter de Gruyter GmbH
Genthiner Straße 13
10785 Berlin
productsafety@degruyterbrill.com